大数据技能人才培养产教融合系列丛书

MySQL 数据库应用案例教程

林淑云　张成强　宗京秀　主　编
刘姗姗　马妍妍　王英玫　副主编
王　鹏　马全福　吴丹丹

济南海水科技有限公司　联合编写

Publishing House of Electronics Industry
北京·BEIJING

内 容 简 介

本书基于 MySQL 8.4.3 版本，以单元教学的方式，循序渐进地讲解 MySQL 数据库的基本原理和具体应用的方法与技巧。全书分为 11 个单元，包括认识数据库、设计数据库、创建与管理数据库、创建与管理数据表、操作数据表、查询数据表、创建与使用视图、创建与管理索引、创建与使用存储过程和存储函数、创建与使用触发器和事务处理、维护与管理数据库。

本书实例丰富、内容翔实、操作方法简单易学，并附有教学资源，内容为书中所有实例的源文件及相关资源，以供读者使用。

本书既可以作为职业院校计算机与大数据相关专业学生的教材，又可以作为从事数据处理相关工作人员的参考书。

未经许可，不得以任何方式复制或抄袭本书部分或全部内容。
版权所有，侵权必究。

图书在版编目（CIP）数据

MySQL 数据库应用案例教程 / 林淑云，张成强，宗京秀主编. -- 北京：电子工业出版社，2025. 6. -- ISBN 978-7-121-49348-5

Ⅰ. TP311.132.3

中国国家版本馆 CIP 数据核字第 20245TR564 号

责任编辑：吴　琼
印　　刷：涿州市京南印刷厂
装　　订：涿州市京南印刷厂
出版发行：电子工业出版社
　　　　　北京市海淀区万寿路 173 信箱　　邮编：100036
开　　本：787×1092　1/16　印张：17.75　字数：455 千字
版　　次：2025 年 6 月第 1 版
印　　次：2025 年 6 月第 1 次印刷
定　　价：59.00 元

凡所购买电子工业出版社图书有缺损问题，请向购买书店调换。若书店售缺，请与本社发行部联系，联系及邮购电话：(010) 88254888，88258888。
质量投诉请发邮件至 zlts@phei.com.cn，盗版侵权举报请发邮件至 dbqq@phei.com.cn。
本书咨询联系方式：(010) 88254573，zyy@phei.com.cn。

前　　言

随着社会经济的发展、科学技术的进步和日趋激烈的市场竞争，企业经营和社会管理中的信息量倍增，决策难度也随之加大。人们越来越重视经营和管理活动中信息的作用，十分重视信息的收集、加工和使用，从而也促进了信息科学的诞生和发展。为了记载信息，人们使用各种物理符号及其组合来表示信息，这些符号及其组合就是数据。数据库技术的基本思想是对数据实行集中、统一、独立的管理，让用户最大限度地共享数据资源。

MySQL 数据库是一个中小型关系型数据库管理系统。由于体积小、速度快、成本低、开放源码等特点，成为许多创建大中小型网站的首选数据库管理系统。

一、本书特点

☑ 实例丰富。

本书的实例不管是数量还是种类都非常丰富。本书结合大量的数据库制作与管理实例，详细讲解了 MySQL 数据库原理与应用的知识要点，让读者在学习实例和实训的过程中潜移默化地掌握 MySQL 数据库的制作与管理技巧。

☑ 突出提升技能。

本书从全面提升 MySQL 数据库实际应用能力的角度出发，结合大量的实例和实训来讲解如何制作和管理 MySQL 数据库，使读者了解 MySQL 数据库的基本原理并能够独立完成各种数据库的制作与管理。

本书中的实例本身就是 MySQL 数据库开发项目案例，经过编者精心提炼和改编，不仅能保证读者学好知识点，还能帮助读者掌握实际的 MySQL 数据库操作技能，同时培养读者 MySQL 数据库的开发实践能力。

☑ 技能与思政教育紧密结合。

在讲解 MySQL 数据库开发专业知识的同时，紧密结合思政教育主旋律，从专业知识角度触类旁通提升的学生相关思政品质。

☑ 单元式教学，实操性强。

本书的编者都是在高校从事 MySQL 数据库教学研究多年的一线人员，具有丰富的教学实践经验与教材编写经验。多年的教学工作使他们能够准确地把握学生的心理与实际需求。本书是编者总结多年的开发经验与教学的心得体会，精心准备，力求全面、细致地讲解 MySQL 数据库开发应用领域的各种功能和使用方法。

全书采用单元式教学，把 MySQL 数据库理论知识分解并融入实例中，增强了本书的实用性。

二、本书的基本内容

全书分为 11 个单元，包括认识数据库、设计数据库、创建与管理数据库、创建与管理数据表、操作数据表、查询数据表、创建与使用视图、创建与管理索引、创建与使用存储过程和存储函数、创建与使用触发器和事务处理、维护与管理数据库。

三、关于本书的服务

1. 关于本书的技术问题或有关本书信息的发布

当读者遇到有关本书的技术问题时，可以将问题发送到邮箱 714491436@qq.com，我们将及时回复；也欢迎加入图书学习交流群（QQ928603148）交流探讨。

2. 安装软件的获取

按照本书上的实例进行操作练习，需要事先在计算机上安装相应的软件。读者可以从网络下载相应软件。

3. 电子资源内容

为了配合各学校师生利用本书进行教学的需求，随书配赠多媒体教学资源，内容为书中所有实例的源文件及相关资源，另外附赠大量其他实例素材，以供读者在学习中使用。

本书由林淑云、张成强、宗京秀担任主编；刘姗姗、马妍妍、王英玫、王鹏、马全福、吴丹丹担任副主编；孙岳岳、高婷婷、丁木涵、李菲菲、刘爽、刘斌、吕光荣、邢士涛、王文琳和济南海水科技有限公司也参与了本书的编写。

由于时间仓促，书中难免有不足之处，恳请广大读者批评指正。

编　者

教材介绍

目　　录

单元 1　认识数据库 1

1.1　数据库 2
1.2　数据库管理系统 2
1.3　数据库系统 3
1.4　常见的关系型数据库管理系统 4
1.4.1　国内常见的关系型数据库管理系统 4
1.4.2　国外常见的关系型数据库管理系统 5
1.5　MySQL 的简介和历史 6
1.5.1　MySQL 概述 6
1.5.2　MySQL 的架构与兼容性 6
1.5.3　开源与社区支持 7
1.5.4　MySQL 的发展历史 7
项目实训：下载与安装 MySQL 数据库 8
任务 1：下载 MySQL 8
任务 2：安装与配置 MySQL 10
任务 3：MySQL 服务器的基本操作 18
任务 4：安装 MySQL 的图形化管理工具 Navicat for MySQL 19
单元小结 23
理论练习 23
实战演练：国产操作系统下安装 MySQL 24

单元 2　设计数据库 25

2.1　关系型数据库设计 26
2.1.1　需求分析阶段 27
2.1.2　概念结构设计阶段 28
2.1.3　逻辑结构设计阶段 33
2.2　数据库设计规范化 34
2.2.1　第一范式（1NF） 34
2.2.2　第二范式（2NF） 34
2.2.3　第三范式（3NF） 36
项目实训：设计商品销售管理系统数据库 salesmanage 38
任务 1：salesmanage 的需求分析 38

　　　　任务 2：salesmanage 的概念结构设计 38
　　　　任务 3：salesmanage 的逻辑结构设计 41
　单元小结 42
　理论练习 42
　企业案例：设计资产管理系统数据库 assertmanage 43

单元 3　创建与管理数据库 45

3.1　创建数据库 46
3.2　管理数据库 49
　　3.2.1　查看数据库 49
　　3.2.2　指定当前数据库 50
　　3.2.3　修改数据库 51
　　3.2.4　删除数据库 52
3.3　使用图形化管理工具创建与管理数据库 52
　　3.3.1　使用图形化管理工具创建数据库 52
　　3.3.2　使用图形化管理工具管理数据库 54
　项目实训：创建与管理商品销售管理系统数据库 salesmanage 56
　　　　任务 1：使用 SQL 语句创建与管理商品销售管理系统数据库 salesmanage 56
　　　　任务 2：使用图形化管理工具创建商品销售管理系统数据库 salesmanage 56
　单元小结 57
　理论练习 57
　企业案例：创建与管理资产管理系统数据库 assertmanage 59

单元 4　创建与管理数据表 60

4.1　认识数据元素 61
4.2　创建数据表 64
4.3　管理数据表 67
　　4.3.1　查看数据表 67
　　4.3.2　修改数据表 68
　　4.3.3　删除数据表 70
4.4　使用图形化管理工具创建与管理数据表 71
　　4.4.1　使用图形化管理工具创建数据表 71
　　4.4.2　使用图形化管理工具管理数据表 74
　项目实训：创建与管理商品销售管理系统数据库 salesmanage 中的数据表 75
　　　　任务 1：使用 SQL 语句创建商品销售管理系统数据库 salesmanage 中的数据表 ... 75
　　　　任务 2：使用图形化管理工具创建与管理商品销售管理系统数据库 salesmanage
　　　　　　　　中的数据表 79

单元小结 82
理论练习 83
企业案例：创建与管理资产管理系统数据库 assertmanage 中的数据表 84

单元 5　操作数据表 86

5.1　添加数据 87
5.2　修改数据 89
5.3　删除数据 90
　　5.3.1　使用 DELETE 语句删除数据表中的数据 90
　　5.3.2　使用 TRUNCATE 语句删除数据表中的数据 90
5.4　使用图形化管理工具添加与管理数据 91
项目实训：创建与管理商品销售管理系统数据库 salesmanage 中的表数据 94
　　任务 1：使用 SQL 语句添加数据 94
　　任务 2：使用 SQL 语句修改数据 97
　　任务 3：使用 SQL 语句删除数据 97
　　任务 4：使用图形化管理工具添加数据 98
单元小结 99
理论练习 100
企业案例：创建与管理资产管理系统数据库 assertmanage 中的表数据 102

单元 6　查询数据表 104

6.1　数据查询语句概述 105
6.2　单表查询 106
　　6.2.1　简单查询 106
　　6.2.2　设置别名 108
　　6.2.3　过滤重复数据 109
　　6.2.4　限制查询结果返回行数 110
　　6.2.5　WHERE 查询 111
6.3　连接查询 115
　　6.3.1　交叉连接查询 115
　　6.3.2　内连接查询 117
　　6.3.3　外连接查询 117
6.4　分类汇总查询 119
　　6.4.1　聚合函数 119
　　6.4.2　GROUP BY 子句 121
　　6.4.3　ORDER BY 子句 122
　　6.4.4　HAVING 子句 123

6.5 子查询 124
6.5.1 使用关键字 IN 或 NOT IN 的子查询 125
6.5.2 比较运算符的子查询 125
6.5.3 存在性检查 126
项目实训：商品销售管理系统数据库 salesmanage 的数据查询 127
任务 1：单表查询操作 127
任务 2：连接查询操作 129
任务 3：分类汇总查询操作 130
任务 4：子查询操作 132
单元小结 134
理论练习 134
企业案例：资产管理系统数据库 assertmanage 的数据查询 136

单元 7 创建与使用视图 138
7.1 创建与查看视图 139
7.1.1 视图概述 139
7.1.2 创建视图 140
7.1.3 查看视图 141
7.2 使用视图 143
7.2.1 查询视图数据 143
7.2.2 操作视图数据 144
7.2.3 修改视图 146
7.2.4 删除视图 147
7.3 使用图形化管理工具创建与使用视图 147
7.3.1 创建视图 148
7.3.2 通过视图操作数据 151
7.3.3 修改与删除视图 153
项目实训：创建与使用商品销售管理系统数据库 salesmanage 中的视图 155
任务 1：使用 SQL 语句创建与查询视图 155
任务 2：使用 SQL 语句操作视图 157
任务 3：使用图形化管理工具创建与操作视图 159
单元小结 161
理论练习 161
企业案例：创建与使用资产管理系统数据库 assertmanage 中的视图 162

单元 8 创建与管理索引 164
8.1 索引概述 165

目录

- 8.1.1 索引的概念 165
- 8.1.2 索引的类型 166
- 8.1.3 索引的优点与缺点 167
- 8.2 创建索引 168
  - 8.2.1 创建数据表时创建索引 168
  - 8.2.2 在已存在的数据表上创建索引 169
  - 8.2.3 使用 ALTER TABLE 语句创建索引 170
- 8.3 管理索引 170
  - 8.3.1 查看索引 170
  - 8.3.2 删除索引 171
- 8.4 使用图形化管理工具创建与管理索引 171
  - 8.4.1 使用图形化管理工具创建索引 171
  - 8.4.2 使用图形化管理工具管理索引 173
- 项目实训：创建与管理商品销售管理系统数据库 salesmanage 的索引 174
  - 任务 1：使用 SQL 语句创建索引 174
  - 任务 2：使用 SQL 语句管理索引 175
  - 任务 3：使用图形化管理工具创建与管理索引的操作 175
- 单元小结 176
- 理论练习 177
- 企业案例：创建与管理资产管理系统数据库 assertmanage 的索引 178

单元 9 创建与使用存储过程和存储函数 179

- 9.1 存储过程 180
  - 9.1.1 存储过程概述 180
  - 9.1.2 创建存储过程 181
  - 9.1.3 调用存储过程 182
  - 9.1.4 查看存储过程 183
  - 9.1.5 修改存储过程 184
  - 9.1.6 删除存储过程 186
- 9.2 存储函数 187
  - 9.2.1 存储函数概述 187
  - 9.2.2 创建存储函数 187
  - 9.2.3 调用存储函数 188
  - 9.2.4 修改存储函数 188
  - 9.2.5 删除存储函数 189
- 9.3 使用图形化管理工具创建与管理存储过程或存储函数 189
  - 9.3.1 创建存储过程或存储函数 189

IX

9.3.2 管理存储过程或存储函数 192
项目实训：创建与使用商品销售管理系统数据库 salesmanage 的存储过程和
　　　　　存储函数 193
　　任务 1：使用 SQL 语句创建与调用存储过程 193
　　任务 2：使用 SQL 语句创建与调用存储函数 195
　　任务 3：使用图形化管理工具创建与调用存储过程 196
单元小结 198
理论练习 199
企业案例：创建与使用资产管理系统数据库 assertmanage 的存储过程和存储函数 ... 201

单元 10　创建与使用触发器和事务处理 202

10.1　触发器 203
　　10.1.1　触发器概述 203
　　10.1.2　创建触发器 204
　　10.1.3　查看触发器 210
　　10.1.4　修改与删除触发器 211
　　10.1.5　使用图形化管理工具创建与使用触发器 212
10.2　事务处理 214
　　10.2.1　事务处理概述 214
　　10.2.2　事务执行 215
项目实训：创建与使用商品销售管理系统数据库 salesmanage 的触发器和
　　　　　事务处理 218
　　任务 1：创建与使用触发器 218
　　任务 2：事务处理操作 220
单元小结 221
理论练习 221
企业案例：创建与使用资产管理系统数据库 assertmanage 的触发器和事务处理 223

单元 11　维护与管理数据库 224

11.1　用户和权限管理 225
　　11.1.1　用户权限管理概述 225
　　11.1.2　用户管理 227
　　11.1.3　权限管理 229
　　11.1.4　使用图形化管理工具进行用户权限管理 230
11.2　数据库的备份和还原 235
　　11.2.1　数据库备份类型 235
　　11.2.2　数据库的备份 236

11.2.3 数据库的还原 238
11.2.4 使用图形化管理工具进行数据库的备份和还原 240
11.3 数据的导出和导入 247
11.3.1 导出数据 247
11.3.2 导入数据 250
11.3.3 使用图形化管理工具导出/导入数据 250
项目实训：维护与管理商品销售管理系统数据库 salesmanage 258
　　任务 1：salesmanage 数据库的用户和权限管理 258
　　任务 2：备份和还原 salesmanage 数据库 259
　　任务 3：导出和导入 salesmanage 数据库中的表数据 259
　　任务 4：使用图形化管理工具维护与管理 salesmanage 数据库 260
单元小结 268
理论练习 269
企业案例：维护与管理资产管理系统数据库 assertmanage 270

单元 1　认识数据库

学习导读

在当今数字化时代，数据已成为企业和组织最宝贵的资产之一。无论是电子商务平台记录的每笔交易、社交媒体平台产生的海量用户互动，还是企业内部的各种运营数据，这些信息的有效管理和利用直接关系到决策的科学性与业务的成功。为了高效地存储、检索和管理这些庞大的数据集，数据库技术应运而生，并不断发展成熟。其中，MySQL 作为一种流行的开源关系型数据库管理系统，因其高性能、易用性及成本效益高等特点，在全球范围内被广泛采用。它不仅支持复杂的查询操作，还能通过各种优化手段提升数据处理速度，满足不同规模应用人群的需求。

学习目标

▶ 知识目标

➢ 了解数据库、数据库管理系统和数据库系统的概念。
➢ 理解数据库管理系统的功能。
➢ 了解常见的关系型数据库。
➢ 了解 MySQL 及其发展历史。

▶ 能力目标

➢ 学会下载、安装和配置 MySQL。
➢ 学会登录和退出 MySQL 服务。
➢ 学会安装 MySQL 的图形化管理工具 Navicat for MySQL。

▶ 素养目标

➢ 通过学习数据库、数据库管理系统及数据库系统等基础，培养学生分析和解决实际问题的能力。
➢ 通过下载、安装 MySQL，培养学生动手实践的能力。

知识图谱

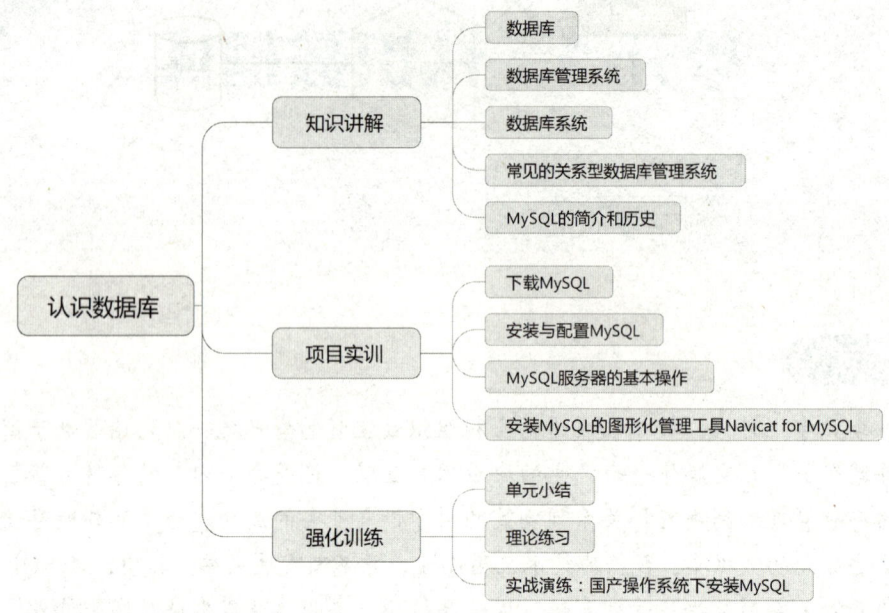

相关知识

1.1 数据库

数据库的相关概念

1. 数据

数据（Data）是描述事物状态或属性的符号记录，不仅包括普通意义上的数字，还包括文字、图像、声音等。

数据的来源有很多，如出行记录、消费记录、浏览的网页、发送的消息等。

2. 数据库

数据库（Database，简称 DB）是长期存储在计算机内、有组织的、可共享的数据集合，可以将数据库视为可以存储数据的容器。

数据库被广泛应用于企业、政府机构和各种组织中，以支持各种业务流程和应用程序。

1.2 数据库管理系统

数据库管理系统（Database Management System，简称 DBMS）是一种操纵和管理数据库的大型软件，用于创建、使用和维护数据库。它对数据库进行统一的管理和控制，以保证数据库的安全性和完整性。图 1-1 所示为数据库管理系统示意图。

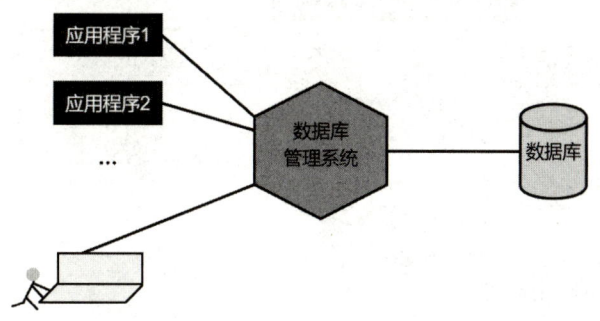

图 1-1　数据库管理系统示意图

数据库管理系统是一个能够提供数据录入、修改、查询的数据库操作软件，具有数据定义、数据操作、数据存储与管理、数据维护、通信等功能，且能够允许多用户使用。另外，数据库管理系统的发展与计算机技术的发展密切相关。为此，如果要进一步完善计算机数据库管理系统，技术人员就应当不断创新、改革计算机技术，并不断拓宽计算机数据库管理系统的应用范围，从而真正促进计算机数据库管理系统技术的革新。

通常，数据库管理系统的主要功能包括以下几个方面。

1. 数据定义

数据库管理系统提供的数据定义语言（Data Definition Language，简称 DDL）用于定义数据库中的数据对象（可以使用 CREATE、ALTER、DROP 实现）。

2. 数据操作

数据库管理系统提供的数据操纵语言（Data Manipulation Language，简称 DML）用于实现对数据的添加、删除、更新、查询等操作（可以使用 SELECT、INSERT、DELETE 和 UPDATE 实现）。

3. 数据库的运行管理

数据库管理系统提供了数据的运行管理，保证数据的安全性、完整性、多用户对数据的并发使用及发生故障后的系统恢复。

4. 数据库的创建和维护

数据库的创建和维护包括数据库初始数据的载入，数据库的转储、恢复、重组织，系统性能监控、分析等功能。这些功能大多由数据库管理系统的实用程序来完成。

1.3　数据库系统

数据库系统（Database System，简称 DBS）由数据库、数据库管理系统（及其开发工具）、应用程序、数据库管理员、用户 5 部分构成。图 1-2 所示为学生管理系统的数据库系统构成。

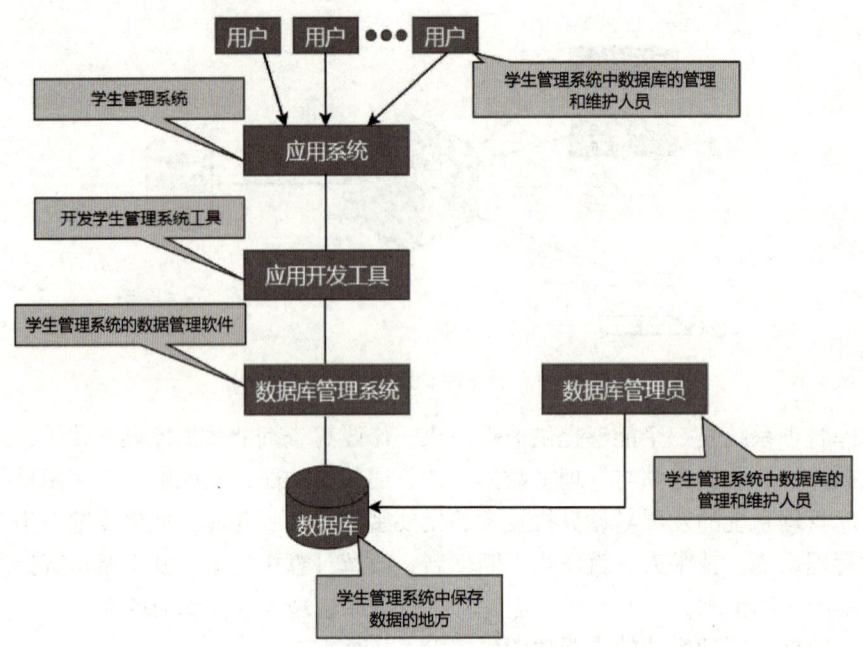

图 1-2　学生管理系统的数据库系统构成示意图

数据库管理员（Database Administrator，简称 DBA）是从事管理和维护数据库管理系统的相关工作人员的统称，属于运维工程师的一个分支，主要负责业务数据库从设计、测试到部署交付的全生命周期管理。

1.4　常见的关系型数据库管理系统

关系型数据库管理系统是一种基于关系模型的数据库管理系统，它使用结构化查询语言（SQL）来管理数据。关系型数据库将数据组织成行和列的形式，形成表，并通过主键或外键连接不同的表，以表示数据之间的关系。

关系型数据库管理系统提供了数据的结构化存储、一致性和完整性保证、事务支持、并发控制及安全性等功能。这些功能确保了数据的高效管理和可靠访问。

下面介绍一些国内外常见的关系型数据库管理系统。

1.4.1　国内常见的关系型数据库管理系统

数据管理和处理已成为各行各业的核心需求。为了满足这一需求，国内科技公司不断投入研发力量，推出了一系列具有自主知识产权的关系型数据库管理系统。国内常见的关系型数据库管理系统有以下几种。

1. 达梦数据库管理系统

达梦数据库管理系统（DM）是由达梦公司推出的具有完全自主知识产权的高性能数据库管理系统，目前的最新版本是 8.0（DM8）。

DM8 采用了全新的体系架构，在保证大型通用的基础上，针对可靠性、高性能、海量数据处理和安全性做了大量的研发和改进工作，极大地提升了 DM8 产品的性能、可扩展性，能同时兼顾 OLTP 和 OLAP 请求，从根本上提升了 DM8 产品的品质。

2. 神通数据库管理系统

神通数据库管理系统是传承航天自主创新传统，按照航天工程化和质量控制体系开发的一款自主创新、安全高效的国产数据库软件，具有通用性、高性能、高安全、高可靠、高可用等特性，提供的多种版本能够充分满足不同业务场景的需求，具备共享存储高可用、读/写分离等多种部署模式。另外，它提供的多种性能优化技术，能够满足用户在海量数据、高并发应用场景下对系统高性能的需求，为用户打造功能完善、稳定高效的业务数据存储管理支撑平台。

3. 人大金仓数据库管理系统

人大金仓数据库管理系统（KingbaseES，简称 KES）又被称为"金仓数据库"，是北京人大金仓信息技术股份有限公司研发的具有自主知识产权的通用关系型数据库管理系统。

人大金仓数据库管理系统主要面向事务处理类应用，兼顾各类数据分析类应用，可用做管理信息系统、业务及生产系统、决策支持系统、多维数据分析、全文检索、地理信息系统、图片搜索等的承载数据库。

4. 翰高数据库（Highgo Database）

翰高数据库（Highgo Database）是由翰高科技公司开发的一款高性能关系型数据库。它结合了 PostgreSQL 的技术优势，并在其基础上进行优化和扩展，特别适合复杂事务处理和分析应用场景。

1.4.2 国外常见的关系型数据库管理系统

随着全球信息化的不断推进，国外科技公司开发了多种高效、稳定的关系型数据库管理系统。这些系统以其卓越的性能和可靠性，被广泛应用于金融、电信等行业。国外常见的关系型数据库管理系统有以下几种。

1. Oracle

Oracle 是由 Oracle 公司开发的一款关系型数据库管理系统，以其强大的功能、高可靠性和安全性而著称。它适用于各种规模的企业，从小型应用到大型企业级系统都能提供良好的支持。

2. MySQL

MySQL 是一款开源的关系型数据库管理系统，以其轻量级、高性能、可靠性、开源性和易用性而广受欢迎。它被广泛应用于 Web 应用开发，能与 PHP、Apache 和 Linux 组合成 LAMP 架构。

3. SQL Server

SQL Server 是由 Microsoft 公司开发的一款具有功能强大的关系型数据库管理系统，

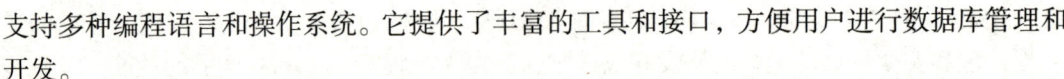

支持多种编程语言和操作系统。它提供了丰富的工具和接口，方便用户进行数据库管理和开发。

4. Sybase

Sybase 是一款基于 UNIX 或 Windows NT 的客户端-服务器环境的大型关系型数据库系统。它提供了一套应用程序编程接口和库，可以与非 Sybase 数据源及服务器集成，允许在多个数据库之间复制数据。

5. DB2

IBM 公司的 DB2 系列关系型数据库管理系统在不同操作系统上都有服务，具有较好的可伸缩性和跨平台支持功能。它在企业级应用中的表现非常出色，特别是在处理大量数据和复杂事务的场景下。

6. PostgreSQL

PostgreSQL 是一款开源的、面向对象的关系型数据库管理系统，以其可扩展性和灵活性而受到开发者的喜爱。它支持多种数据类型和复杂的查询操作。

不同的数据库管理各自具有不同的特点和适用场景。在选择数据库管理系统时，需要根据具体的业务需求、数据规模、预算等因素进行综合考虑。

1.5 MySQL 的简介和历史

MySQL 是一款流行的开源关系数据库管理系统，使用结构化查询语言（SQL）进行数据管理。它最初由瑞典的 MySQL AB 公司在 1995 年开发，并且以其轻量级、高性能、可靠性、开源性和易用性而广受欢迎。MySQL 支持大规模的数据库应用，特别是在网页数据库领域表现得非常出色。随着时间的推移，MySQL 被多次收购，最终在 2010 年被 Oracle 公司收购。尽管现在有多种分支和衍生版本，MySQL 依然是最广泛使用的数据库系统之一，特别是在动态网站构建和在线应用程序开发中。

1.5.1 MySQL 概述

MySQL 是全球领先的开源关系型数据库管理系统。作为一款以强大后端功能闻名的数据库软件，MySQL 是构建动态网站和各类应用程序的理想选择。它使用结构化查询语言（SQL）来管理和处理存储在数据库中的数据，提供数据的持久化存储、事务处理和并发控制等关键功能。

1.5.2 MySQL 的架构与兼容性

MySQL 基于客户端-服务器模型设计，其中客户端负责数据查询和操作，而服务器负责所有数据处理和管理任务。这种模型支持在多个操作系统上运行，包括 Linux、Windows 和 macOS，能够处理多个客户端的并发请求，非常适合多用户企业环境。

1.5.3 开源与社区支持

作为一款开源关系型数据库管理系统，MySQL 允许用户自由使用、修改和再发布代码。这一开放性策略吸引了庞大的开发者社区，社区成员的不断创新和改进保证了 MySQL 的持续发展和功能增强，其灵活性和易用性也使 MySQL 成为从小型企业与大型企业应用的可靠选择。

1.5.4 MySQL 的发展历史

- 创建阶段（1994 年）：MySQL 由瑞典开发者 Michael Widenius 和 David Axmark 创建。最初，MySQL 是一个小型的 SQL 数据库，用于满足个人和小型应用程序的需求。
- 开源发布（1995 年）：MySQL 在 1995 年首次发布，并成为开源项目。这使得更多的开发者能够参与 MySQL 的改进和扩展，促进其快速发展。
- MySQL 2.0 和 MySQL 3.0（1996 年—1997 年）：MySQL 2.0 和 MySQL 3.0 版本引入了许多重要的功能，包括子查询、事务支持和索引。这些改进使 MySQL 更加适用于商业应用程序。
- MySQL 4.0（2000 年）：MySQL 4.0 带来了更多的功能，如存储过程、触发器、视图和外键。这些功能提高了 MySQL 在复杂应用中的可用性。
- MySQL 5.0（2003 年）：MySQL 5.0 引入了存储过程、触发器和视图的支持，以及更强大的查询优化。这使得 MySQL 在企业级应用中更具有竞争力。
- Sun 公司收购（2008 年）：2008 年，Sun 公司收购了 MySQL AB，这一收购引发了关于 MySQL 未来的担忧，因为 Sun 公司也有一个自己的数据库供应商，即 Oracle 数据库。
- Oracle 公司收购 Sun 公司（2010 年）：Oracle 公司在 2010 年收购了 Sun 公司，引发了对 MySQL 未来的更多担忧，因为 Oracle 和 MySQL 是竞争对手。
- MariaDB 分支（2010 年）：由于担忧 Oracle 公司对 MySQL 的控制，MySQL 的创始人之一 Michael Widenius 创建了 MariaDB，这是一个基于 MySQL 代码的开源分支。MariaDB 受到了广泛的采用，许多 Linux 发行版开始将其用作默认数据库。
- MySQL 社区版本（2010 年至今）：尽管 MySQL 被 Oracle 公司收购，但 MySQL 社区版本仍然存在，继续得到开源社区的支持和开发。
- MySQL 5.5 和之后版本（2010 年至今）：MySQL 5.5 以及之后的版本继续引入性能和功能方面的改进，包括 InnoDB 存储引擎的改进、复制和集群支持等。
- MySQL 8.0（2018 年）：MySQL 8.0 引入了许多新功能，包括窗口函数、JSON 支持、全文搜索和事务数据字典等，使 MySQL 在大规模和复杂应用中更具有竞争力。
- MySQL 8.4LTS（2024 年）：MySQL 的第一个长期支持版本发布。

LTS 代表 Long-Term Support（长期支持），是软件行业常用的术语之一。在软件开发中，LTS 版本是指那些经过特别维护并提供长期支持的版本。通常，LTS 版本会获得较长时间的更新和安全补丁支持，以确保它们能够在较长的时间内保持稳定和可靠。

对于 MySQL 来说，发布 LTS 版本意味着这个版本将会得到较长时间的维护和支持，以满足用户的需求。MySQL 8.4 是 MySQL 的第一个 LTS 版本，意味着它将获得较长时间的更新和安全补丁支持，以及可能的修复和改进，为用户提供更稳定和可靠的数据库服务。LTS 版本的发布通常会吸引更多企业级用户，因为他们更倾向于使用长期支持版本来确保系统的稳定性和可靠性。

项目实训：下载与安装 MySQL 数据库

任务 1：下载 MySQL

（1）在 MySQL 官方网站中选择"下载"选项，进入下载页面，单击"MySQL Community (GPL) Downloads"链接，进入 MySQL 社区下载页面，如图 1-3 所示。

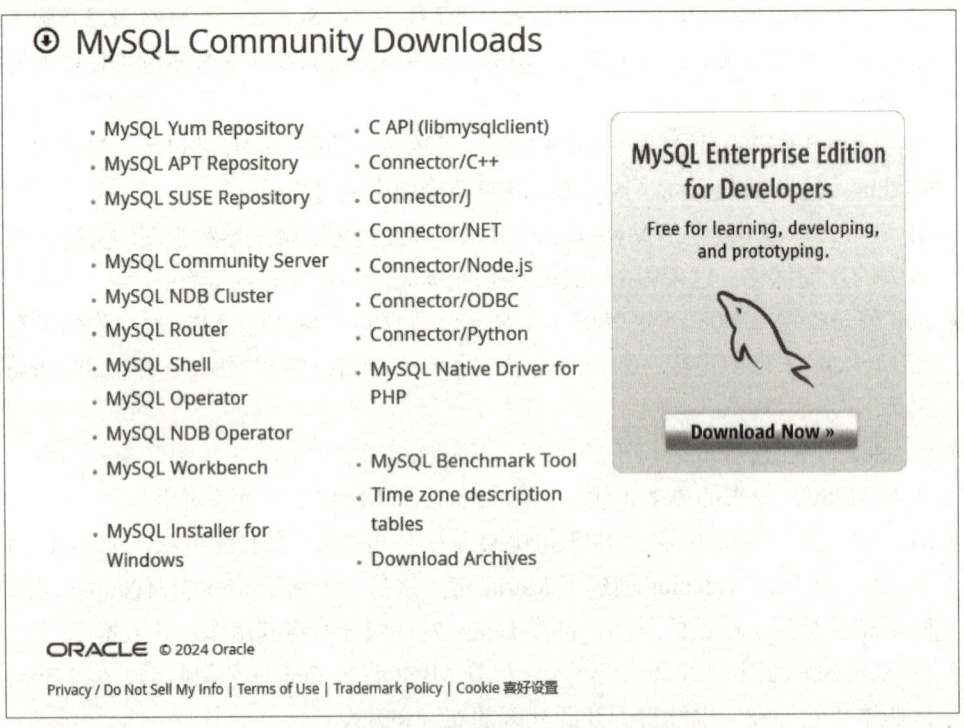

图 1-3　MySQL 社区下载页面

（2）单击"MySQL Community Server"链接，打开 MySQL 下载界面，选择 MySQL 下载版本，即在"Select Version"下拉列表中选择"8.4.3 LTS"选项，如图 1-4 所示。

（3）选择"Windows (x86, 64-bit), MSI Installer"安装包，单击"Download"按钮，进入文件下载界面，如图 1-5 所示。如果有 MySQL 账户，则直接单击"Login"按钮下载；如果没有 MySQL 账户，则单击"No thanks,just start my download."链接，开始下载。文件下载过程界面如图 1-6 所示。

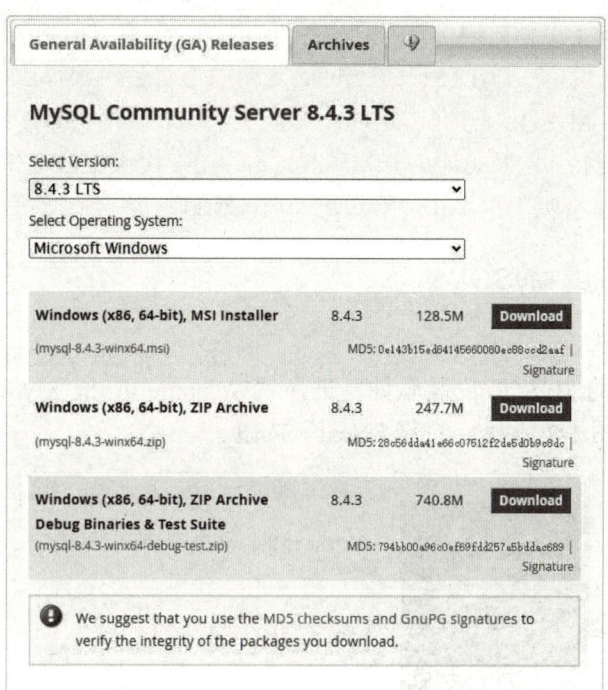

图 1-4　选择 MySQL 下载版本

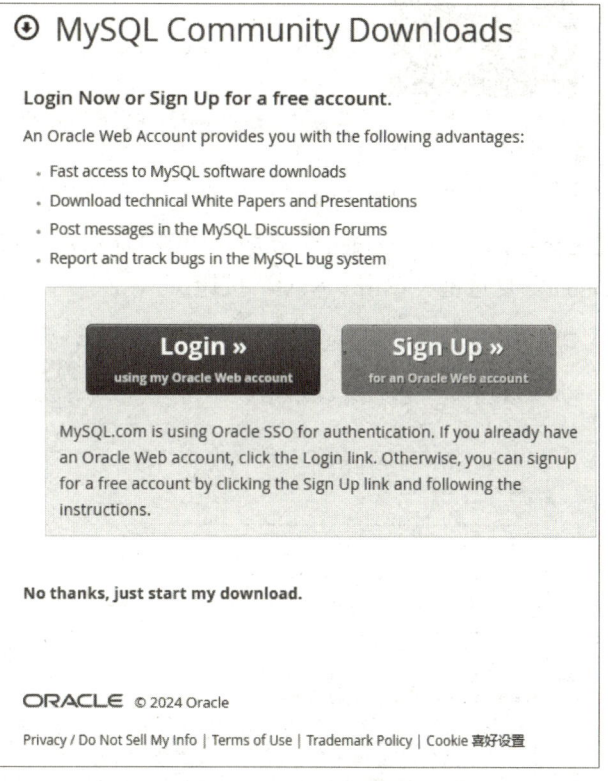

图 1-5　文件下载界面

图 1-6 文件下载过程界面

任务 2：安装与配置 MySQL

1. 安装 MySQL

（1）双击下载的 MySQL 安装软件，进入"Welcome to the MySQL Server 8.4 Setup Wizard"界面，如图 1-7 所示，单击"Next"按钮。

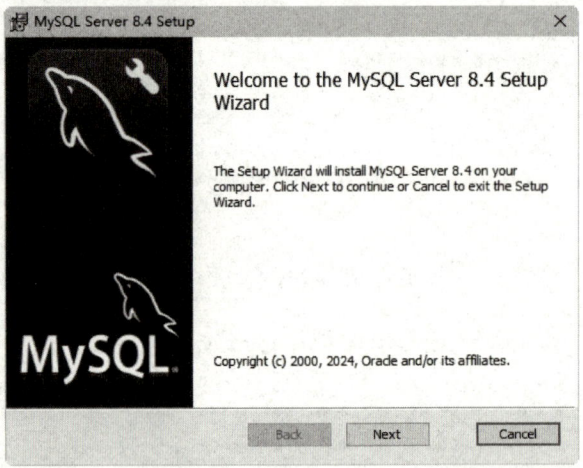

图 1-7 "Welcome to the MySQL Server 8.4 Setup Wizard"界面

（2）进入"End-User License Agreement"界面，如图 1-8 所示，勾选"I accept the terms in the License Agreement"复选框，单击"Next"按钮。

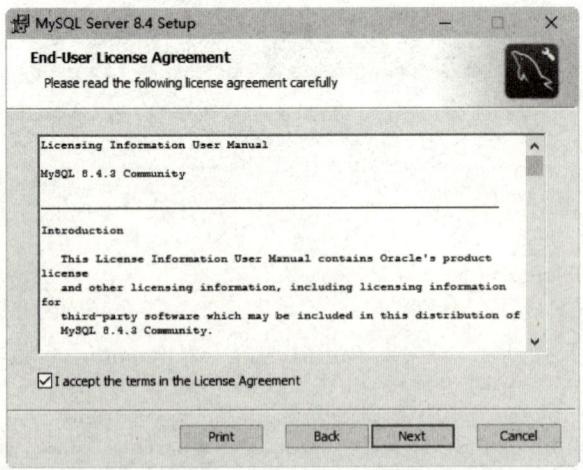

图 1-8 "End-User License Agreement"界面

（3）进入"Choose Setup Type"界面，如图 1-9 所示，单击"Complete"按钮。

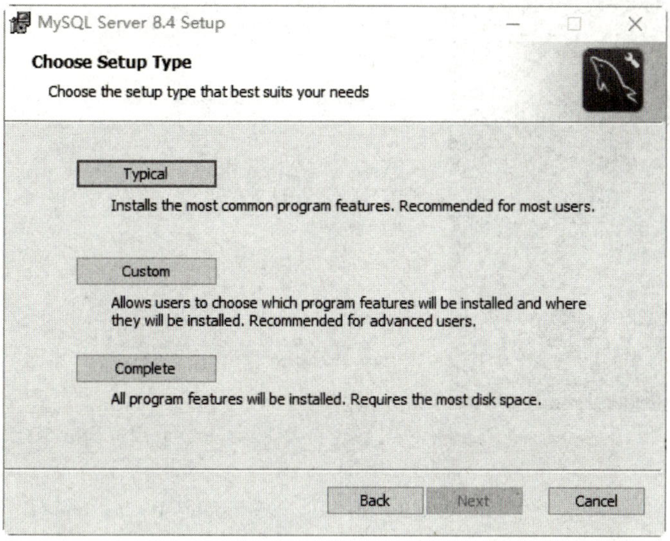

图 1-9　"Choose Setup Type"界面

（4）进入"Ready to install MySQL Server 8.4"界面，如图 1-10 所示，单击"Install"按钮。

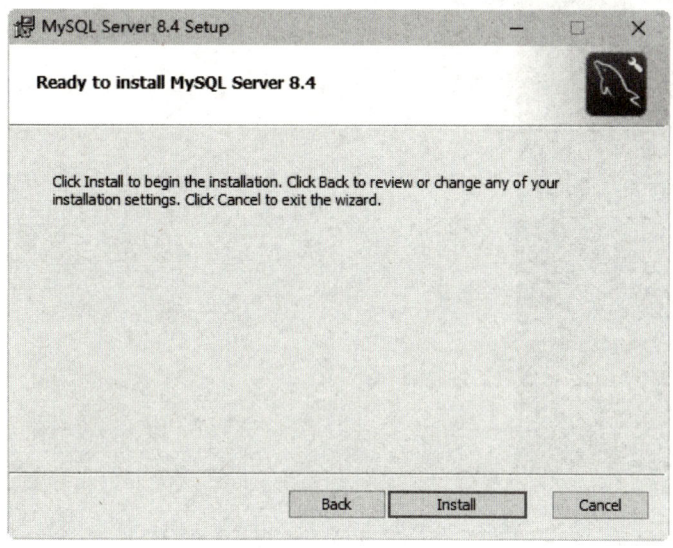

图 1-10　"Ready to install MySQL Server 8.4"界面

（5）开始进行安装，完成 MySQL Server 安装，进入"Completed the MySQL Server Setup Wizard"界面，如图 1-11 所示，勾选"Run MySQL Configurator"（默认就是勾选状态），单击"Finish"按钮。

（6）进入"Welcome to the MySQL Server Configurator"界面，如图 1-12 所示，单击"Next"按钮。

图 1-11 "Completed the MySQL Server Setup Wizard" 界面

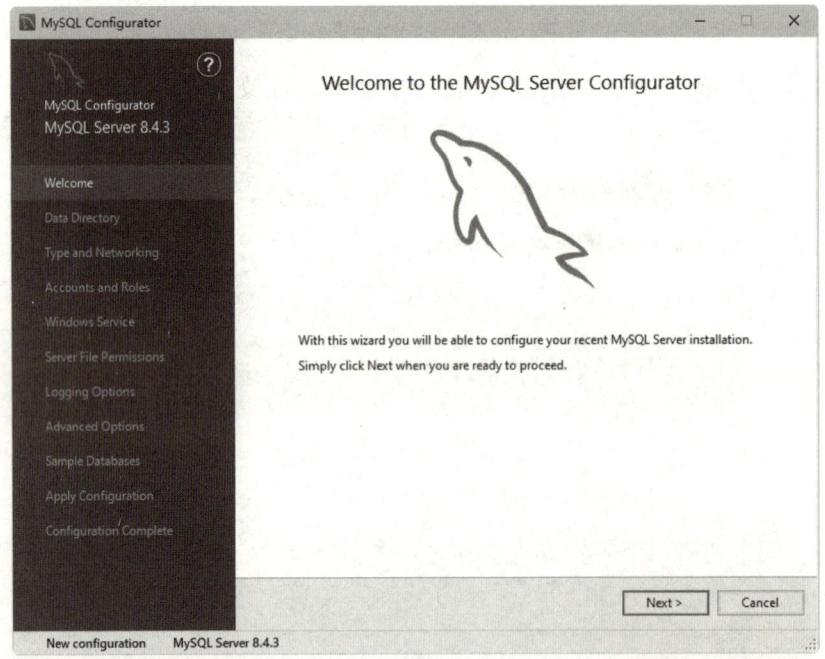

图 1-12 "Welcome to the MySQL Server Configurator" 界面

（7）进入"Data Directory"界面，如图 1-13 所示。如果想要设置数据库 data 文件的存放位置，则可以单击 按钮，打开"浏览文件夹"对话框，在该对话框即可设置数据库 data 文件的存放位置，设置完成后，关闭"浏览文件夹"对话框，返回"Data Directory"界面，单击"Next"按钮。

（8）进入"Type and Networking"界面，如图 1-14 所示，采用默认配置，单击"Next"按钮。

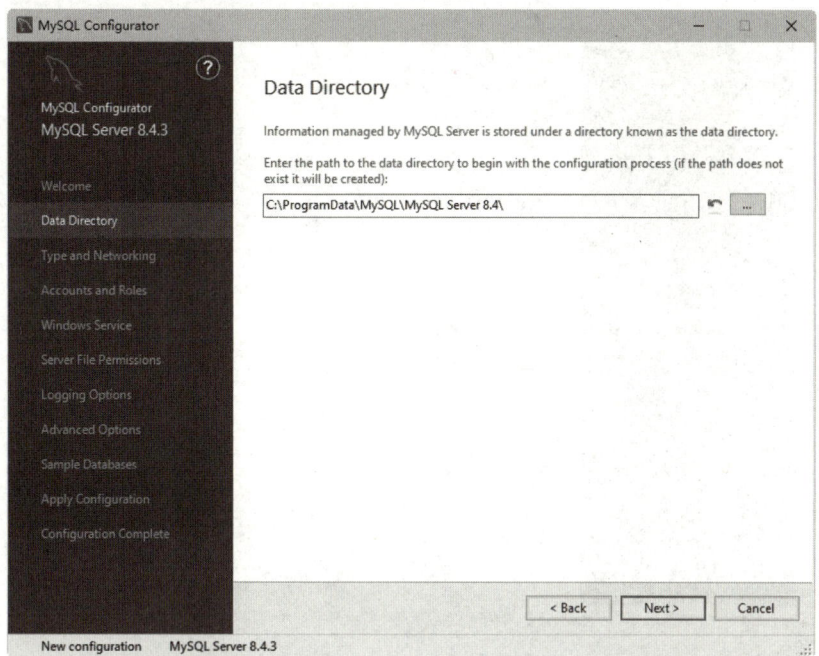

图 1-13 "Data Directory" 界面

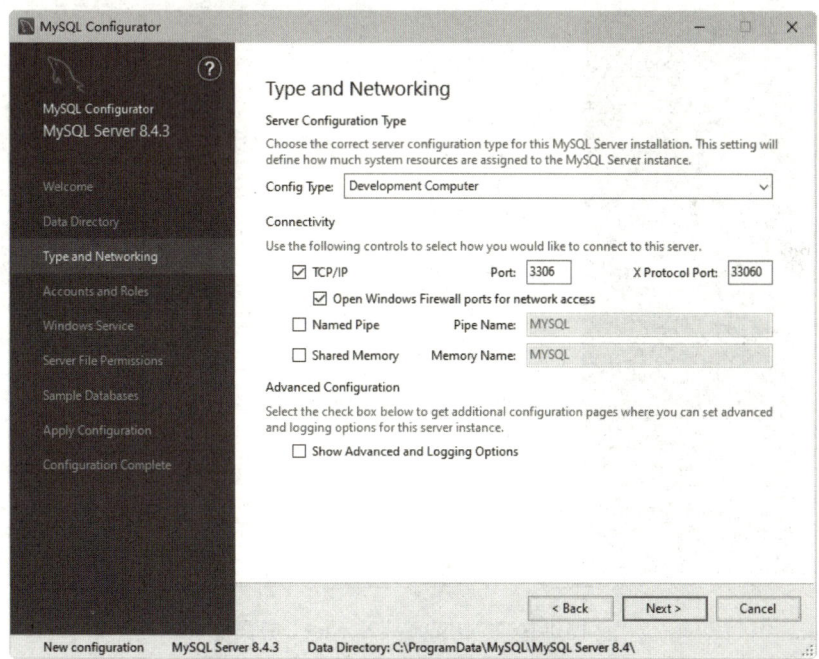

图 1-14 "Type and Networking" 界面

（9）进入"Accounts and Roles"界面，如图 1-15 所示，输入密码，这里设置的密码是超级管理员 root 的密码，单击"Next"按钮。

（10）进入"Windows Service"界面，如图 1-16 所示，采用默认配置，单击"Next"按钮。

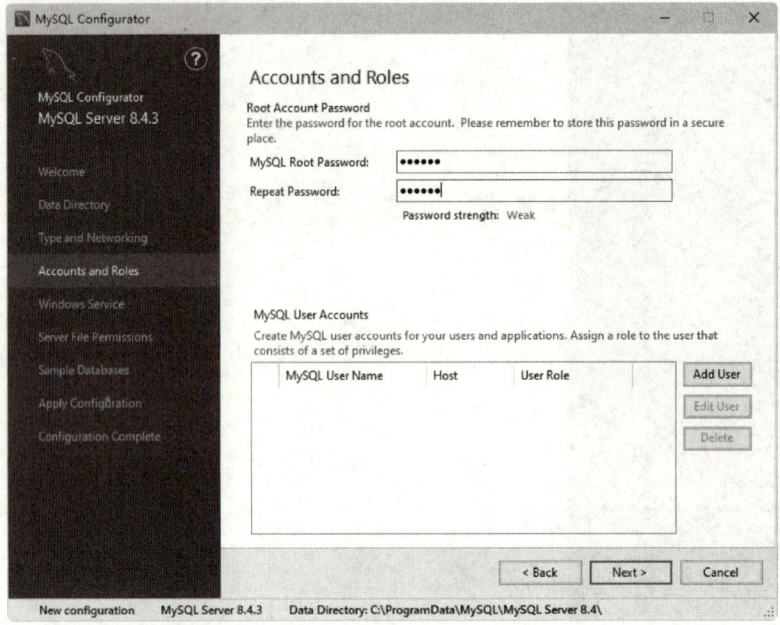

图 1-15 "Accounts and Roles"界面

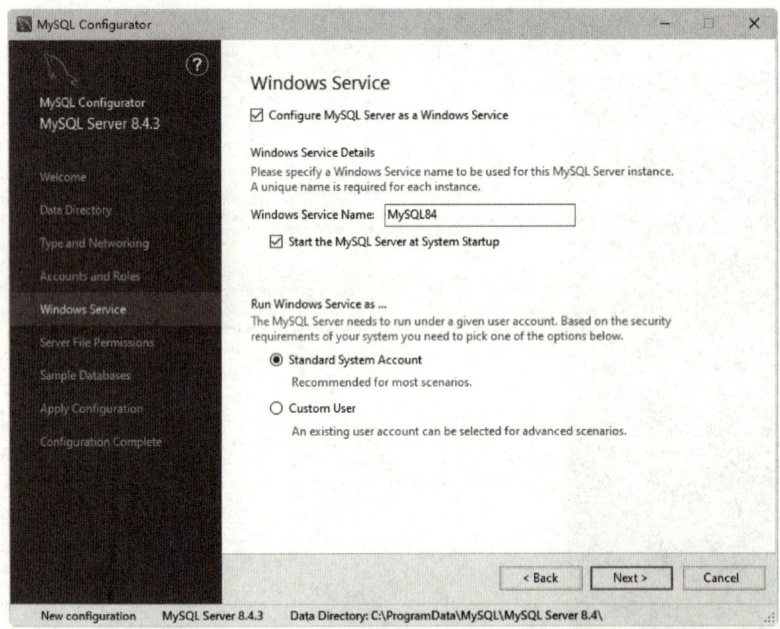

图 1-16 "Windows Service"界面

说明：

如果出现默认设置的 MySQL84 或者自己设置的名称提示红色感叹号，则说明已存在同名的 MySQL 服务，需要改成其他名称。

（11）进入"Server File Permissions"界面，如图 1-17 所示，授权对路径的访问权限，采用默认配置，单击"Next"按钮。

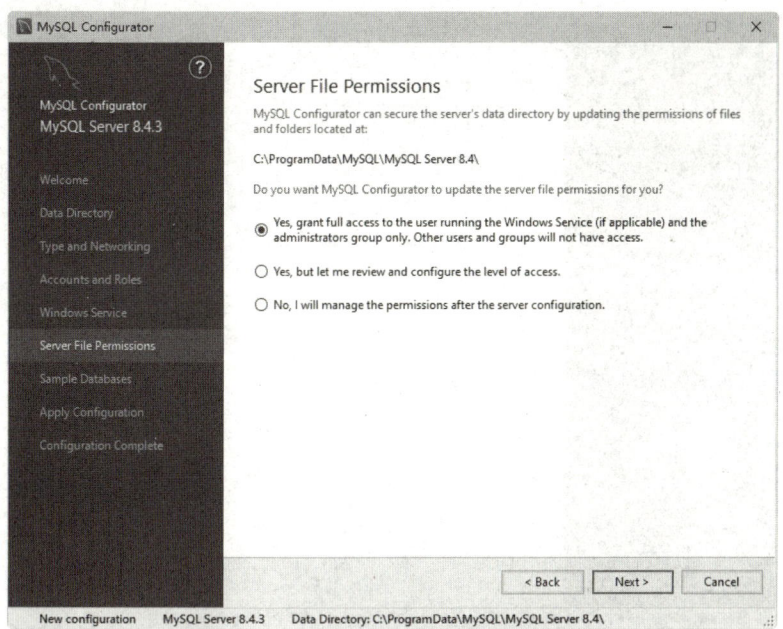

图 1-17 "Server File Permissions"界面

（12）进入"Sample Databases"界面，如图 1-18 所示，勾选"Create Sakila database"复选框和"Create World database"复选框，单击"Next"按钮。

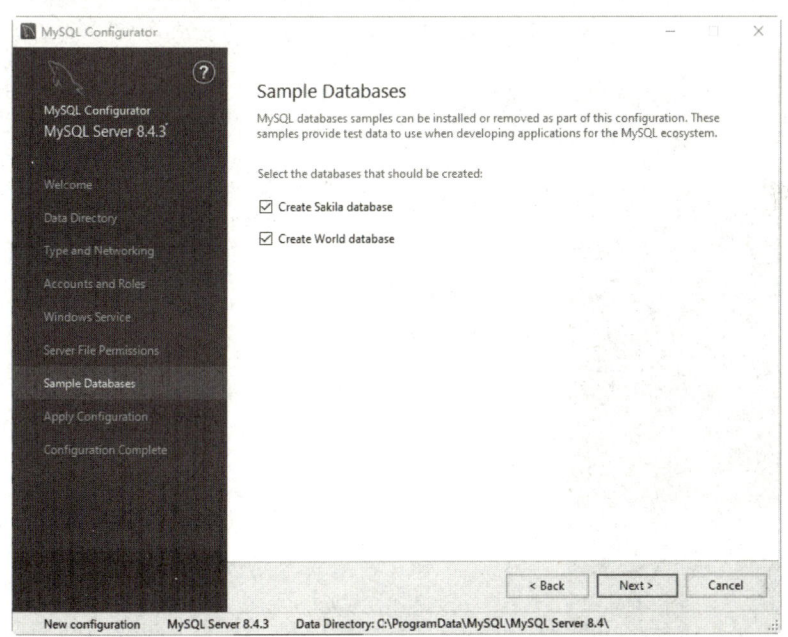

图 1-18 "Sample Databases"界面

（13）进入"Apply Configuration"界面，如图 1-19 所示，单击"Execute"按钮，开始安装各个配置，安装完的配置前会显示 ◎ 图标，并提示安装完成，单击"Next"按钮。

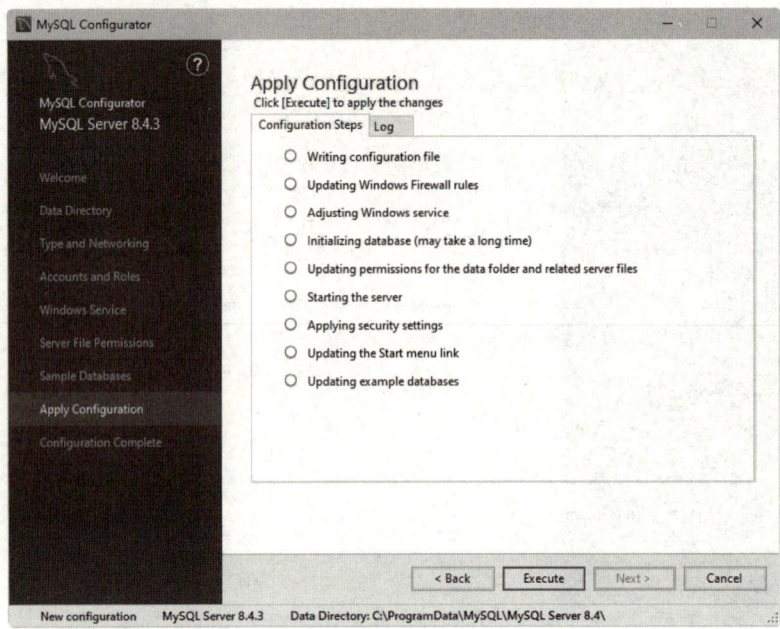

图 1-19 "Apply Configuration"界面

说明：

如果"Initializing database（may take a long time）"显示红色，则说明之前安装的 MySQL 数据库没有被彻底卸载，需要暂停安装，重新进行残留文件、服务、注册表删除清理。

（14）进入"Configuration Complete"界面，如图 1-20 所示，单击"Finish"按钮，完成 MySQL 安装。

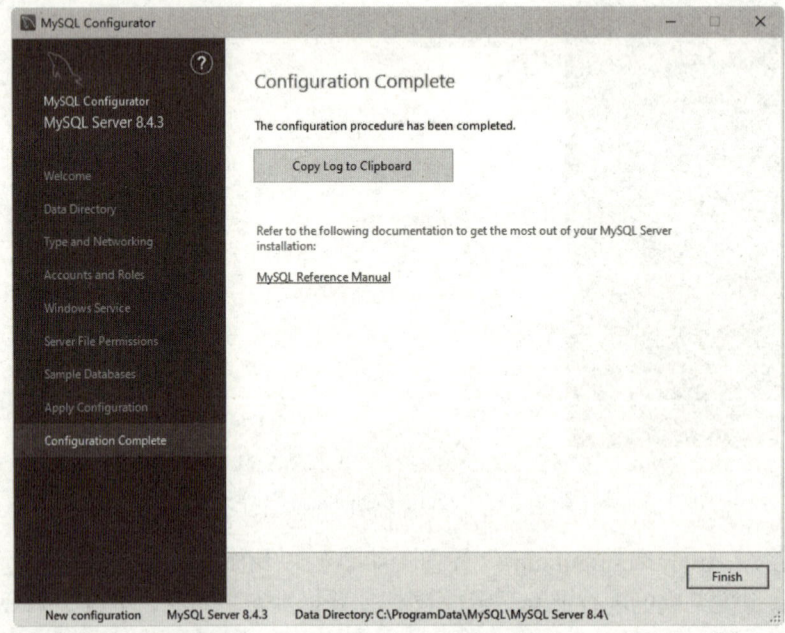

图 1-20 "Configuration Complete"界面

2. MySQL 的初始配置

下载并安装 MySQL 后，接下来至关重要的步骤是对其进行初始配置，这决定了数据库的性能和安全性。

（1）打开 MySQL 安装路径（默认安装在 C 盘），找到 bin 文件，复制其路径。

（2）在计算机桌面中的"此电脑"图标上右击，在弹出的快捷菜单中选择"属性"命令，打开控制面板，在控制面板左侧选择"高级系统设置"选项，打开"系统属性"对话框，如图 1-21 所示，在该对话框中选择"高级"选项卡。单击"环境变量"按钮，打开"环境变量"对话框，在"系统变量"列表框中选择系统变量"Path"，单击"编辑"按钮，打开"编辑环境变量"对话框，如图 1-22 所示，单击"新建"按钮，粘贴刚才复制的路径，连续单击"确定"按钮，完成环境变量的添加和编辑。

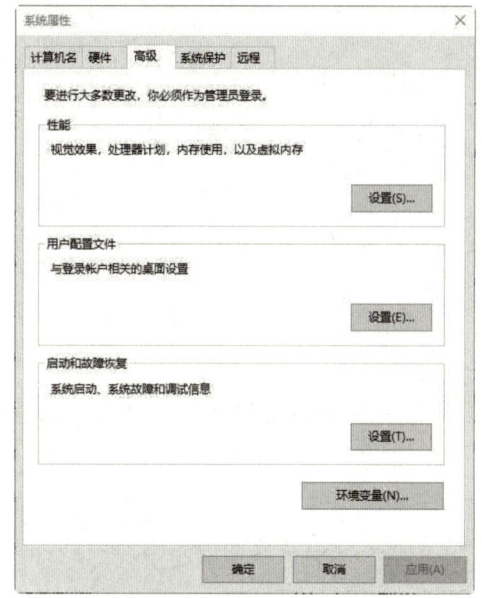

图 1-21 "系统属性"对话框

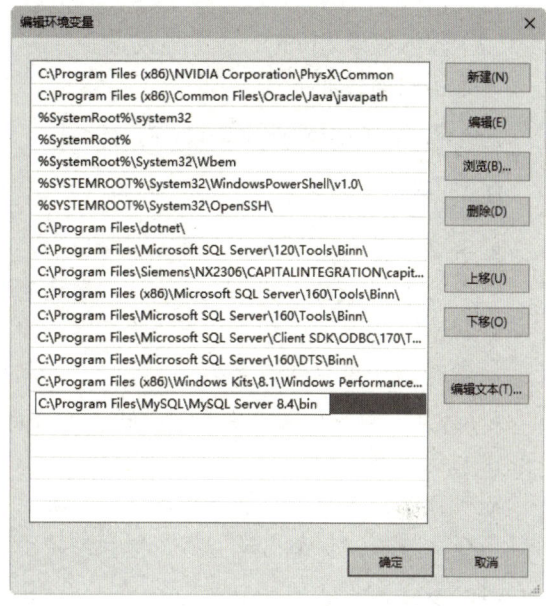

图 1-22 "编辑环境变量"对话框

说明：

在不配置环境变量的情况下，也可以使用 MySQL，但需要时刻记住 MySQL 所在路径，配置环境变量后，即使忘记 MySQL 所在路径，也能直接使用 cmd 来操作 MySQL。对于用户来说，配置完环境变量后，使操作数据库更加直接方便，省去烦琐进入 MySQL 路径的步骤。

（3）配置完后，检查环境变量设置是否成功的操作是，选择"开始"→"Windows 系统"→"命令提示符"选项并右击，在弹出的快捷菜单中选择"更多"→"以管理员身份运行"命令，打开"管理员：命令提示符"窗口，输入"mysqlamin -V"命令，如果出现 MySQL 的版本信息（见图 1-23），则说明环境变量设置成功。

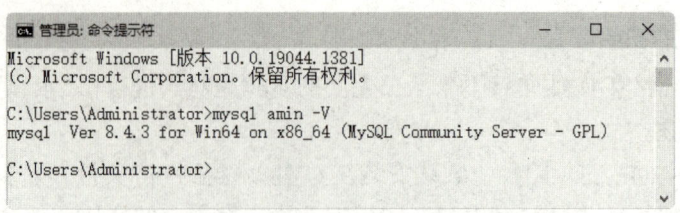

图 1-23　查看环境变量设置是否成功

任务 3：MySQL 服务器的基本操作

1. 登录 MySQL 服务器

（1）选择"开始"→"Windows 系统"→"命令提示符"选项，打开"管理员：命令提示符"窗口。

（2）输入登录 MySQL 服务器的命令。

基本语法格式如下。

mysql [-h 服务器 IP 地址] -u 用户名 -p

说明：

- -h 后面的参数是服务器的主机地址，在这里客户端和服务器在同一台计算机上，所以输入"localhost"或 IP 地址。默认为本地主机。
- -u 后面是登录服务器的用户名称，这里为 root。
- -p 后面是用户登录密码。
- MySQL 默认最高权限管理员账户为 root，初次登录时使用 root 账户和安装 root 的初始密码。
- 可以直接在命令中加上密码，即在 -p 后面输入密码。需要注意的是，-p 和密码之间没有空格，如果出现空格，则系统将不会把后面的字符串当成密码。

（3）系统提示输入密码，这里输入初始化数据库时产生的随机密码。

（4）登录成功后进入 MySQL 初始界面，会出现"Welcome to the MySQL monitor."的欢迎语。运行结果如图 1-24 所示。

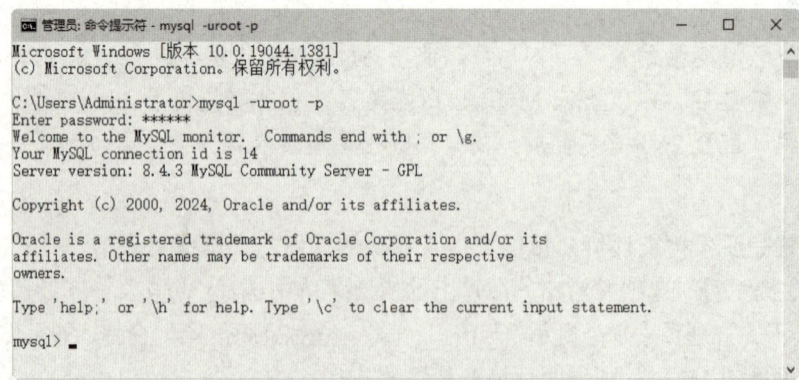

图 1-24　登录 MySQL 服务器

2. 退出 MySQL 服务器

退出 MySQL 服务器的命令有 3 种，分别为 exit、quit 和\q。

任务 4：安装 MySQL 的图形化管理工具 Navicat for MySQL

Navicat for MySQL 是 MySQL 的图形化管理工具。下面以 Navicat 17 for MySQL 为例，介绍其安装步骤。

1. 安装 Navicat for MySQL

（1）进入 Navicat for MySQL 官方网站，下载 Navicat 17 for MySQL 安装程序。

（2）双击 Navicat 17 for MySQL 安装程序，进入"欢迎安装 Navicat 17 for MySQL"界面，如图 1-25 所示，单击"下一步"按钮。

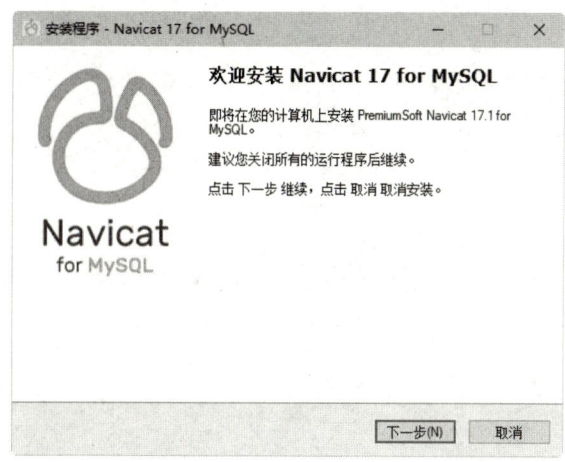

图 1-25 "欢迎安装 Navicat 17 for MySQL"界面

（3）进入"许可证"界面，如图 1-26 所示，选中"我同意"单选按钮，单击"下一步"按钮。

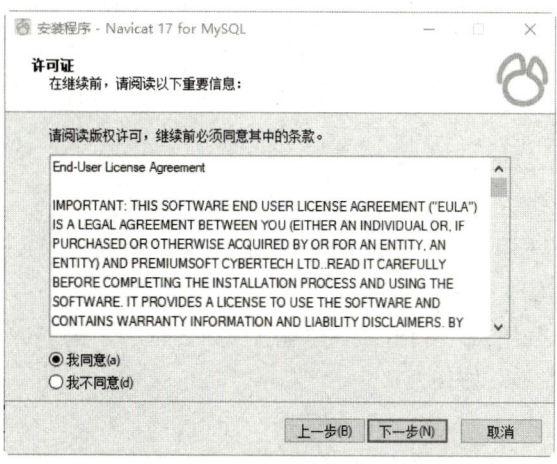

图 1-26 "许可证"界面

（4）进入"选择额外任务"界面，采用默认设置，单击"下一步"按钮，进入"准备安装"界面，如图 1-27 所示，单击"安装"按钮，开始安装 Navicat 17 for MySQL，安装完之后，进入"完成 Navicat 17 for MySQL 安装向导"界面，如图 1-28 所示，单击"完成"按钮，完成 Navicat 17 for MySQL 的安装。

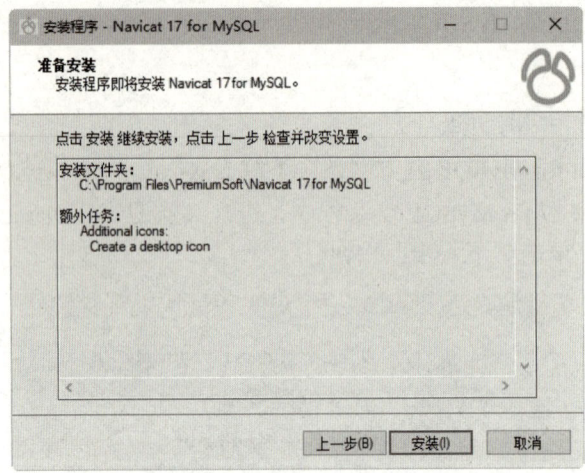

图 1-27　"准备安装"界面

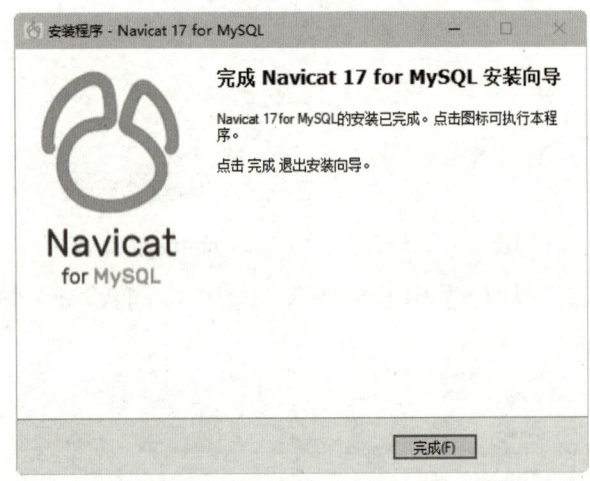

图 1-28　"完成 Navicat 17 for MySQL 安装向导"界面

2. 使用 Navicat for MySQL 连接 MySQL 数据库

（1）双击计算机桌面上的 Navicat for MySQL 图标，打开"Navicat for MySQL"窗口，如图 1-29 所示。

（2）单击"连接"按钮，打开"新建连接"对话框，如图 1-30 所示，选择"MySQL"连接类型，单击"下一步"按钮。

（3）打开"新建连接（MySQL）"对话框，如图 1-31 所示，在"连接名称"文本框中输入名称（可自由命名，如"localhost"或"127.0.0.1"均可），访问外部主机需要填入对应主机的 IP 地址，在"密码"文本框中输入 MySQL 登录密码，其他选项采用默认设置。

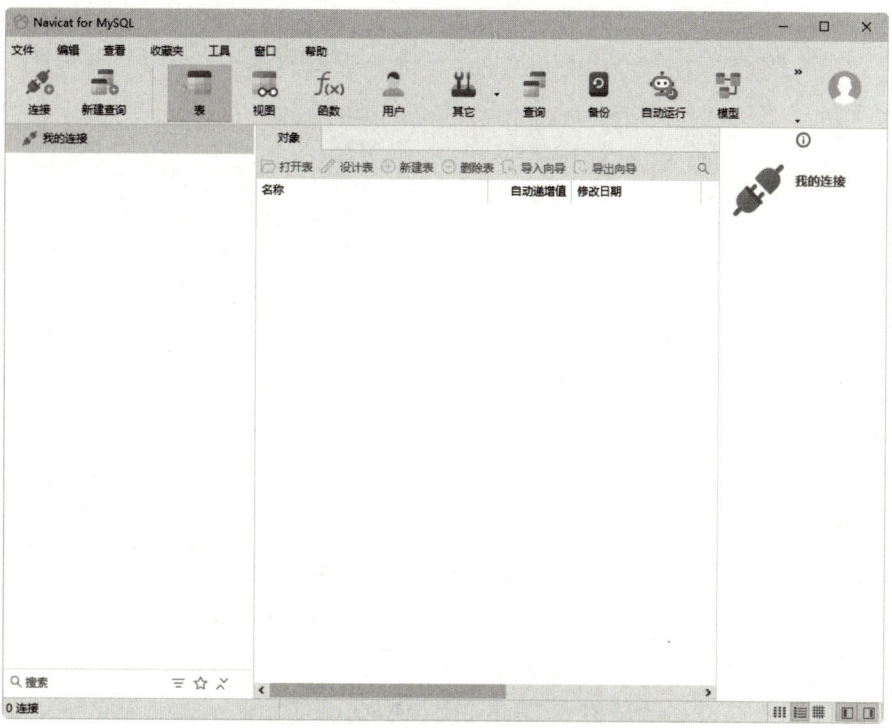

图 1-29 "Navicat for MySQL" 窗口

图 1-30 "新建连接" 对话框

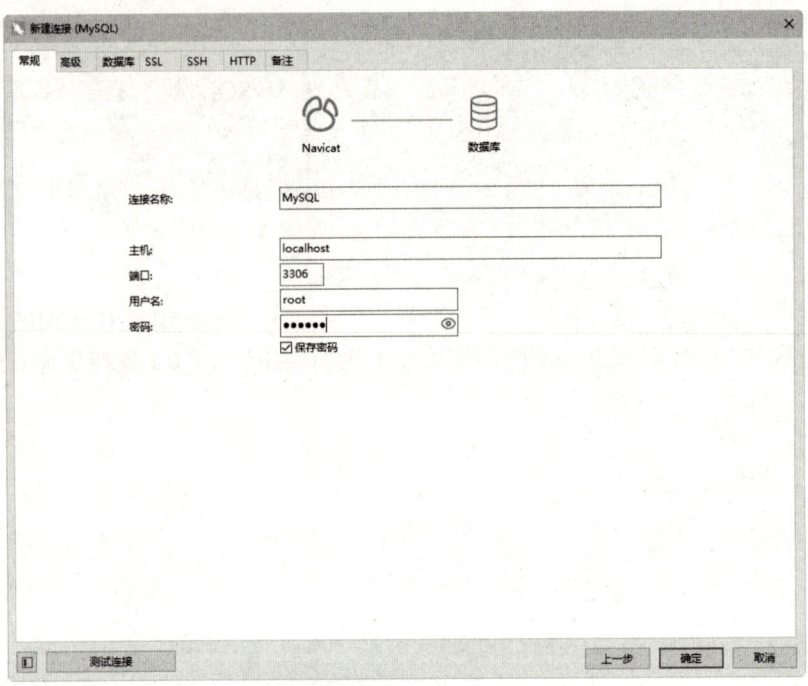

图 1-31　"新建连接（MySQL）"对话框

（4）单击"测试连接"按钮，查看是否可以连接成功。如果在"新建连接（MySQL）"对话框的左下角显示"连接成功"字样，如图 1-32 所示，则表示连接成功，单击"确定"按钮，建立连接。

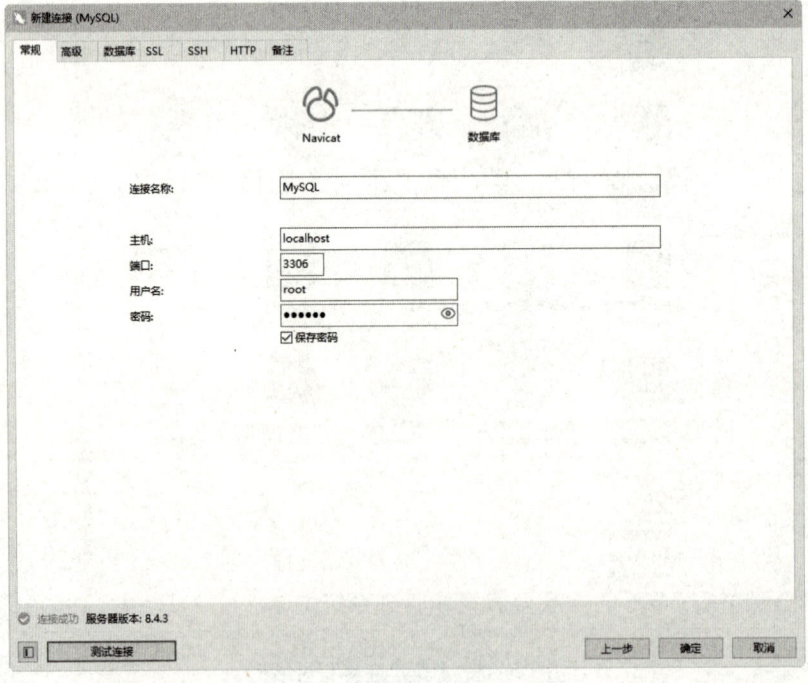

图 1-32　显示"连接成功"字样

> **说明：**
> 如果连接失败，则可能是连接参数设置不正确或 MySQL 服务未启动等原因导致的。需要检查连接参数是否正确，确保 MySQL 服务已启动并监听在正确的端口上。

虽然连接本机 localhost 和 127.0.0.1 都可以成功，但是还是有一些区别。
- localhost：在本地主机上使用 UNIX Sockets 连接 MySQL。
- 127.0.0.1：强制使用 TCP/IP 协议连接 MySQL。
- 当代码与 MySQL 服务在同一台服务器上时，使用 localhost 连接更加高效。
- 当代码与 MySQL 服务在不同的服务器上时，使用 127.0.0.1 连接更加安全、稳定。

单元小结

本单元详细地介绍了数据库的基础知识，包括数据库的定义、数据库系统组成、数据库管理系统的功能，以及常见的关系型数据库管理系统。此外，还介绍了 MySQL 的下载、安装、配置及基本操作步骤，以及如何使用 Navicat for MySQL 连接 MySQL。通过这些步骤，用户可以成功安装并管理 MySQL，为数据管理和应用开发打下基础。

理论练习

一、选择题

1. 数据库系统的组成部分包括（　　）。
    A．数据库
    B．数据库和软件
    C．数据库、硬件、软件和人员
    D．数据库和操作系统
2. 由 Oracle 公司推出的数据库管理系统（　　）。
    A．MySQL B．Oracle
    C．PostgreSQL D．DB2
3. MySQL 是基于（　　）的数据库管理系统。
    A．层次模型 B．网状模型
    C．关系模型 D．对象模型
4. MySQL 的默认最高权限管理员账户是（　　）。
    A．admin B．user
    C．root D．oracle
5. 下列不是国内常见的关系型数据库管理系统的是（　　）。
    A．DM B．SDB
    C．DB2 D．JDBC

二、问答题

1. 什么是数据？什么是数据库？
2. 数据库系统由哪部分组成？各部分有什么作用？
3. 请简述数据库管理系统的主要功能。

三、应用题

为贯彻落实《中华人民共和国网络安全法》及相关数据安全法规，某政府部门需要创建一个内部数据管理系统。作为系统创建的第一步，需要安装配数据库管理系统，并确保其符合国家安全规范和要求。

1. 国内常见的关系型数据库管理系统有哪些？
2. 国外常见的关系型数据库管理系统中除了 MySQL，还有哪些？
3. 如果要安装 MySQL，则如何设置 MySQL 的环境变量？

实战演练：国产操作系统下安装 MySQL

1. 首先在官方网站下载对应国产操作系统的安装包，然后使用远程传输工具将安装包上传到国产操作系统指定目录。
2. 首先在指定目录下解压安装包，然后创建 MySQL 用户与用户组，并设置用户登录权限。
3. 首先创建并编辑 my.cnf 配置文件，设置 MySQL 的安装目录，数据目录等。然后配置环境变量，将 MySQL 的 bin 目录添加到 PATH 中。
4. 首先初始化 MySQL，然后启动 MySQL 服务，登录 MySQL 进行初始设置。

单元 2　设计数据库

学习导读

无论是电子商务平台的海量交易记录，还是社交媒体上的用户互动数据，抑或是医疗健康领域的患者信息，这些数据的收集、存储、管理和分析对于挖掘潜在价值、优化业务流程、提升用户体验等方面都至关重要。然而，如何高效、安全地处理这些庞大而复杂的数据集成为摆在我们面前的一大挑战。正是基于这样的背景，设计一个结构合理、性能优越的数据库系统显得尤为重要。它不仅能够确保数据的完整性和一致性，还能通过优化查询速度来提高数据处理效率，同时保障数据的安全性和隐私性，为各类应用提供坚实的数据支撑基础。

学习目标

▶ 知识目标

- ➢ 了解设计数据库的各个阶段。
- ➢ 理解函数依赖的定义及关系。
- ➢ 了解各种范式。

▶ 能力目标

- ➢ 学会绘制 E-R 图。
- ➢ 学会将 E-R 图转换为关系模型。
- ➢ 学会将关系模型规范化。

▶ 素养目标

- ➢ 通过解决数据库设计中的实际问题，如数据冗余、数据一致性等，锻炼学生解决问题的能力，以及在复杂情况下做出合理决策的能力。
- ➢ 通过学习不同场景下的数据库规范化设计，增强学生的适应能力和灵活性。

知识图谱

- 设计数据库
  - 知识讲解
    - 关系型数据库设计
    - 数据库设计规范化
  - 项目实训
    - salesmanage的需求分析
    - salesmanage的概念结构设计
    - salesmanage的逻辑结构设计
  - 强化训练
    - 单元小结
    - 理论练习
    - 企业案例：设计资产管理系统数据库assertmanage

相关知识

2.1 关系型数据库设计

数据库设计是创建数据库及其应用系统的技术，是信息系统开发和建设中的核心技术。由于数据库应用系统的复杂性，为了支持相关应用程序的运行，数据库设计就变得异常复杂，因此最佳设计不可能一蹴而就，需要经过一个"反复探寻，逐步求精"的过程。

数据库设计的内容包括结构特性设计和行为特性设计。结构特性设计是指数据库总体概念的设计，它是根据给定的应用环境进行数据库的模式或子模式设计。行为特性设计是指实现数据库用户业务活动的应用程序设计，用户通过应用程序来访问和操作数据库。

按照规范设计的方法，考虑数据库及其应用系统开发全过程，将数据库设计分为以下6个阶段（见图2-1）。

- 需求分析阶段。
- 概念结构设计阶段。
- 逻辑结构设计阶段。
- 物理结构设计阶段。
- 数据库实施阶段。
- 数据库运行和维护阶段。

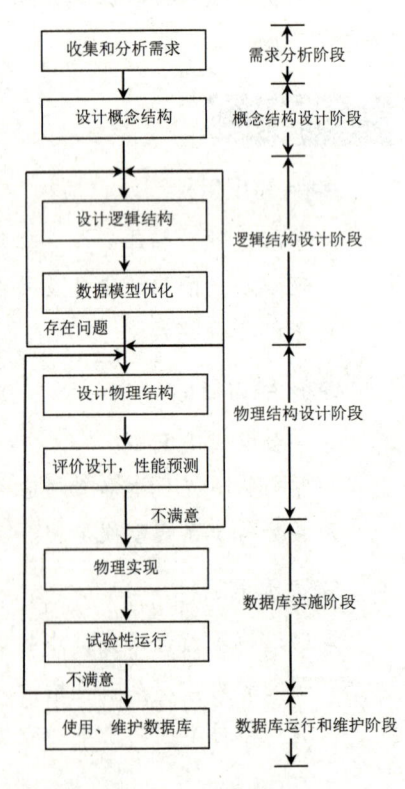

图2-1 数据库设计步骤

需要指出的是,这个设计步骤既是数据库设计的过程,也包括了数据库应用系统的设计过程。在设计过程中把数据库的设计和对数据库中数据处理的设计紧密结合起来,将这两个方面的需求分析、抽象、设计、实现在各个阶段同时进行,相互参照,相互补充,以完善这两个方面的设计。

2.1.1 需求分析阶段

需求分析阶段的任务是通过详细调查现实世界要处理的对象(如组织、部门、企业等),充分了解原系统(手动系统或计算机系统)的工作概况,明确用户的各种需求,并在此基础上确定新系统的功能。

进行需求分析首先要调查清楚用户的实际需求,与用户达成共识,然后分析与表达这些需求。进行需求分析的基本方法是收集和分析用户需求,通过分析各个用户需求提炼出反映用户活动的数据流图,确定系统边界归纳出系统数据,这是数据库设计的关键。收集和分析用户需求一般可以按照以下4步进行。

(1)分析用户活动。

从需求的处理着手进行分析,弄清楚处理流程。如果一个处理比较复杂,就把处理分解成若干个子处理,使每个处理功能明确、界限清楚。分析之后绘制出用户活动图。

(2)确定系统边界。

不是所有的业务活动内容都适合使用计算机进行处理,有些工作即使在计算机环境下仍需人工完成。因此,绘制出用户活动图后,还要确定属于系统的处理范围,可以在图上标明系统边界。

(3)分析用户活动所涉及的数据。

按照用户活动图包含的每一种应用,弄清楚所涉及数据的性质、流向和所需的处理,并用数据流图表示出来。

数据流图是一种从"数据"和"对数据的加工"两方面表达系统工作过程的图形表示法。数据流图有以下4种基本成分。

① 数据流。

数据流用→(箭头)表示,是数据在系统内传播的路径,因此由一组成分固定的数据项组成。例如,学生由学生编号、姓名、性别、出生日期、班号等数据项组成。由于数据流是流动中的数据,因此数据流必须有流向,即数据在加工之间、加工与源/终点之间、加工与数据存储之间流动,除了与数据存储之间的数据流不用命名,数据流应该用名词或名词短语命名。

② 加工(又被称为"数据处理")。

加工用○(圆形或椭圆形)表示,是指对数据流进行某些操作或变换。每个加工也要有名字,通常是动词短语,用来简明地描述完成什么加工。在分层的数据流图中,加工还应编号。

③ 数据文件(又被称为"数据存储")。

数据文件用—(单杠)表示,是指系统保存的数据,它一般是数据库文件。流向数据文件的数据流可以理解为写入文件或查询文件，从数据文件流出的数据流可以理解为从文件中读取数据或得到查询结果。

④ 数据的源点或终点。

数据的源点或终点用□（方框）表示，是本系统外部环境中的实体（包括人员、组织或其他软件系统），统称为"外部实体"。一般只出现在数据流图的顶层图中。

（4）分析系统数据。

分析系统数据就是对数据流图中的每个数据流名、文件名、加工名都要给出具体定义，都需要用一个条目进行描述。描述后的产物就是数据字典（Data Dictionary，简称 DD）。数据库管理系统有自己的数据字典，其中既保存了逻辑结构设计阶段定义的模式、子模式的有关信息，也保存了物理结构设计阶段定义的存储模式、文件存储位置、有关索引及存取方法的信息，还保存了用户名、文件存取权限、完整性约束、安全性要求的信息。所以，数据库管理系统的数据字典是一个关于数据库信息的特殊数据库。

2.1.2 概念结构设计阶段

概念结构设计的任务是将需求分析阶段得到的用户需求抽象为概念模型，它是整个数据库设计的关键。只有将需求分析阶段得到的需求抽象为信息世界的结构，才能更好、更准确地将其转化为机器世界中的数据模型，并使用适当的数据库管理系统实现这些需求。实体-联系图（Entity Relationship Diagram，简称 E-R 图）常用来表示概念模型。

1. E-R 图概述

（1）E-R 图的表示。

E-R 图提供了表示实体、属性和联系的方法，用来描述现实世界的概念模型。构成 E-R 图的基本要素是实体、属性和联系。

① 实体（Entity）：表示现实世界中可以独立识别的对象。这些对象可以是具体的物质（如人、物品、地点等），也可以是抽象的概念（如学校、公司等）。在 E-R 图中，实体用矩形表示，矩形框内写明实体名，这样的设计直观地展示了每个实体的存在与独立性，如图 2-2 所示。

学生

图 2-2 实体

② 属性（Attribute）：用来描述实体的特征或特性。每一个实体都可以通过一组属性来进一步细化其描述，这些属性在 E-R 图中用椭圆形表示，并通过无向边与相应的实体连接起来。例如，如果"学生"是一个实体，则它的属性可能包括姓名、学生编号、性别、民族等。属性的详细定义有助于对实体进行更细致的说明，确保数据的完整性和准确性，如图 2-3 所示。

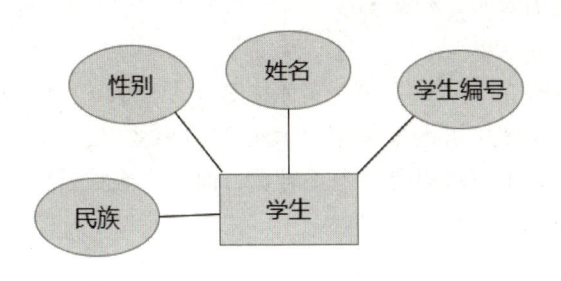

图 2-3　属性

③ 联系（Relationship）：表示不同实体之间的关联或相互作用。在 E-R 图中，联系用菱形表示，并用无向边将其与相关实体分别连接起来。联系的类型主要分为一对一、一对多和多对多 3 种，这些类型标注在连接边的旁边，以明确实体之间的具体关系模型，如图 2-4 所示。

图 2-4　关系

④ 主键（Primary Key）：主键是用来唯一标识实体中一个元组的属性或属性组。在 E-R 图中，主键属性通常会特别标注，如通过下画线表示，如图 2-5 所示。

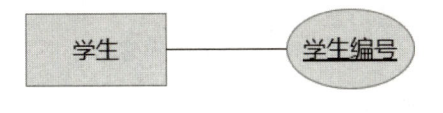

图 2-5　主键

⑤ 连接线（Connector Lines）：用来表示实体与属性、实体与关系之间的连接。线条的末端可能有标识来表示关系的类型，类型有 $1:1$、$1:m$、$1:n$、$m:n$，如图 2-6 所示。

图 2-6　连接线

（2）实体之间的联系。

实体内部的联系通常是指组成实体的各属性之间的联系。实体之间的联系通常是指不同实体集之间的联系。

两个实体集之间的联系可以分为以下 3 种。

- 一对一联系（简记为 $1:1$ 联系）。
- 一对多联系（简记为 $1:n$ 联系）。

- 多对多联系（简记为 $m:n$ 联系）。

① $1:1$ 联系。

如果对于实体集 A 中的每一个实体，实体集 B 中至多有一个（也可以没有）实体与之联系；反之亦然，则称实体集 A 与实体集 B 具有 $1:1$ 联系。

例如，学校里面，一个班级只有一个正班长，而一个班长只在一个班级中任职，班级与班长之间具有 $1:1$ 联系，如图 2-7 所示。

图 2-7　$1:1$ 联系示意图

② $1:n$ 联系。

如果对于实体集 A 中的每一个实体，实体集 B 中有 n 个实体（$n≥0$）与之联系；反之，对于实体集 B 中的每一个实体，实体集 A 中至多只有一个实体与之联系，则称实体集 A 与实体集 B 具有 $1:n$ 联系。

例如，一个班级中有若干个学生，而每个学生只在一个班级中学习，班级与学生之间具有 $1:n$ 联系，如图 2-8 所示。

图 2-8　$1:n$ 联系示意图

③ $m:n$ 联系。

如果对于实体集 A 中的每一个实体，实体集 B 中有 n 个实体（$n≥0$）与之联系；反之，对于实体集 B 中的每一个实体，实体集 A 中也有 m 个实体（$m≥0$）与之联系，则称实体集 A 与实体集 B 具有 $m:n$ 联系。

例如，一门课程同时有若干个学生选修，而一个学生可以同时选修多门课程，课程与学生之间具有 $m:n$ 联系，如图 2-9 所示。

图 2-9　$m:n$ 联系示意图

2. E-R 图设计

设计概念结构的 E-R 图可以采用以下 4 种策略。

- 自顶向下：首先定义全局 E-R 图的框架，然后逐步细化。
- 自底向上：首先定义各局部 E-R 图，然后将它们集成，得到全局 E-R 图。

- 由里向外：首先定义最重要的核心概念结构 E-R 图，然后向外扩充，生成其他概念结构 E-R 图。
- 混合策略：自顶向下和自底向上策略相结合的方法，用自顶向下的策略设计一个全局 E-R 图的框架，以它为骨架集成自底向上策略中设计的各局部 E-R 图。

这里主要介绍自底向上策略，即先创建各局部 E-R 图，再集成为全局 E-R 图。

1）局部 E-R 图设计

在需求分析阶段，已经收集了每个局部需求所涉及的数据。局部 E-R 图设计是将这些数据抽象为实体集、属性及实体集之间的联系。

【例 2-1】学生成绩管理系统的实体集。

学生成绩管理系统中存在以下 3 个实体集及属性，其中带下画线的属性为主键。

- "学生"实体集（<u>学生编号</u>，姓名，性别，民族，出生日期，班级）。
- "课程"实体集（<u>课程编号</u>，课程名称，教师编号，成绩）。
- "教师"实体集（<u>教师编号</u>，教师姓名，性别，出生日期，职称，所属院系）。

这 3 个实体集之间存在以下联系。

（1）一个学生可以选修多门课程，一门课程也可以被多个学生选修，是 $m:n$ 联系。

（2）一个教师可以教授多门课程，一门课程由一个教师教授，是 $1:n$ 联系。

因此，得到学生成绩管理系统的学生选课的局部 E-R 图，如图 2-10 所示。

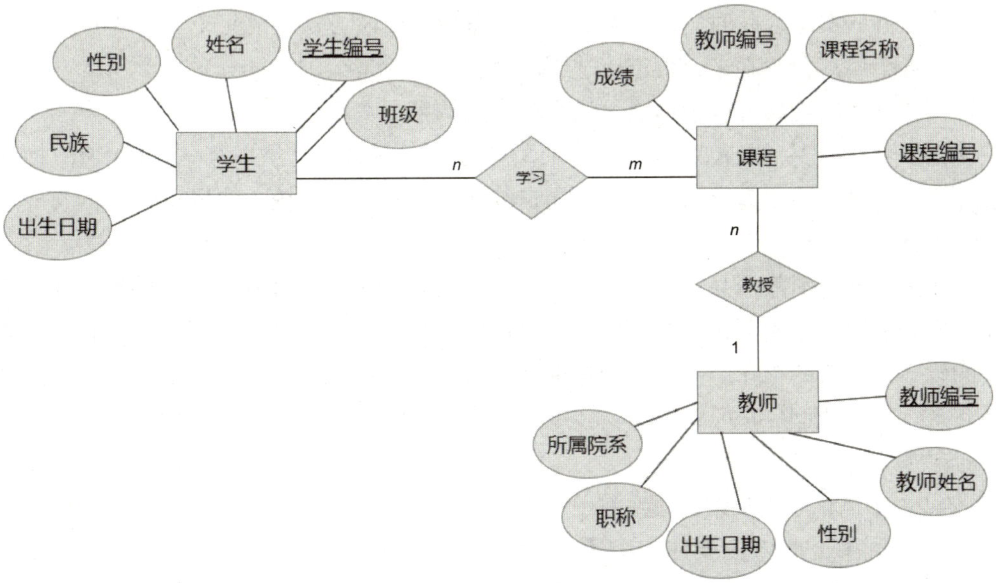

图 2-10　学生成绩管理系统的学生选课的局部 E-R 图

2）全局 E-R 图设计

创建完各个局部 E-R 图后，需要将它们合并，形成一个整体的概念模型，即全局 E-R 图。全局 E-R 图设计主要分为合并和优化两个步骤。

（1）消除冲突，合并局部 E-R 图。

各类局部应用不同，通常由不同的设计人员来设计局部 E-R 图。因此，各局部 E-R 图不可避免地会有很多不一致，我们将其称为"冲突"。冲突的类型主要有以下几种。

① 属性冲突。
- 属性域冲突，即属性值的类型、取值范围或取值集合不同。例如，年龄可能用出生日期或用整数表示；又如，零件号在不同部门可能使用不同的编码方式。
- 属性的取值单位冲突。例如，质量可能用斤、公斤、克为单位。

② 结构冲突。
- 同一事物，不同的抽象。例如，职工在一个应用中为实体，在另一个应用中为属性。
- 同一实体在不同的应用中属性组成不同，包括个数、次序等。
- 同一联系在不同的应用中呈现不同类型。

③ 命名冲突。

命名冲突包括属性名、实体名、联系名之间的冲突。
- 同名异义，含有不同意义的事物具有相同的名称。
- 异名同义（一义多名），含有同一意义的事物具有不同的名称。

属性冲突和命名冲突可以通过协商来解决，而结构冲突则要认真分析后通过技术手段来解决。例如：
- 要使同一事物具有相同抽象，或者把实体转换为属性，或者把属性转换为实体。
- 对于同一实体合并时的属性组成，通常采取的解决方法是先把 E-R 图中的同名实体的各个属性合并起来，再进行适当的调整。
- 实体联系的类型可以根据语义进行综合或调整。

局部 E-R 图合并的目的不在于把若干个局部 E-R 图形式上合并为一个 E-R 图，而在于消除冲突，使之能够成为全系统中所有用户共同理解和接受的统一的概念模型。

（2）优化。

优化的目的是消除不必要的冗余，在初步的 E-R 图中，可能存在冗余的数据或冗余的联系。冗余的数据是指可以由基本的数据导出的数据；冗余的联系是指可以由其他的联系导出的联系。冗余的存在容易破坏数据库的完整性，给数据库的维护增加困难，因此应该消除冗余。我们把消除了冗余的初步 E-R 图称为"基本的 E-R 图"。通常使用分析方法消除冗余。

【例 2-2】优化学生成绩管理系统。

在图 2-10 中，"学生"实体集中的"成绩"属性存在冗余，因为成绩信息可以通过"学习"关系与"课程"之间的关联推导出来。同时，"课程"实体集中的成绩数据和教师信息也存在重复性，因为这些信息可以通过"教授"关系来获取，不需要直接存储在课程实体中。因此，需要将"成绩"设计为独立的实体集，与"学生"之间的"考试"关系（$1:n$）来关联，使得成绩信息的管理更加规范。

优化后得到学生成绩管理系统的学生选课的全局 E-R 图，如图 2-11 所示。

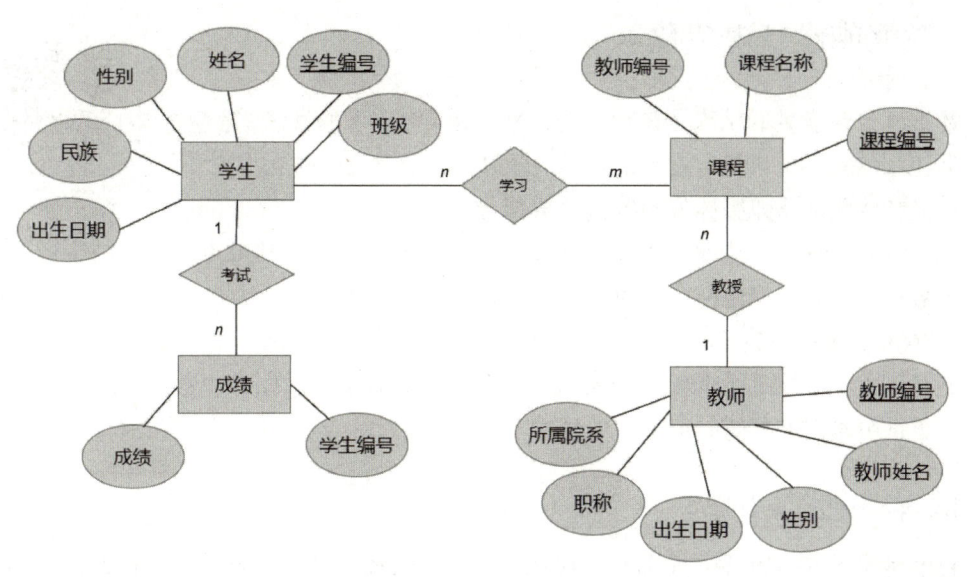

图 2-11 学生成绩管理系统的学生选课的全局 E-R 图

2.1.3 逻辑结构设计阶段

E-R 图表示的概念模型是用户的模型。它独立于任何一种数据模型，也独立于任何一个具体的数据库管理系统，因此，需要先把上述概念模型转换为某个具体的数据库管理系统所支持的数据模型，再创建用户需要的数据库。目前，由于国内外使用的数据库管理系统基本上都是关系型的，因此本书讨论将 E-R 图转换为关系模型的方法。

E-R 图中的主要成分是实体类型和联系类型，从 E-R 图（概念模型）到关系模型（逻辑模型）的转换规则是如何把实体+联系转换为关系二维表，需要遵循以下规则。

实体类型的转换：将每个实体类型转换为一个关系模型，实体的属性即为关系模型的属性，实体标识符即为关系模型的键。

联系类型的转换：根据不同的情况进行不同的处理。

（1）如果实体之间是 1∶1 联系，则可以在两个实体类型转换成的两个关系模型中任意一个的属性中加入另一个关系模型的键和联系类型的属性。

（2）如果实体之间是 1∶n 联系，则在 n 端实体类型转换成的关系模型中加入 1 端实体类型的键和联系类型的属性。

（3）如果实体之间是 m∶n 联系，则可以将联系类型也转换为关系模型，其属性为两端实体类型的键加上联系类型的属性，而键为两端实体键的组合。

【例 2-3】将学生成绩管理系统数据库的 E-R 图转换为关系模型。

根据学生成绩管理系统数据库的 E-R 图可将其转换为关系模型如下。

- 学生表 student（学生编号，姓名，性别，民族，出生日期，班级）。
- 课程表 course（课程编号，课程名称，教师编号，成绩）。
- 教师表 teacher（教师编号，教师姓名，性别，出生日期，职称，所属院系）。
- 成绩表 score（学生编号，课程编号，成绩）。

2.2 数据库设计规范化

数据库逻辑设计的结果不是唯一的,为了提高数据库的性能,还应该根据应用的实际要求进行适当的调整,即对数据模型进行优化。关系数据模型的优化通常以数据库范式理论为指导。

范式在数据库设计中是一组规范化规则,用来确保数据结构的设计,既减少数据冗余又避免数据异常。根据规范化的级别,范式分为第一范式(1NF)、第二范式(2NF)、第三范式(3NF)、第四范式(4NF)和第五范式(5NF)。每个更高级别的范式都建立在前一个范式的基础上,并增加了额外的约束条件。在实际的数据库设计中,通常只需用到前 3 种范式。下面分别对它们进行介绍。

2.2.1 第一范式(1NF)

1NF 主要是确保数据表中每个字段的值必须具有原子性。也就是说,数据表中每个字段的值为不可再次拆分的最小数据单元。

我们在设计某个字段时,对于字段 X 来说,不能把字段 X 拆分成字段 X-1 和字段 X-2。事实上,任何数据库管理系统都会满足 1NF 的要求,不会将字段进行拆分。表 2-1 就不符合 1NF 的要求。将学生所选课程进行拆分后,表 2-2 就符合 1NF 的要求了。

表 2-1 表(1)

学生编号	姓名	所选课程
001	张婷	数学、英语
002	李峰	化学、生物

表 2-2 表(2)

学生编号	姓名	所选课程
001	张婷	数学
001	张婷	英语
002	李峰	化学
002	李峰	生物

2.2.2 第二范式(2NF)

2NF 是在 1NF 的基础上建立的,要想满足 2NF,必须先满足 1NF,还要满足数据表中的每一条数据记录都是可唯一标识的,而且所有非主键字段都必须完全依赖主键,不能只依赖主键的一部分。如果存在不完全依赖主键的属性,就应该分离出来形成一个新的数据表,新数据表与原数据表之间是 1∶n 联系。

如表 2-3 所示,表(3)是不符合 2NF 的选课表,该表以"学生编号"和"课程名称"为主键,每条数据对应一个学生某一门课程的成绩。可以发现,表中的"成绩"完全依赖主键,而"姓名"、"系名"、"系主任"仅依赖"学生编号"。

表 2-3 表（3）

学生编号	姓名	系名	系主任	课程名称	成绩
1022411101	张明华	计算机系	李松	程序设计	86
1022411101	张明华	计算机系	李松	数据结构	92
1022411101	张明华	计算机系	李松	高等数学	78
1052411102	王晓丽	物理系	关明辉	大学物理	89
1052411102	王晓丽	物理系	关明辉	高等数学	95
1052411102	王晓丽	物理系	关明辉	大学英语	97
1092411103	程文	化学系	王国军	无机化学	88
1092411103	程文	化学系	王国军	高等数学	75

这个选课表存在以下问题。

（1）每一个学生的学生编号、姓名、系名、系主任这些数据重复多次。每个系与对应的系主任的数据也重复多次。——数据冗余

（2）假如学校新建了一个系，但是暂时还没有招收任何学生（如 3 月份新建了一个系，但要等到 8 月份才招生），则无法将系名与系主任的数据单独添加到数据表中。——插入异常

（3）假如将某个系中所有学生相关的记录都删除，则所有系与系主任的数据也就随之消失了（一个系所有学生都没有了，并不表示这个系就没有了）。——删除异常

（4）假如张明华转到法律系，那么为了保证数据库中数据的一致性，需要修改 3 条记录中系与系主任的数据。——修改异常

这里将表（3）拆分为两个表，表（4）和表（5），如表 2-4、表 2-5 所示。这样就符合 2NF 的要求，解决了数据冗余、更新异常、插入异常和删除异常的问题。

表 2-4 表（4）

学生编号	课程名称	成绩
1022411101	程序设计	86
1022411101	数据结构	92
1022411101	高等数学	78
1052411102	大学物理	89
1052411102	高等数学	95
1052411102	大学英语	97
1092411103	无机化学	88
1092411103	高等数学	75

表 2-5 表（5）

学生编号	姓名	系名	系主任
1022411101	张明华	计算机系	李松
1022411101	张明华	计算机系	李松
1022411101	张明华	计算机系	李松
1052411102	王晓丽	物理系	关明辉
1052411102	王晓丽	物理系	关明辉
1052411102	王晓丽	物理系	关明辉
1092411103	程文	化学系	王国军
1092411103	程文	化学系	王国军

现在我们来看一下，进行同样的操作，是否还存在之前的那些问题？

（1）张明华转到法律系。

只需要修改一次张明华对应的系的值即可。——有改进

（2）数据冗余是否减少了？

学生的姓名、系名与系主任，不再像之前一样重复那么多次了。——有改进

（3）删除某个系中所有的学生记录。

该系的信息仍然全部丢失。——无改进

（4）插入一个尚无学生的新系的信息。

因为学生表的主属性是学生编号，且不能为空，所以此操作不被允许。——无改进

所以说，仅仅符合 2NF 的要求，在很多情况下还是不够的，而出现问题的原因，在于仍然存在非主属性系主任对于主属性学生编号的传递函数依赖。为了能进一步解决这些问题，我们还需要将符合 2NF 要求的数据表改进为符合 3NF 的要求。

2.2.3　第三范式（3NF）

3NF 是在 2NF 的基础上建立的，要想满足 3NF，必须先满足 2NF。3NF 要求数据表不存在非主属性对任意主属性的传递函数依赖。主属性是构成主键的属性，主键可以由一个或多个属性组成，这些属性被称为"主属性"。传递函数依赖是指如果存在主属性 A 决定非主属性 B，而非主属性 B 决定非主属性 C，则称"非主属性 C 传递函数依赖主属性 A"。

对于选课表，主属性为学生编号和课程名称，非主属性只有一个，为成绩，不可能存在传递函数依赖，所以选课表的设计符合 3NF 的要求。对于学生表，主属性为学生编号，非主属性为姓名、系名和系主任。因为学生编号→系名，同时系名→系主任，存在非主属性系主任对于主属性学生编号的传递函数依赖，所以学生表的设计不符合 3NF 的要求。

为了让数据表设计符合 3NF 的要求，我们必须进行如下形式的模式分解。

- 选课表（学生编号，课程名称，成绩）。
- 学生表（学生编号，姓名，系名）。
- 系表（系名，系主任）。

新的函数依赖关系如图 2-12 所示。

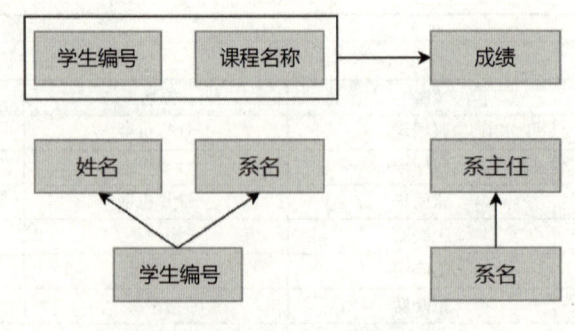

图 2-12　新的函数依赖关系

新的数据表如表 2-6、表 2-7 和表 2-8 所示。

表 2-6　表（6）

学生编号	课程名称	成绩
1022411101	程序设计	86
1022411101	数据结构	92
1022411101	高等数学	78
1052411102	大学物理	89
1052411102	高等数学	95
1052411102	大学英语	97
1092411103	无机化学	88
1092411103	高等数学	75

表 2-7　表（7）

学生编号	姓名	系名
1022411101	张明华	计算机系
1022411101	张明华	计算机系
1022411101	张明华	计算机系
1052411102	王晓丽	物理系
1052411102	王晓丽	物理系
1052411102	王晓丽	物理系
1092411103	程文	化学系
1092411103	程文	化学系

表 2-8　表（8）

系名	系主任
计算机系	李松
计算机系	李松
计算机系	李松
物理系	关明辉
物理系	关明辉
物理系	关明辉
化学系	王国军
化学系	王国军

现在看一下，进行同样的操作，是否还存在之前的那些问题？

（1）删除某个系中所有的学生记录。

该系的信息不会丢失。——有改进

（2）插入一个尚无学生的新系的信息。

因为系表与学生表目前是独立的两个表，所以不影响。——有改进

数据冗余更加少了。——有改进

由此可见，符合 3NF 要求的数据库设计，基本上解决了数据冗余过大、插入异常、修改异常、删除异常的问题。

项目实训：设计商品销售管理系统数据库 salesmanage

商品销售管理系统主要用于对商品信息的管理，包括客户端和管理端两部分，分别涉及商品购买和各类信息的处理。

任务 1：salesmanage 的需求分析

商品销售管理系统的主要业务一般有商品基本信息查询、商品信息输入、商品查询、商品价格和折扣管理、商品库存管理。

以下是不同的用户对商品销售管理系统的功能需求。

（1）普通用户的功能需求：注册成为新用户，登录后进入数据库查询商品基本信息，如商品编号、商品名称、商品价格、有无库存、折扣、添加订单。

（2）销售部门经理的功能需求：验证后登录，能够查询商品库存信息、商品的销售数量、销量较少的商品，以及修改商品价格和折扣。

（3）管理员的功能需求：能够输入、更改和删除商品信息，进行库存管理，设置库存上限及下限，对库存量不足的商品提出采购请求并制订采购计划书，受理订单并发货。

任务 2：salesmanage 的概念结构设计

1. 定义实体集及其属性

根据需求分析，可以得知商品销售管理系统有 5 个实体集：客户、职工、商品、部门、供应商、仓库。

（1）"客户"实体集的属性有：客户编号、客户姓名、性别、电话号码、家庭地址，其 E-R 图如图 2-13 所示。

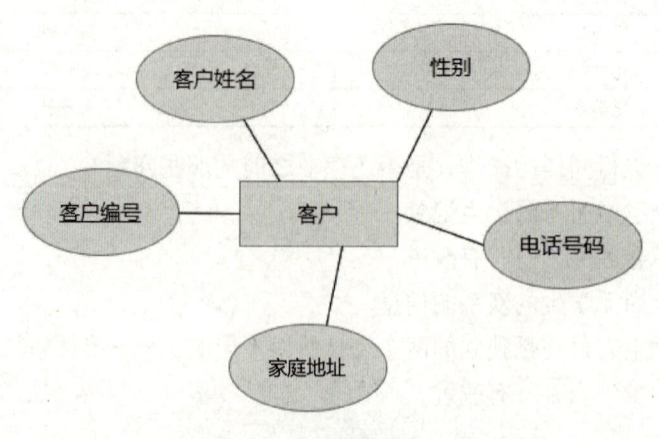

图 2-13　客户实体的 E-R 图

（2）"职工"实体集的属性有：职工编号、职工姓名、性别、年龄、出生日期、电话号码、电子邮箱、家庭地址、薪酬，其 E-R 图如图 2-14 所示。

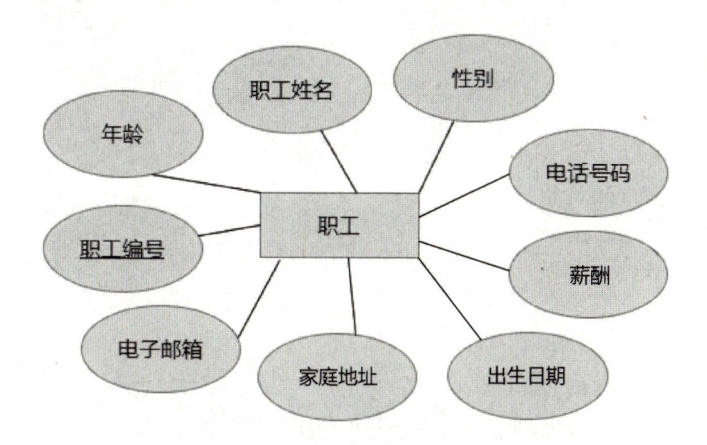

图 2-14　职工实体的 E-R 图

（3）"商品"实体集的属性有：商品编号、商品名称、出厂日期，其 E-R 图如图 2-15 所示。

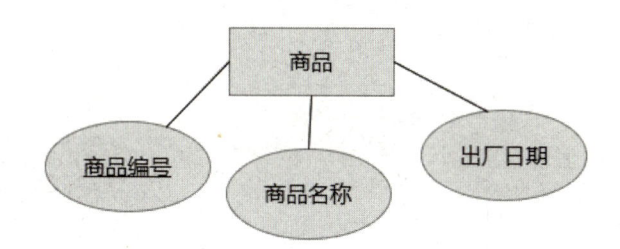

图 2-15　商品实体的 E-R 图

（4）"部门"实体集的属性有：部门名称、部门编号、经理姓名、电话号码、电子邮箱、部门地址，其 E-R 图如图 2-16 所示。

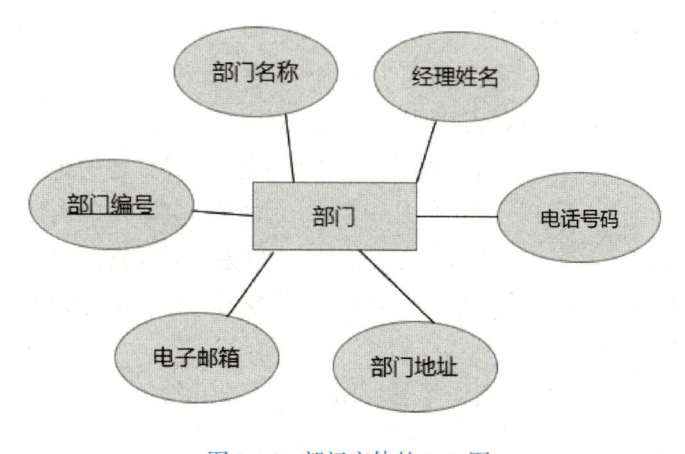

图 2-16　部门实体的 E-R 图

（5）"供应商"实体集的属性有：供应商编号、公司名称、公司地址、公司联系人、公司电话号码、传真、网址，其 E-R 图如图 2-17 所示。

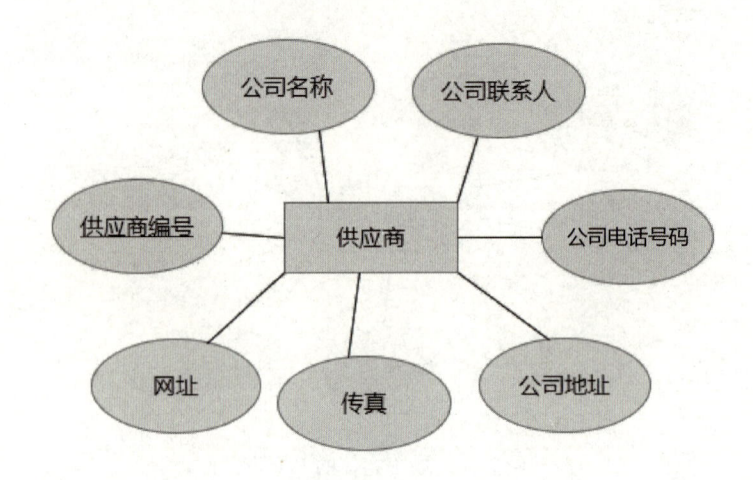

图 2-17　供应商实体的 E-R 图

（6）"仓库"实体集的属性有：仓库编号、仓库名称、仓库地址、电话号码，其 E-R 图如图 2-18 所示。

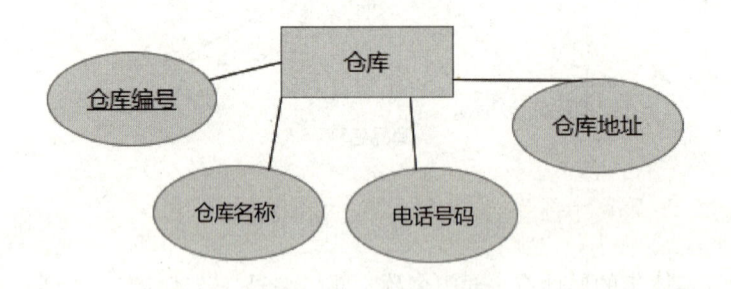

图 2-18　仓库实体的 E-R 图

2. 确定关系集及总 E-R 图

客户与商品之间的"订购"联系集是一个 $m:n$ 联系，其描述的属性有：订单编号、订购日期、订购数量、收货人、收货地址、应收款项。

商品与仓库之间的"存储"联系集是一个 $1:n$ 联系，其描述的属性有：存储量等。

职工与部门之间的"就职"联系集是一个 $1:n$ 联系，其描述的属性有：职位、工龄。

供应商与商品之间的"供应"联系集是一个 $1:1$ 联系，其描述的属性有：进货价格。

部门与商品之间"销售"联系集是一个 $m:n$ 的联系，其描述的属性有：销售数量、销售价格、销售日期。

根据上述联系集绘制出总的实体集 E-R 图，如图 2-19 所示。

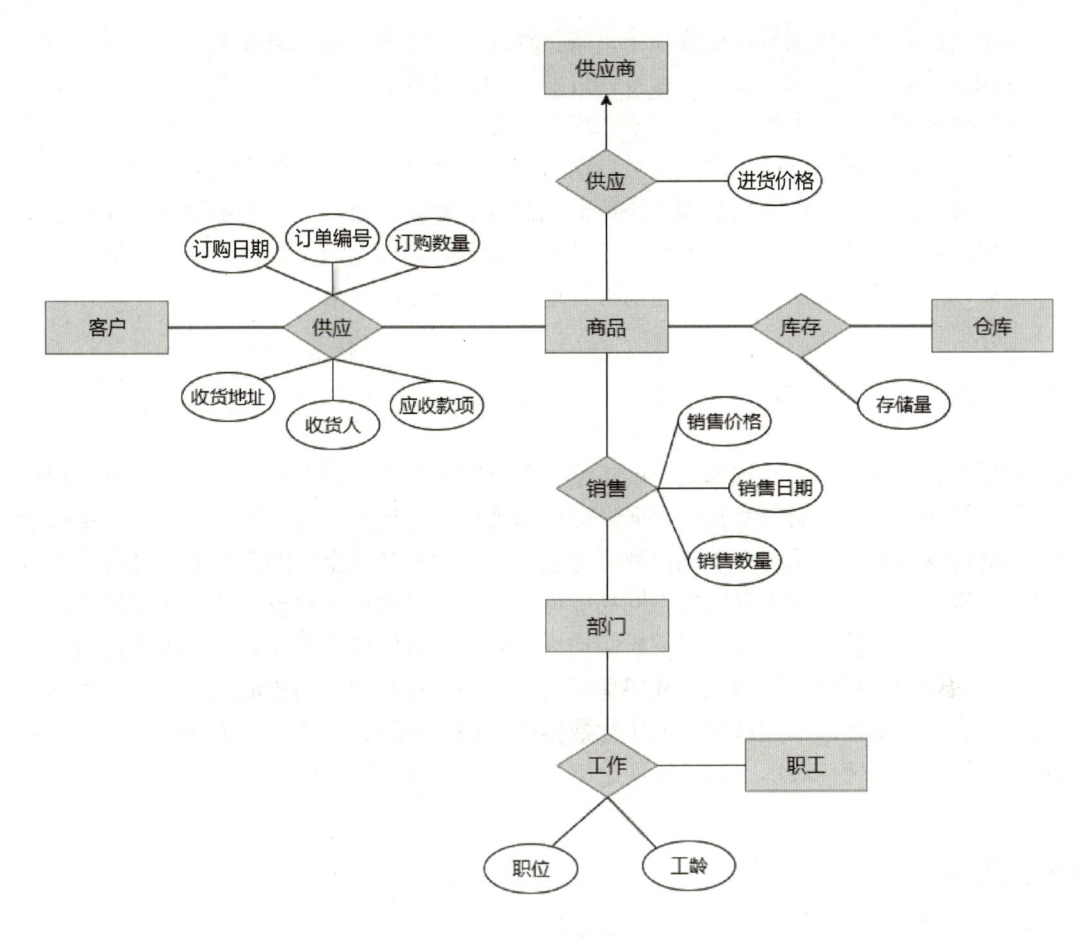

图 2-19 总的实体集 E-R 图

任务 3：salesmanage 的逻辑结构设计

在如图 2-19 所示的 E-R 图中，在客户与商品的"订购"联系中，一个客户在一个订单中只能订购一种商品，所以，对"订购"联系进行优化，添加一个实体集订单，一个客户能下多笔订单，但一个订单只能由一个客户填制；一个订单可以订购多种商品，一个商品能被多个订单订购。优化后需要添加"订单"实体集及"订购"和"填制"两个联系集。转换为关系模型如下。

客户信息表（<u>客户编号</u>，客户姓名，性别，电话号码，家庭地址）。

职工信息表（<u>职工编号</u>，职工姓名，性别，年龄，出生日期，电话号码，电子邮箱，家庭地址，薪酬，职位，部门编号）。

部门信息表（<u>部门编号</u>，部门名称，部门地址，经理姓名，电话号码）。

供应商信息表（<u>供应商编号</u>，公司名称，公司地址，公司联系人，公司电话号码，传真，网址）。

商品信息表（<u>商品编号</u>，商品名称，出厂日期，进货价格，供应商编号，库存编号）。

仓库信息表（<u>库存编号</u>，仓库名称，仓库地址，仓储量）。

订单信息表（订单编号，应收款项，收货地址，收货人，客户编号）。
订购统计表（订单编号，商品编号，订购日期，订购数量）。
库存统计表（商品编号，库存编号，库存量）。
销售统计表（部门编号，商品编号，销售数量，销售价格，销售日期）。

以上客户信息表、部门信息表、供应商信息表、仓库信息表、订购统计表、库存统计表、销售统计表都满足 2NF 的要求；且职工信息表、订单信息表能够满足减少查询次数的要求。故以上关系模型能够满足商品销售管理系统数据库的要求。

单元小结

本单元详细地介绍了数据库设计的过程，包括需求分析、概念结构设计、逻辑结构设计、物理结构设计、数据库实施、数据库运行和维护 6 个阶段。还强调了设计一个结构合理、性能优越的数据库系统对于确保数据完整性、一致性和安全性的重要性。在需求分析阶段，明确了用户对数据库系统的不同功能需求。概念结构设计阶段涉及定义实体集及其属性，确定关系集及总 E-R 图。在逻辑结构设计阶段，可以将 E-R 图转换为关系模型，并进行规范化处理，以减少数据冗余和避免异常。此外，还介绍了函数依赖、范式等数据库设计理论，以及如何应用这些理论来优化数据库结构。最后，提供了一个商品销售管理系统数据库设计的实例，展示了如何将理论应用于实际的数据库设计中。

理论练习

一、选择题

1. 在数据库设计中，E-R 图属于（　　）。
   A. 需求分析阶段　　　　　　　　B. 概念结构设计阶段
   C. 逻辑结构设计阶段　　　　　　D. 物理结构设计阶段
2. 在数据库设计中，设计关系模型是（　　）的任务。
   A. 需求分析阶段　　　　　　　　B. 概念结构设计阶段
   C. 逻辑结构设计阶段　　　　　　D. 物理结构设计阶段
3. 在 E-R 图中，表示实体之间的多对多联系的是（　　）。
   A. $1:1$　　　　　　　　　　　　B. $1:n$
   C. $m:n$　　　　　　　　　　　　D. $n:n$
4. 下面不是数据库设计规范化的目的是（　　）。
   A. 消除数据冗余　　　　　　　　B. 使更改数据变得更容易
   C. 增加数据异常　　　　　　　　D. 使参照完整性约束更容易实施
5. 如果满足 2NF 的关系模型，则（　　）。
   A. 必定满足 1NF　　　　　　　　B. 不一定满足 1NF
   C. 必定满足 3NF　　　　　　　　D. 必定满足 4NF

二、问答题

1. 数据库设计的主要内容包括哪些？
2. 什么是 E-R 图？它由哪些基本要素构成？
3. 什么是函数依赖？请列举一个实例。
4. 什么是第一范式（1NF）？

三、应用题

大学生活是青春最美好的时光之一，这里有许多充满激情和活力的场景。其中，参加社团无疑是一种非常重要的体验，其涉猎广泛，横跨学术、文艺、体育、公益等诸多领域，为莘莘学子搭建起多元的技能学习平台。为了更好地管理社团，需要开发一个社团管理系统。图 2-20 所示为该系统中的部分 E-R 图，请将该 E-R 图转换为关系模型。

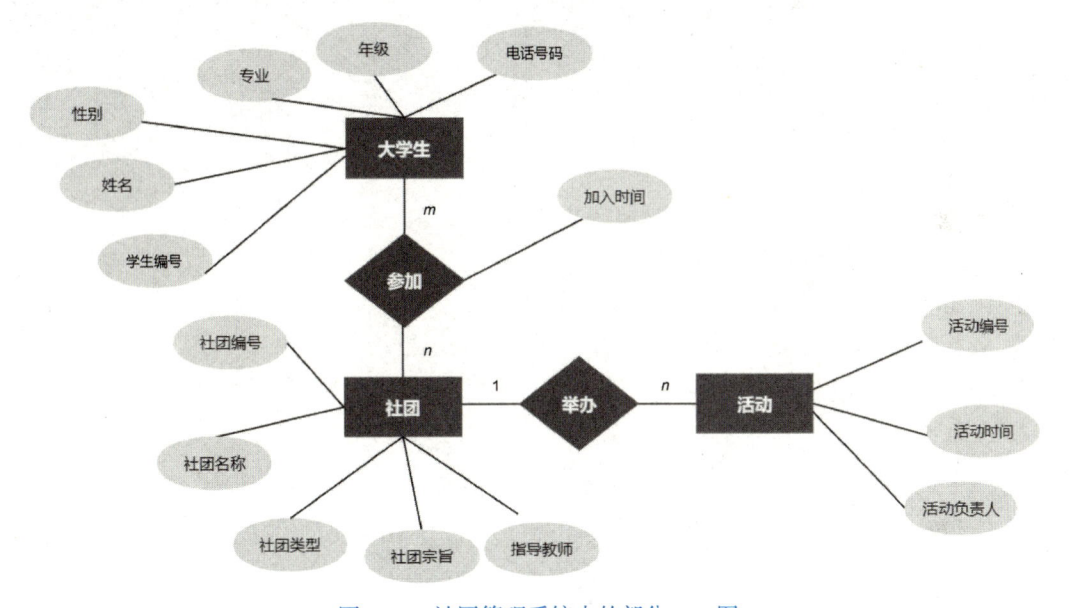

图 2-20 社团管理系统中的部分 E-R 图

企业案例：设计资产管理系统数据库 assertmanage

资产管理系统包括资产信息管理、资产借用管理和资产维护管理 3 个主要功能模块，如图 2-21 所示。

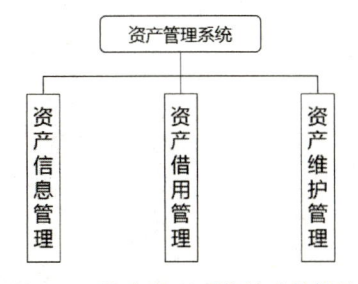

图 2-21 资产管理系统的功能模块

根据需求分析，资产管理系统主要涉及以下几个方面。
- 资产信息管理：包括资产名称、类型、状态、购买时间、使用部门等。
- 资产借用管理：记录每次借用记录，包括借用人、借用时间和归还时间。
- 资产维护管理：记录资产的维护历史，包括维护时间、维护内容和维护人员等。

1. 根据需求分析，设计资产管理系统的 E-R 图。
2. 将 E-R 图转换为关系模型，并对其进行规范化。

单元 3　创建与管理数据库

学习导读

无论是客户信息、财务记录还是产品详情，都需要一个可靠且高效的系统来进行存储和管理。这就是数据库发挥作用的地方。创建与管理数据库不仅是技术实现的过程，还是确保信息准确性、可用性和安全性的关键步骤。通过精心设计的数据库架构，可以优化数据的存取速度，提高系统的响应能力；而良好的管理策略则能够保证数据的完整性和一致性，防止未经授权的访问或篡改。

学习目标

▶ 知识目标

- 掌握创建数据库的语法。
- 掌握查看、修改与删除数据库的语法。
- 掌握使用图形化管理工具创建与管理数据库的方法。

▶ 能力目标

- 能够创建数据库。
- 能够查看、修改与删除数据库。
- 能够使用图形化管理工具创建与管理数据库。

▶ 素养目标

- 通过学习创建数据库，强化学生的责任意识，理解信息真实性和完整性的重要性。
- 通过数据库管理实践，提升学生的系统思维和解决问题的能力。

知识图谱

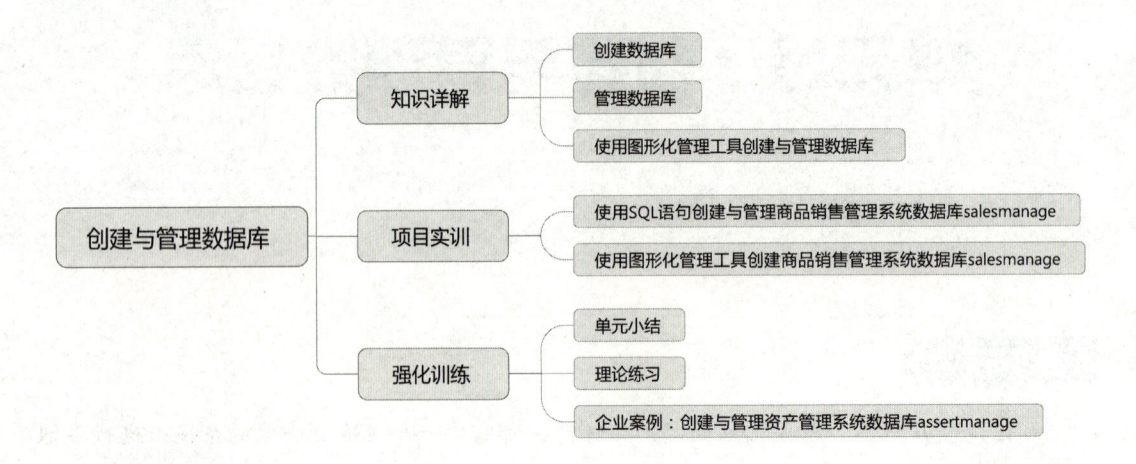

```
                    ┌─ 知识详解 ──┬─ 创建数据库
                    │            ├─ 管理数据库
                    │            └─ 使用图形化管理工具创建与管理数据库
                    │
创建与管理数据库 ───┼─ 项目实训 ──┬─ 使用SQL语句创建与管理商品销售管理系统数据库salesmanage
                    │            └─ 使用图形化管理工具创建商品销售管理系统数据库salesmanage
                    │
                    └─ 强化训练 ──┬─ 单元小结
                                 ├─ 理论练习
                                 └─ 企业案例：创建与管理资产管理系统数据库assertmanage
```

相关知识

3.1 创建数据库

创建数据库

安装完 MySQL 后，如果想要将数据存储到数据表中，则先要创建一个数据库。创建数据库就是在数据库系统中划分一块存储数据的空间。

创建数据库的基本语法格式如下。

```
CREATE {DATABASE|SCHEMA} [IF NOT EXISTS] 数据库名
    [创建选项] ...
创建选项: [DEFAULT] {
    CHARACTER SET [=] 字符集名
    | COLLATE [=] 排序规则名
    | ENCRYPTION [=] {'Y'|'N'}
}
```

说明：

- 语句中的"[ ]"内的为可选项，"{ | }"表示二选一。
- **IF NOT EXISTS**：在创建数据库之前进行判断，只有该数据库目前尚不存在时才能执行操作。此选项可以用于避免数据库已经存在而重复创建的错误。
- 数据库名：用于指出新数据库的名称。数据库的名称在服务器中必须唯一，并且遵循标识符的命名规则。
- **CHARACTER SET**：用于设置数据库的字符集。如果不指定字符集，则系统使用配置文件中指定的字符集。
- **COLLATE**：用于设置字符集的排序规则。

单元 3 创建与管理数据库

【例 3-1】创建名为 test 的数据库。

在"命令列界面"窗口中执行以下语句。

```
CREATE DATABASE test;
```

运行结果如图 3-1 所示。

```
mysql> CREATE DATABASE test;
Query OK, 1 row affected (0.00 sec)

mysql>
```

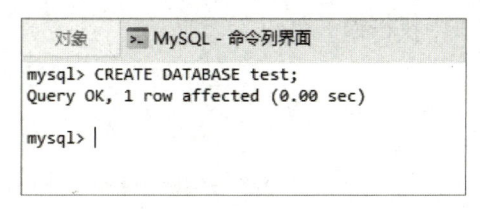

图 3-1　创建 test 数据库

提示：

连接到 MySQL 服务器后，右击连接对象，在弹出的快捷菜单中选择"命令列界面"命令，如图 3-2 所示，打开如图 3-3 所示的"命令列界面"窗口，可以通过该窗口执行 SQL 语句。

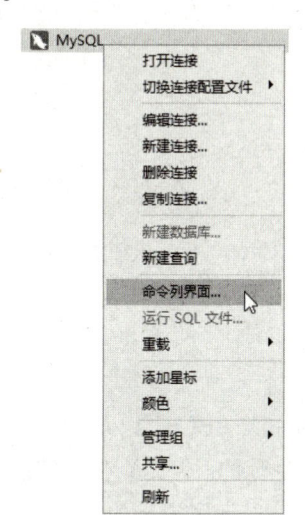

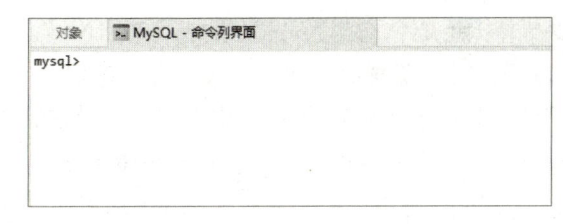

图 3-2　选择"命令列界面"命令　　　　图 3-3　"命令列界面"窗口

【例 3-2】创建名为 test1 的数据库。

在"命令列界面"窗口中执行以下语句。

```
CREAT DATABASE test1;
```

运行结果如图 3-4 所示。

```
mysql> CREAT DATABASE test1;
1064 - You have an error in your SQL syntax; check the manual that c
orresponds to your MySQL server version for the right syntax to use
near 'CREAT DATABASE test1' at line 1
mysql>
```

图 3-4　没有成功创建 test1 数据库

47

提示:

如果输入的命令有错误,则系统会提示错误信息,不被执行,所以 test1 数据库没有创建成功。如果想要继续创建数据库,则必须校正错误后重新运行该命令。

【例 3-3】 创建名为 test2 的数据库。

在"命令列界面"窗口中执行以下语句。

CREATE DATABASE test2

运行结果如图 3-5 所示。

```
mysql> CREATE DATABASE test2
    -> |
```

图 3-5　没有出现运行结果

说明:

输入 CREATE DATABASE test2 语句后,直接按 Enter 键,没有出现运行结果,只出现了"->"符号,是因为没有在语句后面添加";",这就表示该语句还没有结束,因此无法执行该语句,此时直接添加";"即可创建 test2 数据库。

提示:

使用 SQL 语句的规则如下。

- 规则 1:SQL 语句必须以";"或"\G"结束。

";"是 SQL 语句的结束标志。如果忘记输入";",直接按 Enter 键,将显示"->"符号。这是因为没有以";"结束,客户端认为 SQL 语句并没有结束,显示"->"符号表示等待用户继续输入命令,直到以";"结束。

- 规则 2:保留关键字,不区分大小写字母。

保留关键字是 SQL 中事先定义好的关键字,如查询语句中的 SELECT、FROM 等都属于保留关键字。在 SQL 中,这些保留关键字是不区分大小写字母的。但是,在一般情况下,编写 SQL 语句时,尽量统一保留关键字的大小写字母。例如,以大写字母的形式写保留关键字,以小写字母的形式写表名或列名,这样 SQL 语句看起来一目了然,比较清晰。

- 规则 3:可以自由地加入空格或换行符。

在 SQL 语句的中间可以自由地加入空格或换行符。但是,在一个关键字的中间加入空格或换行符是不合法的。一条 SQL 语句可以作为一行来编写,但是对于那些比较长的语句,可以在其中加入适当的换行符,这样方便人们阅读。

以命令语句为单位换行是一个可以参考的标准。例如,在 SELECT 语句中将检索对象列名一一列出,而在下一行的 FROM 命令后面列出检索对象表名,这样整条 SQL 语句看起来层次分明。

另外,在列名或表名后面也可以换行。例如,将 SELECT 单独列一行,在其后的检索对象列名前面加入一个缩进(Tab 键)后,将所有的列名在一行中单独列出。

● 规则 4：使用"--"或"/*…*/"添加注释。

在 SQL 语句中是可以添加注释的。注释是不被数据库管理系统解释的信息。注释分为单行注释和多行注释。单行注释以两个"-"符号开头，直到一行的末尾部分。多行注释由"/*"与"*/"符号包含起来的字符串组成。

【例 3-4】判断 test1 数据库是否存在，如果不存在，则创建该数据库。

在"命令列界面"窗口中执行以下语句。

```
CREATE DATABASE IF NOT EXISTS test1;
```

运行结果如图 3-6 所示。

```
mysql> CREATE DATABASE IF NOT EXISTS test1;
Query OK, 1 row affected (0.00 sec)

mysql>
```

图 3-6　判断 test1 数据库是否存在

说明：

如果直接使用 CREATE DATABASE test1;，则系统会提示出错，如图 3-7 所示。因为服务器中已经存在同名的 test1 数据库，所以不能再创建该数据库。但是使用 IF NOT EXISTS，系统不会再创建该数据库，也不显示错误信息。

```
mysql> CREATE DATABASE test1;
1007 - Can't create database 'test1'; database exists
mysql>
```

图 3-7　使用相同的数据库名系统会提示出错

3.2　管理数据库

创建好数据库后，还可以对数据库进行查看、修改、删除等管理操作。

管理数据库

3.2.1　查看数据库

1. 查看系统数据库

MySQL 包含系统数据库和用户数据库。在登录 MySQL 服务器后，对数据库进行管理时，先了解服务器中包含的数据库是很有必要的。

查看数据库的基本语法如下。

```
SHOW DATABASES;
```

【例 3-5】查看当前服务器中的所有数据库。

在"命令列界面"窗口中执行以下语句。

```
SHOW DATABASES;
```

运行结果如图 3-8 所示。

```
mysql> SHOW DATABASES;
+--------------------+
| Database           |
+--------------------+
| information_schema |
| mysql              |
| performance_schema |
| sakila             |
| sys                |
| test               |
| test1              |
| test2              |
| world              |
+--------------------+
9 rows in set (0.02 sec)
```

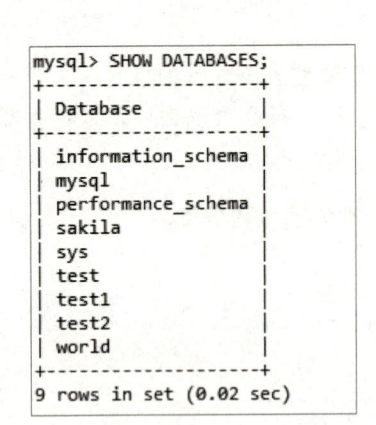

图 3-8　查看当前服务器中的所有数据库

从图 3-8 中可以看出，MySQL 默认包含以下 4 个系统数据库。

（1）information_schema：information_schema 是一个信息数据库，用于存储关于 MySQL 服务器维护的所有其他数据库的信息。

（2）mysql：mysql 是 MySQL 的核心数据库，类似于 SQL Server 中的 master 表，主要用于存储数据库的用户、权限设置、关键字等 MySQL 自身需要使用的控制和管理信息。

（3）performance_schema：performance_schema 主要用于收集 MySQL 服务器的性能参数，并且数据表的存储引擎均为 PERFORMANCE_SCHEMA，而用户是不能创建存储引擎为 PERFORMANCE_SCHEMA 的数据表的。

（4）sys：sys 通过视图的形式把 information_schema 和 performance_schema 结合起来，查询出更加令人容易理解的数据。

test、test1、test2、world 均为用户数据库，一般称它们为"数据库"。

2. 查看数据库

为了验证数据库系统中是否创建了数据库，需要查看数据库。查看数据库的基本语法格式如下。

> SHOW CREATE DATABASE 数据库名;

【例 3-6】查看 test 数据库的信息。

在"命令列界面"窗口中执行以下语句。

> SHOW CREATE DATABASE test;

运行结果如图 3-9 所示。

```
mysql> SHOW CREATE DATABASE test;
+----------+-----------------------------------------------------------------------------------------------------------------------------+
| Database | Create Database                                                                                                             |
+----------+-----------------------------------------------------------------------------------------------------------------------------+
| test     | CREATE DATABASE `test` /*!40100 DEFAULT CHARACTER SET utf8mb4 COLLATE utf8mb4_0900_ai_ci */ /*!80016 DEFAULT ENCRYPTION='N' */ |
+----------+-----------------------------------------------------------------------------------------------------------------------------+
1 row in set (0.02 sec)
```

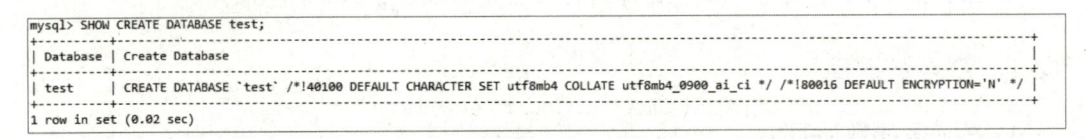

图 3-9　查看 test 数据库的信息

3.2.2　指定当前数据库

在 MySQL 中，使用 USE 语句可以指定一个数据库为当前数据库，其基本语法格式如下。

> USE 数据库名;

执行 USE 语句后，所有后续的 SQL 操作都将针对当前数据库进行，直到用户再次使用 USE 语句切换到另一个数据库为止。

【例 3-7】 指定 test2 为当前数据库。

在"命令列界面"窗口中执行以下语句。

```
USE test2;
```

运行结果如图 3-10 所示。

```
mysql> USE test2;
Database changed
```

图 3-10　指定 test2 为当前数据库

3.2.3 修改数据库

在创建完数据库后，可以根据需要修改数据库的字符集或排序规则。修改数据库的基本语法格式如下。

```
ALTER {DATABASE|SCHEMA} [数据库名]
    修改选项 ...
修改选项: {
    [DEFAULT] CHARACTER SET [=] 字符集名
    | [DEFAULT] COLLATE [=] 排序规则名
    | [DEFAULT] ENCRYPTION [=] {'Y'|'N'}
    | READ ONLY [=] {DEFAULT|0|1}
}
```

说明：

- ALTER SCHEMA 是 ALTER DATABASE 的同义词。
- 如果省略数据库名，则上述语法将应用于当前（默认）数据库。
- 对于修改选项语句中省略的任何内容，数据库将保留其当前选项值，但是更改字符集可能会更改排序规则（因为每个字符集有一种默认的排序规则），反之亦然。

【例 3-8】 将 test 数据库的字符集修改为 utf8mb3，并查看修改后的数据库信息。

在"命令列界面"窗口中执行以下语句。

```
ALTER DATABASE test DEFAULT CHARACTER SET utf8mb3;
SHOW CREATE DATABASE test;
```

运行结果如图 3-11 所示。

```
mysql> ALTER DATABASE test DEFAULT CHARACTER SET utf8mb3;
Query OK, 1 row affected (0.00 sec)

mysql> SHOW CREATE DATABASE test;
+----------+------------------------------------------------------------------------------------------------------------------+
| Database | Create Database                                                                                                  |
+----------+------------------------------------------------------------------------------------------------------------------+
| test     | CREATE DATABASE `test` /*!40100 DEFAULT CHARACTER SET utf8mb3 */ /*!80016 DEFAULT ENCRYPTION='N' */ |
+----------+------------------------------------------------------------------------------------------------------------------+
1 row in set (0.03 sec)
```

图 3-11　修改 test 数据库的字符集为 utf8mb3

3.2.4 删除数据库

如果创建的数据库不再使用,则可以将其删除。删除数据库的基本语法格式如下。

```
DROP {DATABASE|SCHEMA} [IF EXISTS] 数据库名
```

说明:

- DROP DATABASE:用于删除数据库及数据库中的所有表,所以在删除数据库时一定要谨慎。
- IF EXISTS:用于防止数据库不存在时发生错误。
- 如果在符号链接的数据库上使用 DROP DATABASE 语句,则会删除链接和原始数据库。

【例 3-9】删除 test1 数据库。

在"命令列界面"窗口中执行以下语句。

```
DROP DATABASE test1;
SHOW DATABASES;
```

运行结果如图 3-12 所示。

```
mysql> DROP DATABASE test1;
SHOW DATABASES;
Query OK, 0 rows affected (0.01 sec)

+--------------------+
| Database           |
+--------------------+
| information_schema |
| mysql              |
| performance_schema |
| sakila             |
| sys                |
| test               |
| test2              |
| world              |
+--------------------+
8 rows in set (0.02 sec)
```

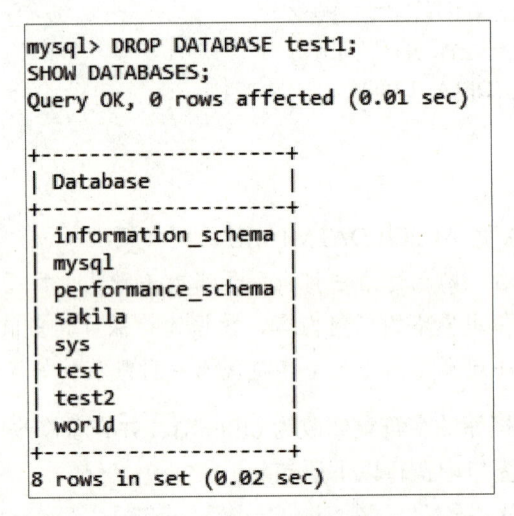

图 3-12 删除 test1 数据库

3.3 使用图形化管理工具创建与管理数据库

3.3.1 使用图形化管理工具创建数据库

启动 Navicat for MySQL 后,连接到服务器,在已建立的连接上右击,在弹出的快捷菜单中选择"新建数据库"命令,如图 3-13 所示。打开如图 3-14 所示的"新建数据库"对话框,输入数据库名称,然后指定字符集和排序规则,单击"确定"按钮,即可创建数据库。

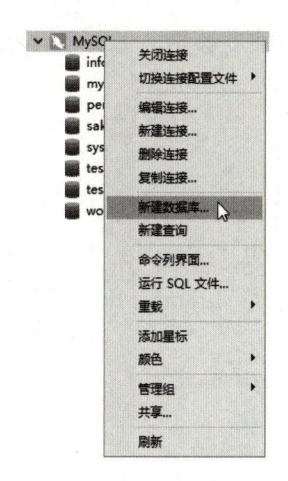

图 3-13　选择"新建数据库"命令　　　　图 3-14　"新建数据库"对话框

在学习 MySQL 的过程中，为了提升学习效率、规范代码格式，减少后续可能出现的错误，也为了在讲解 SQL 语言时能让大家更加顺畅地理解，接下来将着重介绍字符集的选择与使用方法。

1. 字符集

假如直接设置字符集为 utf8，就会发现它变成了 utf8mb3，是不是发现这和 utf8mb4 很像。这是因为，MySQL 在早期只有 utf8，在 MySQL 5.5.3 版本之后增加了 utf8mb4。mb4 就是 most bytes 4 的意思，专门用来兼容 4 字节的 unicode。理论上 utf8mb4 是 utf8 的超集，原来使用 utf8 将字符集修改为 utf8mb4，不会对已有的 utf8 编码读取产生任何问题。

utf8 只支持最长 3 字节的 utf8 字符，也就是 unicode 中的基本多文种平面。这可能是因为在 MySQL 发布初期，基本多文种平面之外的字符确实很少用到。而在 MySQL 5.5.3 版本之后，要在 MySQL 中保存 4 字节的 utf8 字符，就可以使用 utf8mb4 字符集。例如，可以使用 utf8mb4 字符编码直接存储 emoji 表情，而不是存储表情的替换字符。

如果想要存储评论、聊天数据等信息，则最好使用 utf8mb4。当然，为了更好的兼容性，应该使用 utf8mb4，虽然对于 CHAR 类型数据，使用 utf8mb4 存储会多消耗一些空间。根据 MySQL 官方网站建议，可以使用 VARCHAR 替代 CHAR。

2. 排序规则

"排序规则"下拉列表中有大量的排序规则，后缀有"_ci"、"_cs"和"_bin"3 种结尾。这 3 种结尾的含义如下。

- ci：全称为 case insensitive，表示不区分大小写字母。
- cs：表示区分大小写字母。
- bin：以二进制数据存储，且区分大小写字母。

以 MySQL 中常用的 utf8 字符集对应的排序规则 utf8_general_ci 和 utf8_unicode_ci 为例，介绍它们的区别。

- utf8_general_ci 和 utf8_unicode_ci 对中、英文来说没有实质的差别。

- utf8_general_ci：校对速度快，但准确度稍差（准确度够用，一般创建数据库选择这个）。
- utf8_unicode_ci：准确度高，但校对速度稍慢。

【例 3-10】创建 school 数据库。

（1）连接到 MySQL 服务器后，右击连接对象，在弹出的快捷菜单中选择"新建数据库"命令，打开"新建数据库"对话框，输入数据库名称为"school"，在"字符集"下拉列表中选择"utf8mb3"选项，在"排序规则"下拉列表中选择"utf8mb3_bin"选项，如图 3-15 所示。

（2）单击"确定"按钮，创建 school 数据库，如图 3-16 所示。

图 3-15　设置"新建数据库"对话框 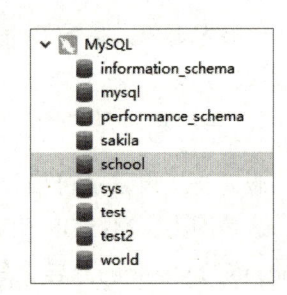　　　　图 3-16　创建 school 数据库

3.3.2　使用图形化管理工具管理数据库

1. 打开/关闭数据库

选取要打开的数据库并右击，弹出如图 3-17 所示的快捷菜单，选择"打开数据库"命令，打开数据库，打开的数据库高亮显示，如图 3-18（a）所示。

图 3-17　快捷菜单

选取要打开的数据库并右击，在弹出的快捷菜单中选择"关闭数据库"命令，关闭选

取的数据库，此时数据库显示为灰色，如图 3-18（b）所示。

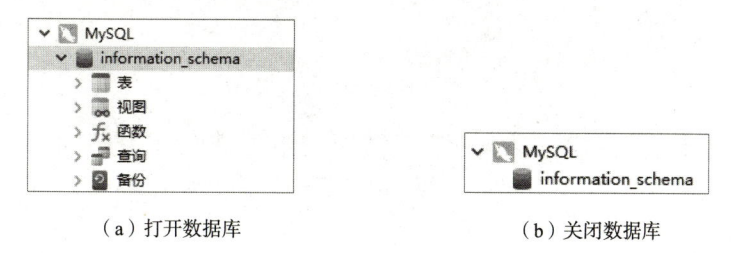

（a）打开数据库　　　　　　　　　（b）关闭数据库

图 3-18　打开/关闭数据库

2. 编辑数据库

选取要编辑的数据库并右击，在弹出的快捷菜单中选择"编辑数据库"命令，打开"编辑数据库"对话框，可以编辑数据库的字符集和排序规则，但是不能更改数据库名称。

【例 3-11】将 school 数据库的字符集修改为 utf8mb4，排序规则修改为 utf8mb4_0900_ai_ci。

（1）在 school 数据库上右击，在弹出的快捷菜单中选择"编辑数据库"命令。

（2）打开"编辑数据库"对话框，在"字符集"下拉列表中选择"utf8mb4"选项，在"排序规则"下拉列表中选择"utf8mb4_0900_ai_ci"选项，如图 3-19 所示，单击"确定"按钮，完成 school 数据库的修改，如图 3-19 所示。

图 3-19　设置"编辑数据库"对话框

3. 删除数据库

选取要删除的数据库并右击，在弹出的快捷菜单中选择"删除数据库"命令，打开"确认删除"对话框，勾选"我了解此操作是永久性的且无法撤销"复选框，单击"删除"按钮，即可删除数据库。

如果单击"取消"按钮，则取消删除数据库。

【例 3-12】删除 test2 数据库。

（1）在 test2 数据库上右击，在弹出的快捷菜单中选择"删除数据库"命令。

（2）打开如图 3-20 所示的"确认删除"对话框，勾选"我了解此操作是永久性的且无法撤销"复选框,单击"删除"按钮,删除 test2 数据库。

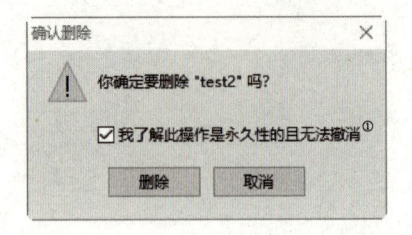

图 3-20 "确认删除"对话框

项目实训:创建与管理商品销售管理系统数据库 salesmanage

任务 1:使用 SQL 语句创建与管理商品销售管理系统数据库 salesmanage

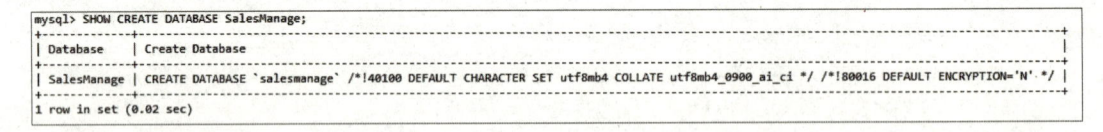

1. 创建 salesmanage 数据库

在"命令列界面"窗口中执行以下语句。

```
CREATE DATABASE salesmanage;
```

2. 查看 salesmanage 数据库

在"命令列界面"窗口中执行以下语句。

```
SHOW CREATE DATABASE salesmanage;
```

运行结果如图 3-21 所示。

```
mysql> SHOW CREATE DATABASE SalesManage;
+-------------+------------------------------------------------------------------------------------------------------------------------------------+
| Database    | Create Database                                                                                                                    |
+-------------+------------------------------------------------------------------------------------------------------------------------------------+
| SalesManage | CREATE DATABASE `salesmanage` /*!40100 DEFAULT CHARACTER SET utf8mb4 COLLATE utf8mb4_0900_ai_ci */ /*!80016 DEFAULT ENCRYPTION='N' */ |
+-------------+------------------------------------------------------------------------------------------------------------------------------------+
1 row in set (0.02 sec)
```

图 3-21 查看 salesmanage 数据库

3. 删除 salesmanage 数据库

在"命令列界面"窗口中执行以下语句。

```
DROP DATABASE salesmanage;
```

任务 2:使用图形化管理工具创建商品销售管理系统数据库 salesmanage

(1)连接到 MySQL 服务器后,右击连接对象,在弹出的快捷菜单中选择"新建数据库"命令。

(2)打开"新建数据库"对话框,输入数据库名称为"salesmanage",在"字符集"下拉列表中选择"utf8mb4"选项,在"排序规则"下拉列表中选择"utf8mb4_0900_ai_ci"选项,如图 3-22 所示,单击"确定"按钮,创建 salesmanage 数据库。

---

① 图中"撒消"的正确写法应为"撤销"。

图 3-22 设置"新建数据库"对话框

单元小结

本单元主要介绍了使用 SQL 语句和图形化管理工具创建与管理数据库的方法。首先介绍了创建数据库的基本语法和选项，如字符集和排序规则的设置，并通过具体示例展示了如何创建数据库。其次，介绍了查看系统数据库、查看用户数据库、指定当前数据库，以及修改和删除数据库的方法。再次，介绍了 SQL 语句的编写规则，包括分号的使用、关键字的大小写字母处理、空格和换行符的添加、注释的添加。最后，通过项目实训，介绍了如何在实际操作中创建与管理商品销售管理系统数据库，包括使用 SQL 语句和图形化管理工具的操作步骤。

理论练习

一、选择题

1. 在创建数据库的基本语法中，用于避免数据库已经存在而重复创建的错误的选项是（   ）。

   A. IF NOT EXISTS

   B. IF EXISTS

   C. ONLY IF NOT EXISTS

   D. NO IF EXISTS

2. 在 MySQL 中，用于查看当前服务器中的所有数据库的语句是（   ）。

   A. SHOW DATABASES;

   B. LIST DATABASES;

C. SELECT DATABASES;

D. VIEW DATABASES;

3. 在 MySQL 中，用于修改数据库字符集的语句是（　　）。

   A. CREATE DATABASE;

   B. ALTER DATABASE;

   C. CHANGE DATABASE;

   D. UPDATE DATABASE;

4. 在删除数据库的语句中，用于防止数据库不存在时发生错误的选项是（　　）。

   A. IF NOT EXISTS

   B. IF EXISTS

   C. ONLY IF NOT EXISTS

   D. NO IF EXISTS

5. 在 MySQL 中，用于指定一个数据库为当前数据库的语句是（　　）。

   A. SET DATABASE;

   B. USE DATABASE;

   C. SELECT DATABASE;

   D. CHANGE DATABASE;

6. 在 MySQL 中，SQL 语句必须以（　　）结束。

   A. ","   B. ";"

   C. "*"   D. "."

7. 在 SQL 语句中，单行注释以（　　）开头。

   A. "/*"   B. "//"

   C. "--"   D. "##"

8. 在创建数据库时，用于设置数据库的字符集的选项是（　　）。

   A. CHARSET

   B. CHARACTER SET

   C. SET CHARACTER

   D. SET CHARSET

二、问答题

1. 简述在 MySQL 中创建数据库的两种方法。
2. 如何查看 MySQL 服务器中包含的数据库？
3. 简述 USE 语句在 MySQL 中的作用。
4. 简述 ALTER DATABASE 语句的作用。
5. 如何使用 Navicat for MySQL 创建数据库？

三、应用题

无偿献血是指个人自愿、不收取任何报酬地捐献自己的血液，以供临床医疗使用的行为。这是一种社会公益活动,对于保障医疗系统血液供应、拯救患者生命具有重要意义。为了最大程度方便献血者实现数据共享,请帮忙创建无偿献血数据库 BloodDonation。

企业案例:创建与管理资产管理系统数据库 assertmanage

1. 使用 SQL 语句创建 assertmanage 数据库。
2. 使用 SQL 语句查看 assertmanage 数据库。
3. 使用 SQL 语句删除 assertmanage 数据库。
4. 使用图形化管理工具创建 assertmanage 数据库。

单元 4　创建与管理数据表

学习导读

在构建高效且可靠的数据库系统过程中，创建与管理数据表是至关重要的一环。数据表作为数据存储的基本单位，其设计直接关系到数据的组织方式、查询效率与后续的维护难度。精心设计的表结构能够确保数据的完整性和一致性，减少冗余，提高存取速度；而合理的管理策略则有助于监控数据表的使用情况，及时发现并解决潜在的性能问题或安全隐患。

学习目标

知识目标

- 了解数据类型的分类与数据表的构成。
- 掌握创建数据表的语法。
- 掌握查看、修改与删除数据表的语法。
- 掌握使用图形化管理工具创建与管理数据表的方法。

能力目标

- 能够创建数据表。
- 能够查看、修改与删除数据表。
- 能够使用图形化管理工具创建与管理数据表。

素养目标

- 通过学习创建数据表，强化学生对数据规范的意识，遵循创建数据表时的标准，确保数据的准确性和一致性。
- 通过实践提升系统思维，学生在管理数据表时学会从整体出发，优化数据结构和流程。

知识图谱

```
                        ┌── 认识数据元素
                        │
              ┌─ 知识详解 ─┼── 创建数据表
              │         │
              │         ├── 管理数据表
              │         │
              │         └── 使用图形化管理工具创建与管理数据表
              │
              │         ┌── 使用SQL语句创建商品销售管理系统数据库salesmanage中的数据表
创建与管理数据表 ─┼─ 项目实训 ─┤
              │         └── 使用图形化管理工具创建与管理商品销售管理系统数据库salesmanage中的数据表
              │
              │         ┌── 单元小结
              │         │
              └─ 强化训练 ─┼── 理论练习
                        │
                        └── 企业案例：创建与管理资产管理系统数据库assertmanage中的数据表
```

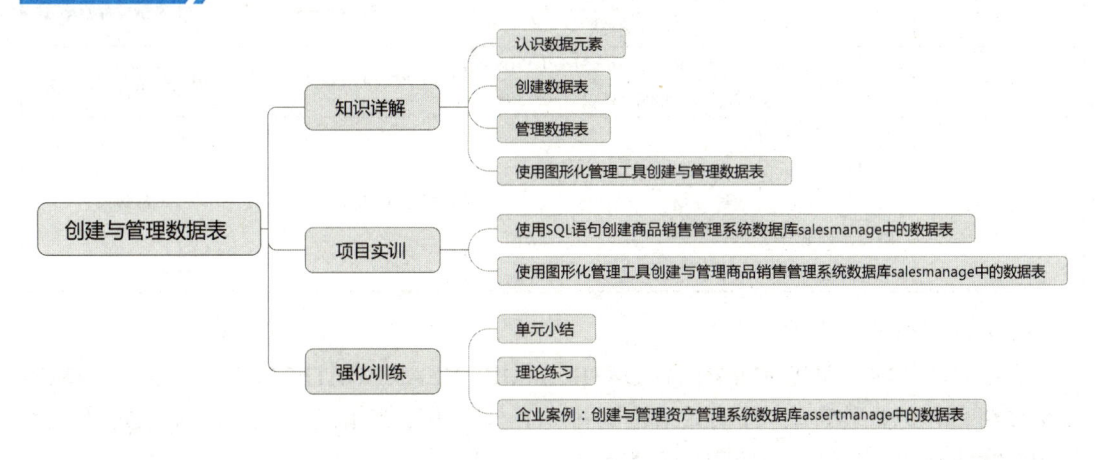

相关知识

4.1 认识数据元素

数据元素是数据的基本单位，在计算机程序中通常作为一个整体进行考虑和处理。有时，一个数据元素可以由若干个数据项组成。例如，一本书的书目信息为一个数据元素，而书目信息的每一项（如书名、作者名等）均为一个数据项。

1. 数据类型

MySQL 支持多种数据类型，大致可以分为 3 类：数值类型、日期和时间类型、字符串类型。

（1）数值类型。

MySQL 支持所有标准 SQL 数值类型。这些类型包括精确的数值类型（INTEGER、SMALLINT、DECIMAL 和 NUMERIC）与近似数值类型（FLOAT、REAL 和 DOUBLE）。关键字 INT 是 INTEGER 的同义词，关键字 DEC 和 FIXED 是 DECIMAL 的同义词。MySQL 也支持整数类型 TINYINT、MEDIUMINT 和 BIGINT。数值类型如表 4-1 所示。

表 4-1 数值类型

类型	大小	范围（有符号）	范围（无符号）	说明
TINYINT	1byte	−128～127	0～255	最小整数数值
BIT	1byte	−128～127	0～255	最小整数数值
SMALLINT	2byte	−32,768～32,767	0～65,535	小整数数值
MEDIUMINT	3byte	−8,388,608～8,388,607	0～16,777,215	中整数数值
INT 或 INTEGER	4byte	−2,147,483,648～2,147,483,647	0～4,294,967,295	标准整数数值
BIGINT	8byte	−9,223,372,036,854,775,808～9,223,372,036,854,775,807	0～18,446,744,073,709,551,615	极大整数数值

续表

类型	大小	范围（有符号）	范围（无符号）	说明
FLOAT	4byte	-3.402,823,466E+38 ~ -1.175,494,351E-38	0 ~ 3.402,823,466E+38	单精度浮点数值
DOUBLE	8byte	-1.797,693,134,862,315,7E+308 ~ -2.225,073,858,507,201,4E-308	0 ~ 1.797,693,134,862,315,7E+308	双精度浮点数值
DECIMAL	对于 DECIMAL (M,D)，如果 M>D，则为 M+2，否则为 D+2	依赖于 M 和 D 的值	依赖于 M 和 D 的值	小数数值

（2）日期和时间类型。

表示时间值的日期和时间类型有 DATE、TIME、YEAR、DATETIME 和 TIMESTAMP。每个日期和时间类型都有一个有效值范围和一个"零"值，当指定不合法的 MySQL 不能表示的值时使用"零"值。日期和时间类型如表 4-2 所示。

表 4-2　日期和时间类型

类型	大小	范围	格式	说明
DATE	3byte	1000-01-01 ~ 9999-12-31	YYYY-MM-DD	日期类型
TIME	3byte	'-838:59:59' ~ '838:59:59'	HH:MM:SS	时间类型
YEAR	1byte	1901 ~ 2155	YYYY	年份类型
DATETIME	8byte	1000-01-01 00:00:00 ~ 9999-12-31 23:59:59	YYYY-MM-DD HH:MM:SS	日期时间类型
TIMESTAMP	4byte	1970-01-01 00:00:00 ~ 2038	YYYY-MM-DD HH:MM:SS	时间戳类型。使用世界标准时间 UTC 时间值存储，可以根据时区进行转换

（3）字符串类型。

字符串类型包括 CHAR、VARCHAR、BINARY、VARBINARY、BLOB、TEXT、ENUM 和 SET 等。字符串类型如表 4-3 所示。

表 4-3　字符串类型

类型	大小	说明
CHAR	0 ~ 255byte	固定长度的字符串。格式为 CHAR(n)，n 以字符为单位，表示列的长度。n 的范围是 0 ~ 255。如果省略 n，则长度为 1
VARCHAR	0 ~ 65,535byte	变长字符串
BINARY	0 ~ 255byte	固定长度的二进制字符串
VARBINARY	0 ~ 65,535byte	可变长度的二进制字符串
TINYBLOB	0 ~ 255byte	不超过 255 字节的二进制字符串
TINYTEXT	0 ~ 255byte	短文本字符串
BLOB	0 ~ 65,535byte	二进制形式的长文本数据
TEXT	0 ~ 65,535byte	长文本数据

续表

类型	大小	说明
MEDIUMBLOB	0～16,777,215byte	二进制形式的中等长度文本数据
MEDIUMTEXT	0～16,777,215byte	中等长度文本数据
LONGBLOB	0～4,294,967,295byte	二进制形式的极大文本数据
LONGTEXT	0～4,294,967,295byte	极大文本数据
ENUM	0～65,535 个元素	字符串枚举类型
SET	0～64 个成员	字符串集合

注意：

CHAR(n)和 VARCHAR(n)中的 n 表示字符的个数，并不表示字节数，如 CHAR(30)表示可以存储 30 个字符。

CHAR 类型与 VARCHAR 类型类似，但是它们存储和检索数据的方式不同；它们的最大长度和尾部空格是否被保留等方面也不同，在存储或检索过程中不进行大小写字母转换。

BINARY 类型和 VARBINARY 类型类似于 CHAR 类型和 VARCHAR 类型，不同的是，它们包含二进制字符串而不包含非二进制字符串。也就是说，它们包含的是字节字符串而不是字符字符串。这说明它们没有字符集和排序规则，对 BINARY 类型和 VARBINARY 类型数据进行排序和比较操作依据的是字节值的大小。

BLOB 是一个二进制大对象，可以容纳可变数量的数据。它有 4 种类型：TINYBLOB、BLOB、MEDIUMBLOB 和 LONGBLOB。它们的区别在于可容纳值的最大长度不同。

TEXT 有 4 种类型：TINYTEXT、TEXT、MEDIUMTEXT 和 LONGTEXT。这 4 种 TEXT 类型分别对应上述 4 种 BLOB 类型，分别对应的每种 TEXT 类型和 BLOB 类型有相同的最大长度和存储需求。

2. 数据表的构成

表是数据存储最常见和最简单的形式。它由一组数据记录组成，数据库中的数据是以表为单位进行组织的。一个表是一组相关的按行排列的数据；每个表中都含有相同类型的信息。表实际上是一个二维表格。例如，一个班级中所有学生的考试成绩可以存放在一个表中，表中的每一行对应一个学生，这一行包括学生编号、姓名及各门课程成绩。数据表由表名、字段、字段类型、字段长度及记录组成。

（1）表名。

表名要确保其唯一性，并且表名要与用途相符，简略、直观、见名知意。

（2）字段。

字段又被称为"域"。数据表中的每一列称为"一个字段"。每个字段都有相应的描述信息，如数据类型、数据宽度等。字段名的长度小于 64 个字符。字段名可以包括字母、汉字、数字、空格和其他字符。字段名不可以包括句号、感叹号、方括号和重音符号。

（3）记录。

数据表中的每一行称为"一条记录"，它由若干个字段组成。一个数据表中可以有若干条记录。

3. 完整性约束

完整性约束用于确定关系型数据库中数据的准确性和一致性。

（1）主键约束。

主键是数据表中一个或多个用于实现记录唯一性的字段。虽然主键通常由一个字段组成，但是也可以由多个字段组成。

（2）唯一性约束。

唯一性约束要求数据表中某个字段的值在每条记录中都是唯一的，这一点与主键类似。即使我们对一个字段设置了主键约束，也可以对另一个字段设置唯一性约束，尽量使它不会被当作主键使用。

（3）外键约束。

外键是子表中的一个字段，用于引用父表中的主键。外键约束是确保表与表之间引用完整性的主要机制。一个被定义为外键的字段用于引用另一个数据表中的主键。

（4）NOT NULL 约束。

数据表中的每个字段都能使用关键字 NULL 和 NOT NULL。NOT NULL 也是一个可以用于字段的约束，它不允许字段包含 NULL 值。换句话说，定义为 NOT NULL 的字段在每条记录中都必须有值。在没有指定 NOT NULL 时，字段的默认值为 NULL，也就是可以为 NULL 值。

4.2 创建数据表

创建数据表需要以下信息。
- 表名。
- 表字段名。
- 定义每个表字段。

创建数据表的过程是规定数据列属性的过程，也是实施数据完整性（包括实体完整性、引用完整性和域完整性）约束的过程。

在 MySQL 中，使用 CREATE TABLE 语句可以创建数据表，其基本语法格式如下。

```
CREATE [TEMPORARY] TABLE [IF NOT EXISTS] 表名
    (建表定义,...)
    [表选项]
    [分区选项]
{LIKE 旧表名|(LIKE 就表名)}
建表定义: {
    列名 列定义
    | {INDEX|KEY} [索引名] [索引类型] (索引组成部分,...)
      [索引选项] ...
    | {FULLTEXT|SPATIAL} [INDEX|KEY] [索引名] 索引组成部分,...)
      [索引选项] ...
    | [CONSTRAINT [symbol]] PRIMARY KEY
```

        [索引类型] (索引组成部分,...)
        [索引选项] ...
    | [CONSTRAINT [symbol]] UNIQUE [INDEX|KEY]
        [索引名] [索引类型] (索引组成部分,...)
        [索引选项] ...
    | [CONSTRAINT [约束符号]] FOREIGN KEY
        [索引名] (列名,...)
        外键定义
    | 检查约束定义
}
列定义: {
    数据类型 [NOT NULL|NULL] [DEFAULT {字面值|(表达式)}]
        [VISIBLE|INVISIBLE]
        [AUTO_INCREMENT] [UNIQUE [KEY]] [[PRIMARY] KEY]
        [COMMENT '字符串']
        [COLLATE 排序规则名]
        [COLUMN_FORMAT {FIXED|DYNAMIC|DEFAULT}]
        [ENGINE_ATTRIBUTE [=] '字符串']
        [SECONDARY_ENGINE_ATTRIBUTE [=] '字符串']
        [STORAGE {DISK|MEMORY}]
        [外键定义]
        [检查约束定义]
    | 数据类型
        [COLLATE 排序规则名]
        [GENERATED ALWAYS] AS (表达式)
        [VIRTUAL|STORED] [NOT NULL|NULL]
        [VISIBLE|INVISIBLE]
        [UNIQUE [KEY]] [[PRIMARY] KEY]
        [COMMENT '字符串']
        [外键定义]
        [检查约束定义]
}

说明：

- 表名：用于指定所创建数据表的名称。
- 表选项：用于定义存储引擎、字符集及排序规则等。
- LIKE：用于基于另一个数据表的定义（包括原始数据表中定义的任何列属性和索引）创建空表，即复制表结构。
- 列名：用于指定列的名称。列名又被称为"属性名称"。
- CONSTRAINT：通过该子句可以创建约束，以检查数据表中行的数据值。
- PRIMARY KEY：用于定义主键，是一个唯一索引，其中所有主键列必须定义为 NOT NULL。

- UNIQUE [INDEX | KEY]：用于定义唯一索引或唯一键。
- FOREIGN KEY：MySQL 支持外键，它允许跨表交叉引用相关数据，以及外键约束，这有助于保持分散的数据一致。
- 数据类型：用于表示列定义中的数据类型。
- NULL 和 NOT NULL：用于限制字段可以为 NULL（空）或为 NOT NULL（非空）。
- UNIQUE：用于为索引创建一个约束，使索引中的所有值都必须是不同的。
- COMMENT：用于指定列的注释，最多为 1024 个字符。

【例 4-1】创建 teacher 表（教师表）。

在前面实例中已经创建好了 school 数据库，但是需要向该数据库中添加各种数据表的结构。根据表 4-4 创建 teacher 表。

表 4-4　teacher 表的结构

属性名称	数据类型	键值	是否为非空	注释
tno	CHAR(5)	主键	是	教师编号
tname	VARCHAR(10)		是	教师姓名
tsex	VARCHAR(2)		是	性别
tbirthday	DATETIME			出生日期
prof	VARCHAR(10)			职称
depart	VARCHAR(20)			所属院系

需要注意的是，在【例 4-1】中不用添加 prof 字段，该字段将在【例 4-5】中添加。
在"命令列界面"窗口中执行以下语句。

```
USE school;
CREATE TABLE teacher(
tno CHAR(5) NOT NULL PRIMARY KEY,
tname VARCHAR(10) NOT NULL,
tsex VARCHAR(2) NOT NULL,
tbirthday DATETIME,
depart VARCHAR(20)
);
```

运行结果如图 4-1 所示。

```
mysql> USE school;
CREATE TABLE teacher(
tno CHAR(5) NOT NULL PRIMARY KEY,
tname VARCHAR(10) NOT NULL,
tsex VARCHAR(2) NOT NULL,
tbirthday DATETIME,
depart VARCHAR(20)
);
Database changed

Query OK, 0 rows affected (0.01 sec)
```

图 4-1　创建 teacher 表

【例 4-2】创建 course 表（课程表）。

在前面实例中已经创建好了 school 数据库，但是需要向该数据库中添加各种数据表的结构，根据表 4-5 创建 course 表。

表 4-5　course 表的结构

属性名称	数据类型	键值	是否为非空	注释
cno	CHAR (10)	主键	是	课程编号
cname	VARCHAR(16)		是	课程名称
tno	CHAR (5)	外键	是	教师编号

在"命令列界面"窗口中执行以下语句。

```
USE school;
CREATE TABLE course(
cno CHAR(10) NOT NULL PRIMARY KEY,
cname VARCHAR(16) NOT NULL,
tno CHAR(5) NOT NULL,
FOREIGN KEY(tno)REFERENCES teacher(tno)
);
```

运行结果如图 4-2 所示。

```
mysql> USE school;
CREATE TABLE course(
cno CHAR(10) NOT NULL PRIMARY KEY,
cname VARCHAR(16) NOT NULL,
tno CHAR(5) NOT NULL,
FOREIGN KEY(tno)REFERENCES teacher(tno)
);
Database changed

Query OK, 0 rows affected (0.01 sec)
```

图 4-2　创建 course 表

4.3　管理数据表

创建完数据表后，还可以对数据表进行查看、修改、删除等管理操作。

4.3.1　查看数据表

1. 查看数据表

查看数据表的基本语法格式如下。

查看、修改、删除数据表

```
SHOW TABLES [FROM 数据库名] [LIKE '匹配模式'|WHERE 表达式]
```

说明：

使用上述语句不仅可以查看当前数据库中的数据表，还可以查看其他数据库中的数据表。

【例 4-3】 查看 school 数据库中的数据表。

在"命令列界面"窗口中执行以下语句。

```
SHOW TABLES;
```

运行结果如图 4-3 所示。

```
mysql> SHOW TABLES;
+------------------+
| Tables_in_school |
+------------------+
| course           |
| teacher          |
+------------------+
2 rows in set (0.02 sec)
```

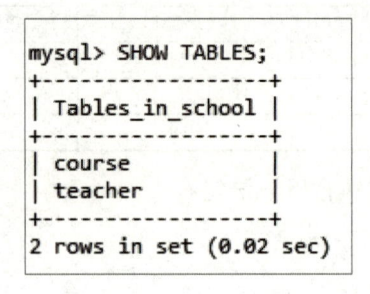

图 4-3　查看 school 数据库中的数据表

2. 查看数据表结构

查看数据表结构的基本语法格式如下。

```
DESC 表名;
```

【例 4-4】 查看 school 数据库中的 teacher 表的结构。

在"命令列界面"窗口中执行以下语句。

```
DESC teacher;
```

运行结果如图 4-4 所示。

```
mysql> DESC teacher;
+-----------+-------------+------+-----+---------+-------+
| Field     | Type        | Null | Key | Default | Extra |
+-----------+-------------+------+-----+---------+-------+
| tno       | char(5)     | NO   | PRI | NULL    |       |
| tname     | varchar(10) | NO   |     | NULL    |       |
| tsex      | varchar(2)  | NO   |     | NULL    |       |
| tbirthday | datetime(6) | YES  |     | NULL    |       |
| depart    | varchar(20) | YES  |     | NULL    |       |
+-----------+-------------+------+-----+---------+-------+
5 rows in set (0.02 sec)
```

图 4-4　查看 teacher 表的结构

4.3.2　修改数据表

在 MySQL 中，使用 ALTER TABLE 语句可以修改数据表。常用的修改数据表的操作有修改表名、修改字段数据类型或字段名、添加和删除字段、修改字段的排列位置、修改表的存储引擎、删除表的外键约束等。

修改数据表的基本语法格式如下。

```
ALTER TABLE 表名
    |ADD [COLUMN] 列名 列定义
```

```
        [FIRST|AFTER 列名]
    | ADD [COLUMN] (列名 列定义,...)
    | ADD [CONSTRAINT [约束符号]] PRIMARY KEY (索引列名)
    | ADD [CONSTRAINT [约束符号]] UNIQUE [INDEX|KEY] [索引名] (索引列名)
    | ADD [CONSTRAINT [约束符号]] PRIMARY KEY [索引名] (索引列名)
    | ADD [CONSTRAINT [约束符号]] CHECK (表达式) [[NOT] ENFORCED]
    | DROP {CHECK|CONSTRAINT} 约束符号
    | CHANGE [COLUMN] 旧列名 新列名 列定义
        [FIRST|AFTER 列名]
    | [DEFAULT] CHARACTER SET [=] 字符集名 [COLLATE [=] 排序规则名]
    | DROP [COLUMN] 列名
    | DROP {INDEX|KEY} 索引名
    | DROP PRIMARY KEY
    | DROP FOREIGN KEY 外键符号
    | MODIFY [COLUMN] 列名 列定义
        [FIRST|AFTER 列名]
    | RENAME COLUMN 旧列名 TO 新列名
    | RENAME [TO|AS] 新表名
    | 表选项
```

说明：

- ADD [COLUMN]：添加列。
- ADD [CONSTRAINT]：添加完整性约束。
- DROP {CHECK|CONSTRAINT}：删除检查约束或完整性约束。
- CHANGE [COLUMN]：修改列名并重新定义列。
- DROP [COLUMN]：删除列。
- RENAME COLUMN：修改列名。
- RENAME [TO|AS] 新表名：修改表名。

注意：

尽量少用修改表名和列名的操作，这是因为如果表名或列名被引用之后再修改表名或列名，则可能导致被引用的表名或列名无法使用。

【例 4-5】在 teacher 表中添加 prof 列，数据类型为 VARCHAR(10)。

在"命令列界面"窗口中执行以下语句。

```
USE school;
ALTER TABLE teacher
ADD prof VARCHAR(10)
AFTER tbirthday;
```

运行结果如图 4-5 所示。

```
mysql> USE school;
ALTER TABLE teacher
ADD prof VARCHAR(10)
AFTER tbirthday;
Database changed

Query OK, 0 rows affected (0.01 sec)
Records: 0  Duplicates: 0  Warnings: 0
```

图 4-5　在 teacher 表中添加 prof 列

说明：

使用关键字 AFTER 来分别指定添加的列位于哪一列之前和哪一列之后，如果省略该关键字，则添加的列默认放置在数据表的最后。使用 DESC 命令可以查看添加的列是否正确。

【例 4-6】在 course 表中修改 cname 字段的数据类型为 VARCHAR(20)。

在"命令列界面"窗口中执行以下语句。

```
USE school;
ALTER TABLE course
MODIFY cname VARCHAR(20);
```

运行结果如图 4-6 所示。

```
mysql> USE school;
ALTER TABLE course
MODIFY cname VARCHAR(20);
Database changed

Query OK, 0 rows affected (0.02 sec)
Records: 0  Duplicates: 0  Warnings: 0
```

图 4-6　修改 cname 字段的数据类型

提示：

在修改数据类型时，将高精度类型修改为低精度类型，不仅可能造成数据精度丢失，还可能造成数据丢失。

4.3.3　删除数据表

在 MySQL 中，使用 DROP TABLE 语句可以删除一个或多个数据表。删除数据表的基本语法格式如下。

```
DROP [TEMPORARY] TABLE [IF EXISTS]
    表名 [,表名] ...
    [RESTRICT|CASCADE]
```

说明：

使用 DROP TABLE 语句不仅会删除表定义和所有表数据，还会删除该表的所有触发器。

4.4 使用图形化管理工具创建与管理数据表

4.4.1 使用图形化管理工具创建数据表

首先打开要创建数据表的数据库，然后在该数据库的"表"节点上右击，在弹出的快捷菜单中选择"新建表"命令，如图 4-7 所示，打开如图 4-8 所示的新建"表"窗口，依次输入表的字段名称、类型、长度等，定义完后，单击"保存"按钮，即可创建数据表。

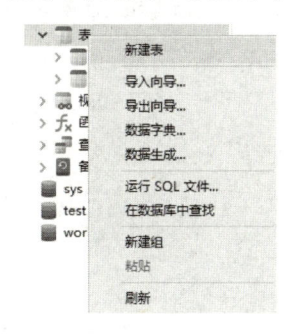

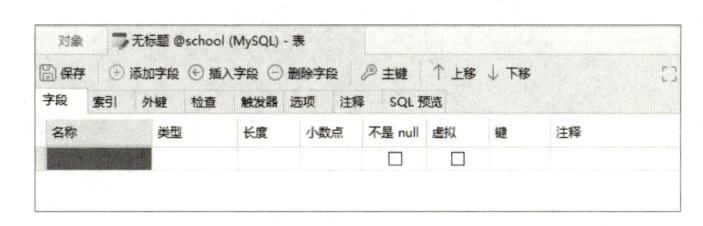

图 4-7 选择"新建表"命令　　　　图 4-8 新建"表"窗口

【例 4-7】根据表 4-6，创建 school 数据库中的 student 表。

表 4-6　student 表的结构

属性名称	数据类型	键值	是否为非空	注释
sno	CHAR(5)	主键	是	学生编号
sname	VARCHAR(10)		是	姓名
ssex	VARCHAR(2)		是	性别
sbirthday	DATETIME			出生日期
class	CHAR(5)			班级

具体步骤如下。

（1）右击 school 数据库，在弹出的快捷菜单中选择"打开数据库"命令，打开 school 数据库，如图 4-9 所示。

图 4-9 打开 school 数据库

（2）在 school 数据库的"表"节点上右击，在弹出的快捷菜单中选择"新建表"命令，打开新建"表"窗口，创建一个空白表。

（3）输入第一行的字段名称为"sno"，直接输入类型或在其下拉列表中选择"char"选项，输入长度为"5"，勾选"不是 null"复选框，单击"主键"按钮，对第一个字段添加主键，输入注释为"学生编号"，如图 4-10 所示。

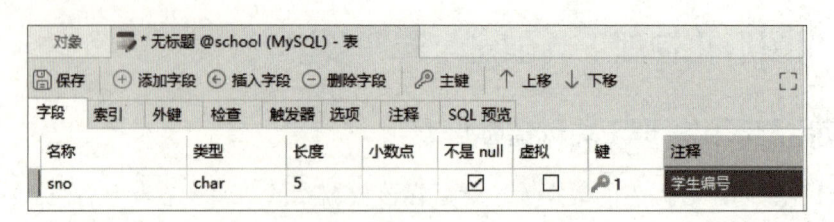

图 4-10　输入第一行内容

（4）单击"添加字段"按钮⊕，添加新的字段，继续设置参数，student 表的结构如图 4-11 所示。

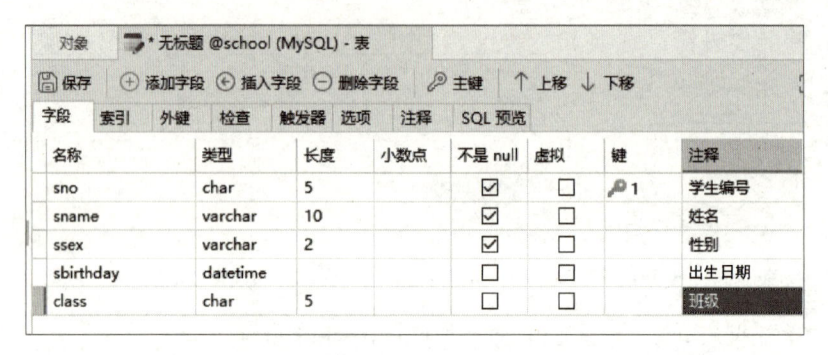

图 4-11　student 表的结构

（5）单击"保存"按钮，打开"另存为"对话框，输入表名称为"student"，单击"保存"按钮，保存 student 表，如图 4-12 所示。

图 4-12　设置"另存为"对话框

【例 4-8】根据表 4-7，创建 school 数据库中的 score 表。

表 4-7　score 表的结构

属性名称	数据类型	键值	是否为非空	注释
sno	CHAR(5)	外键	是	学生编号
cno	CHAR(10)	外键	是	课程编号
degree	NUMERIC(9,1)			成绩

具体步骤如下。

（1）在 school 数据库的"表"节点上右击，在弹出的快捷菜单中选择"新建表"命令，打开"表"窗口，创建一个空白表。

（2）参考表 4-7，设置 score 表的结构，如图 4-13 所示。

图 4-13 设置 score 表的结构

（3）单击"保存"按钮，打开"另存为"对话框，输入表名称为"score"，单击"保存"按钮，保存 score 表。

（4）切换到"外键"选项卡，单击字段中的按钮，在打开的下拉菜单中勾选"sno"复选框，如图 4-14 所示，单击"确定"按钮，也可以直接输入字段为"sno"，在"被引用的表"下拉列表中选择 student 表。

（5）单击被引用的字段中的按钮，在打开的下拉菜单中勾选"sno"复选框，单击"确定"按钮，也可以直接输入被引用的字段为"sno"，采用系统自动生成的名称，单击"保存"按钮，保存 score 表，即可添加 score 表的第一个外键，如图 4-15 所示。

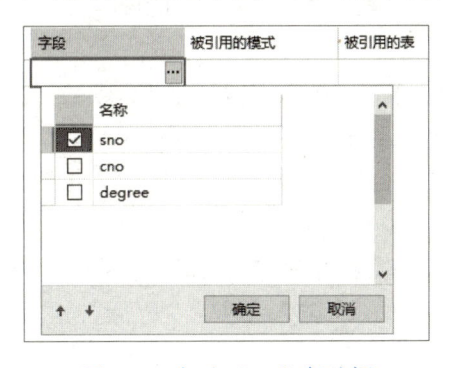

图 4-14 勾选"sno"复选框

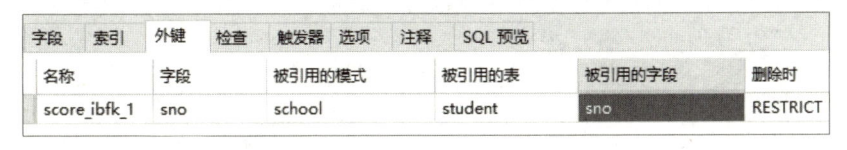

图 4-15 添加 score 表的第一个外键

（6）单击"添加外键"按钮，添加 score 表的第二个外键，如图 4-16 所示，单击"保存"按钮，保存 score 表。

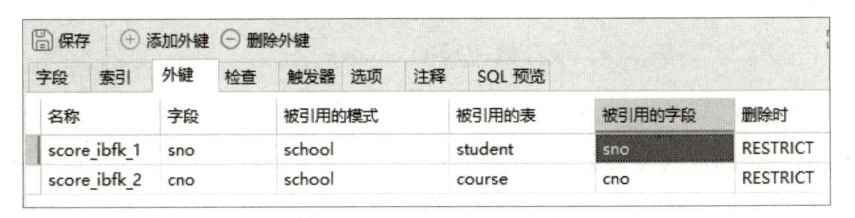

图 4-16 添加 score 表的第二个外键

4.4.2 使用图形化管理工具管理数据表

使用图形化管理工具不仅可以修改表结构，还可以复制数据表、清空数据表及删除数据表。

1. 编辑数据表

在已经创建好的数据表上右击，在弹出的快捷菜单中选择"设计表"命令，如图 4-17 所示，打开数据表，更改表结构，可以通过"添加字段"按钮 ⊕ 和"插入字段"按钮 ⊖，添加字段，还可以通过单击"上移"按钮↑和"下移"按钮↓，调整字段的位置。

【例 4-9】在 school 数据库中的 student 表中添加 nation 列，数据类型为 VARCHAR(20)、注释为"民族"。

（1）在 school 数据库的"表"→"student"节点上右击，在弹出的快捷菜单中选择"设计表"命令，打开"student-表"窗口。

（2）选中"class"字段，单击"插入字段"按钮 ⊖，在"class"字段上方插入一个空白字段；如果单击"添加字段"按钮 ⊕，将会在最下方添加一个空白字段，单击"上移"按钮↑，将其调整到"class"字段的上方。

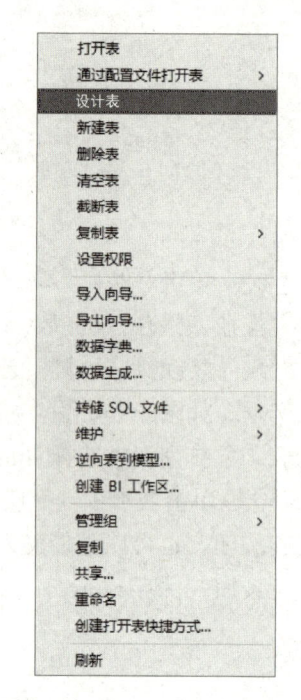

图 4-17 选择"设计表"命令

（3）在空白字段中输入字段名称为"nation"，直接输入类型或在其下拉列表中选择"varchar"选项，输入长度为"20"，输入注释为"民族"，如图 4-18 所示。

图 4-18 添加 nation 列

（4）单击"保存"按钮，保存修改后的 student 表。

2. 复制数据表

在已经创建好的数据表上右击，在弹出的快捷菜单中选择"复制表"命令，打开如图 4-19 所示的级联菜单，如果选择"结构和数据"命令，则复制表结构和数据；如果选择"仅结构"命令，则只复制表结构。

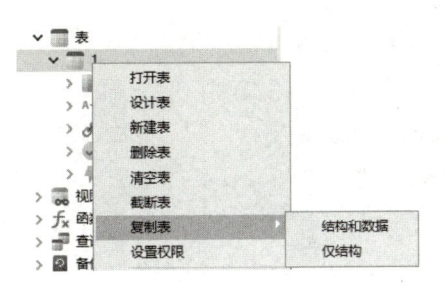

图 4-19 "复制表"级联菜单

3. 清空数据表

在已经创建好的数据表上右击,在弹出的快捷菜单中选择"清空表"命令,打开"确认清空"对话框,如图 4-20 所示,勾选"我了解此操作是永久性的且无法撤销"复选框,单击"空的"按钮,清空数据表中的数据。

4. 删除数据表

在已经创建好的数据表上右击,在弹出的快捷菜单中选择"删除表"命令,打开"确认删除"对话框,如图 4-21 所示,勾选"我了解此操作是永久性的且无法撤销"复选框,单击"删除"按钮,删除数据表。

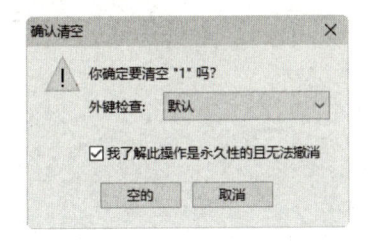

图 4-20 "确认清空"对话框　　　　图 4-21 "确认删除"对话框

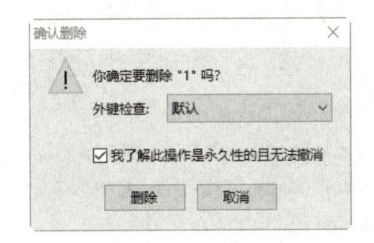

项目实训:创建与管理商品销售管理系统数据库 salesmanage 中的数据表

任务 1:使用 SQL 语句创建商品销售管理系统数据库 salesmanage 中的数据表

1. 创建 customers 表(客户信息表)

根据表 4-8,创建 customers 表。

表 4-8 customers 表的结构

属性名称	数据类型	键值	是否为非空	注释
customerid	CHAR(10)	主键	是	客户编号
customername	VARCHAR(20)		是	客户姓名
sex	VARCHAR(2)		是	性别
phone	VARCHAR(20)			电话号码
address	VARCHAR(255)			家庭地址

在"命令列界面"窗口中执行以下语句。

```
CREATE TABLE customers(
    customerid CHAR(10) PRIMARY KEY,
    customername VARCHAR(20) NOT NULL,
    sex VARCHAR(2) NOT NULL,
    phone VARCHAR(20),
    address VARCHAR(255)
);
```

2. 创建 departments 表（部门信息表）

根据表 4-9，创建 departments 表。

表 4-9　departments 表的结构

属性名称	数据类型	键值	是否为非空	注释
departmentid	CHAR(10)	主键	是	部门编号
departmentname	VARCHAR(20)		是	部门名称
departmentaddress	VARCHAR(255)			部门地址
managername	VARCHAR(20)			经理姓名
contactphone	VARCHAR(20)			电话号码

在"命令列界面"窗口中执行以下语句。

```
CREATE TABLE departments(
    departmentid CHAR(10) PRIMARY KEY,
    departmentname VARCHAR(20) NOT NULL,
    departmentaddress VARCHAR(255),
    managername VARCHAR(20),
    contactphone VARCHAR(20)
);
```

3. 创建 employees 表（职工信息表）

根据表 4-10，创建 employees 表。

表 4-10　employees 表的结构

属性名称	数据类型	键值	是否为非空	注释
employeeid	CHAR(10)	主键	是	职工编号
employeename	VARCHAR(20)		是	职工姓名
sex	VARCHAR(2)		是	性别
age	INT			年龄
birthdate	DATE			出生日期
phonenumber	VARCHAR(20)			电话号码
email	VARCHAR(20)			电子邮箱
address	VARCHAR(255)			家庭地址
salary	DECIMAL(10, 2)			薪酬
position	VARCHAR(30)			职位
departmentid	CHAR(10)	外键		部门编号

在"命令列界面"窗口中执行以下语句。

```
CREATE TABLE employees(
    employeeid CHAR(10) PRIMARY KEY,
    employeename VARCHAR(20) NOT NULL,
    sex VARCHAR(2) NOT NULL,
    age INT,
    birthdate DATE,
    phonenumber VARCHAR(20),
    email VARCHAR(20),
    address VARCHAR(255),
    salary DECIMAL(10,2),
    position VARCHAR(30),
    departmentid CHAR(10),
    FOREIGN KEY (departmentid) REFERENCES departments(departmentid)
);
```

4. 创建 suppliers 表（供应商信息表）

根据表 4-11，创建 suppliers 表。

表 4-11 suppliers 表的结构

属性名称	数据类型	键值	是否为非空	注释
supplierid	CHAR(10)	主键	是	供应商编号
companyname	VARCHAR(20)		是	公司名称
companyaddress	VARCHAR (255)			公司地址
contactperson	VARCHAR(20)			公司联系人
contactphone	VARCHAR(20)			公司电话号码
fax	VARCHAR(20)			传真
websiteURL	VARCHAR (255)			网址

在"命令列界面"窗口中执行以下语句。

```
CREATE TABLE suppliers(
    supplierid CHAR(10) PRIMARY KEY,
    companyname VARCHAR(20) NOT NULL,
    companyaddress VARCHAR(255),
    contactperson VARCHAR(20),
    contactphone VARCHAR(20),
    fax VARCHAR(20),
    websiteURL VARCHAR(255)
);
```

5. 创建 warehouses 表（仓库信息表）

根据表 4-12，创建 warehouses 表。

表 4-12　warehouses 表的结构

属性名称	数据类型	键值	是否为非空	注释
stockid	CHAR(10)	主键	是	库存编号
warehousename	VARCHAR(20)		是	仓库名称
location	VARCHAR(255)			仓库地址
storagecapacity	DECIMAL(10,2)			储藏量

在"命令列界面"窗口中执行以下语句。

```
CREATE TABLE warehouses(
    stockid CHAR(10) PRIMARY KEY,
    warehousename VARCHAR(20) NOT NULL,
    location VARCHAR(255),
    storagecapacity DECIMAL(10, 2)
);
```

6. 创建 products 表（商品信息表）

根据表 4-13，创建 products 表。

表 4-13　products 表的结构

属性名称	数据类型	键值	是否为非空	注释
productid	CHAR(10)	主键	是	商品编号
productname	VARCHAR(20)		是	商品名称
manufacturingdate	DATE			出厂日期
purchaseprice	DECIMAL(10,2)			进货价格
supplierid	CHAR(10)	外键		供应商编号
stockid	CHAR(10)	外键		库存编号

在"命令列界面"窗口中执行以下语句。

```
CREATE TABLE products(
    productid CHAR(10) PRIMARY KEY,
    productname VARCHAR(20) NOT NULL,
    manufacturingdate DATE,
    purchaseprice DECIMAL(10, 2),
    supplierid CHAR(10),
    stockid CHAR(10),
    FOREIGN KEY (supplierid) REFERENCES suppliers(supplierid),
    FOREIGN KEY (stockid) REFERENCES warehouses(stockid)
);
```

7. 创建 orders 表（订单信息表）

根据表 4-14，创建 orders 表。

表 4-14　orders 表的结构

属性名称	数据类型	键值	是否为非空	注释
orderid	CHAR(10)	主键	是	订单编号
receivableamount	DECIMAL (10,2)			应收款项
deliveryaddress	VARCHAR (255)			收货地址
receivername	VARCHAR(20)			收货人
customerid	CHAR(10)	外键		客户编号

在"命令列界面"窗口中执行以下语句。

```
CREATE TABLE orders (
    orderid CHAR(10) PRIMARY KEY,
    receivableamount DECIMAL(10, 2),
    deliveryaddress VARCHAR(255),
    receivername VARCHAR(20),
    customerid CHAR(10),
    FOREIGN KEY (customerid) REFERENCES customers(customerid)
);
```

任务 2：使用图形化管理工具创建与管理商品销售管理系统数据库 salesmanage 中的数据表

1. 创建 orderdetails 表（订购统计表）

根据表 4-15，创建 orderdetails 表。

表 4-15　orderdetails 表的结构

属性名称	数据类型	键值	是否为非空	注释
orderid	CHAR(10)	主键	是	订单编号
producid	CHAR(10)	主键	是	商品编号
orderdate	DATE			订购日期
quantity	INT			订购数量

（1）右击 salesmanage 数据库，在弹出的快捷菜单中选择"打开数据库"命令，打开 salesmanage 数据库。

（2）在 salesmanage 数据库的"表"节点上右击，在弹出的快捷菜单中选择"新建表"命令，打开新建"表"窗口。

（3）输入第一行的字段名称为"orderid"，直接输入类型或在其下拉列表中选择"char"选项，输入长度为"10"，勾选"不是 null"复选框，单击"主键"按钮，对第一个字段添加主键，输入注释为"订单编号"。

（4）单击"添加字段"按钮，添加新的字段，继续设置参数，orderdetails 表的结构如图 4-22 所示。

（5）单击"保存"按钮，打开"另存为"对话框，输入表名称为"orderdetails"，单击"保存"按钮，保存 orderdetails 表。

字段	索引	外键	检查	触发器	选项	注释	SQL 预览			
名称		类型	长度	小数点	不是 null	虚拟	键	注释		
orderid		char	10		✓	☐	🔑1	订单编号		
producid		char	10		✓	☐	🔑2	商品编号		
orderdate		date			☐	☐		订购日期		
quantity		int			☐	☐		订购数量		

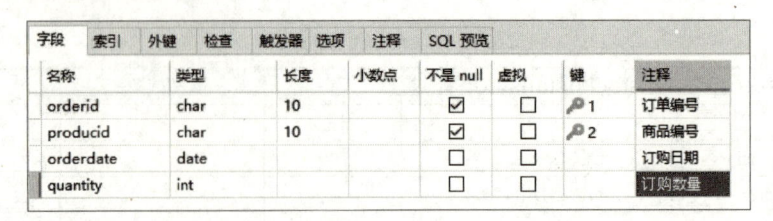

图 4-22　orderdetails 表的结构

（6）切换到"外键"选项卡，单击字段中的 按钮，在打开的下拉菜单中勾选"orderid"复选框，单击"确定"按钮，也可以直接输入字段为"orderid"，在"被引用的表"下拉列表中选择 orders 表。

（7）单击被引用的字段中的 按钮，在打开的下拉菜单中勾选"orderid"复选框，单击"确定"按钮，也可以直接输入被引用的字段为"orderid"，采用系统自动生成的名称，单击"保存"按钮，保存 orderdetails 表，即可添加 orderdetails 表的第一个外键，如图 4-23 所示。

字段	索引	外键	检查	触发器	选项	注释	SQL 预览		
名称		字段	被引用的模式	被引用的表	被引用的字段	删除时	更新时		
orderdetails_ibfk_1		orderid	salesmanage	orders	orderid	RESTRICT	RESTRICT		

图 4-23　添加 orderdetails 表的第一个外键

（8）单击"添加外键"按钮 ，添加 orderdetails 表中 producid 字段与 products 表中 productid 字段的外键，单击"保存"按钮 ，保存 orderdetails 表，如图 4-24 所示。

字段	索引	外键	检查	触发器	选项	注释	SQL 预览		
名称		字段	被引用的模式	被引用的表	被引用的字段	删除时	更新时		
orderdetails_ibfk_1		orderid	salesmanage	orders	orderid	RESTRICT	RESTRICT		
orderdetails_ibfk_2		producid	salesmanage	products	productid	RESTRICT	RESTRICT		

图 4-24　添加 orderdetails 表的第二个外键

2. 修改 orderdetails 表（订购统计表）

将 orderdetails 表中的属性名称 producid 修改为 productid。

（1）在 salesmanage 数据库的"表"→"orderdetails"节点上右击，在弹出的快捷菜单中选择"设计表"命令，打开"orderdetails 表"窗口。

（2）在"字段"选项卡中双击"producid"名称使其处于编辑状态，输入新的名称为"productid"，如图 4-25 所示。

字段	索引	外键	检查	触发器	选项	注释	SQL 预览			
名称		类型	长度	小数点	不是 null	虚拟	键	注释		
orderid		char	10		✓	☐	🔑1	订单编号		
productid		char	10		✓	☐	🔑2	商品编号		
orderdate		date			☐	☐		订购日期		
quantity		int			☐	☐		订购数量		

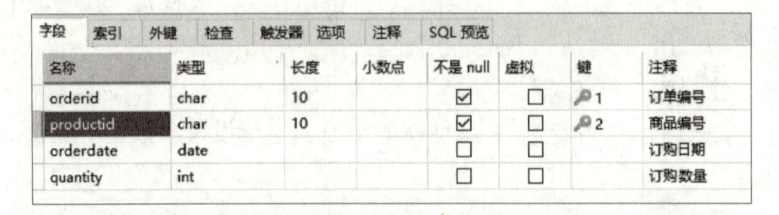

图 4-25　修改字段名称

（3）单击"保存"按钮 ，保存修改后的 orderdetails 表。

3. 创建 stockdetails 表（库存统计表）

根据表 4-16，创建 stockdetails 表。

表 4-16 stockdetails 表结构

属性名称	数据类型	键值	是否为非空	注释
productid	CHAR(10)	主键	是	商品编号
stockid	CHAR(10)	主键	是	库存编号
stockquantity	INT			库存量

（1）选择 salesmanage 数据库，单击工具栏中的"表"按钮，打开表"对象"窗口，单击"新建表"按钮，打开新建"表"窗口。

（2）输入第一行的字段名称为"productid"，在其下拉列表中选择"char"选项，输入长度为"10"，勾选"不是 null"复选框，单击"主键"按钮，对第一个字段添加主键，输入注释为"商品编号"。

（3）单击"添加字段"按钮，添加新的字段，继续设置参数，stockdetails 表的结构如图 4-26 所示。

图 4-26 stockdetails 表的结构

（4）单击"保存"按钮，打开"另存为"对话框，输入表名称为"stockdetails"，单击"保存"按钮，保存 stockdetails 表。

（5）切换到"外键"选项卡，单击字段中的按钮，在打开的下拉菜单中勾选"productid"复选框，单击"确定"按钮，在"被引用的表"下拉列表中选择 products 表。

（6）单击被引用的字段中的按钮，在打开的下拉菜单中勾选"productid"复选框，单击"确定"按钮，采用系统自动生成的名称，单击"保存"按钮，保存 stockdetails 表。

（7）单击"添加外键"按钮，添加 stockdetails 表中 stockid 字段与 warehouses 表中 stockid 字段的外键，单击"保存"按钮，保存 stockdetails 表，如图 4-27 所示。

图 4-27 添加 stockdetails 表的外键

4. 创建 salesstatistics 表（销售统计表）

根据表 4-17，创建 salesstatistics 表。

表 4-17 salesstatistics 表的结构

属性名称	数据类型	键值	是否为非空	注释
employeeid	CHAR(10)	主键	是	部门编号
productid	CHAR(10)	主键	是	商品编号
salesvolume	INT			销售数量
salesprice	DECIMAL (10,2)			销售价格
saledate	DATE			销售日期

（1）在表"对象"窗口中单击"新建表"按钮⊕，打开新建"表"窗口。

（2）输入第一行的字段名称为"employeeid"，在其下拉列表中选择"char"选项，输入长度为"10"，勾选"不是 null"复选框，单击"主键"按钮🔑，对第一个字段添加主键，输入注释为"部门编号"。

（3）单击"添加字段"按钮⊕，添加新的字段，继续设置参数，salesstatistics 表的结构如图 4-28 所示。

图 4-28 salesstatistics 表的结构

（4）单击"保存"按钮，打开"另存为"对话框，输入表名称为"salesstatistics"，单击"保存"按钮，保存 salesstatistics 表。

（5）切换到"外键"选项卡，双击名称栏，输入外键名称为"sal_dep_fk1"。

（6）单击字段中的按钮，在打开的下拉菜单中勾选"employeeid"复选框，单击"确定"按钮，在"被引用的表"下拉列表中选择 employees 表。

（7）单击"添加外键"按钮⊕，设置外键名称为"sal_dep_fk2"，添加 salesstatistics 表中 productid 字段与 products 表中 productid 字段的外键，如图 4-29 所示。

（8）单击"保存"按钮，保存表。

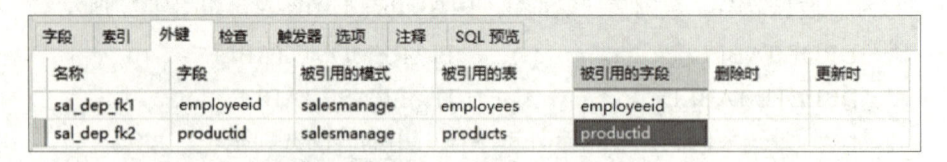

图 4-29 添加 salesstatistics 表的外键

单元小结

本单元详细地介绍了创建与管理数据表的过程，包括数据类型、数据表的构成及如何实施数据完整性约束。还强调了设计高效可靠的数据表的重要性，这直接影响数据的组织方式、查询效率和维护难度。首先介绍了 MySQL 支持的数据类型，包括数值类型、日期和时间类型、字符串类型，并解释了数据表的构成要素，如表名、字段和记录。完整性约束，如主键约束、唯一性约束、外键约束和 NOT NULL 约束的作用也在本单元中进行了阐述。然后介绍了使用 CREATE TABLE 语句创建数据表、使用 ALTER TABLE 语句修改数据表与使用 DROP TABLE 语句删除数据表的方法。最后介绍了如何使用图形化管理工具创建与管理数据表的方法，包括创建、修改、复制、清空和删除数据表的操作。

理论练习

一、选择题

1. 在 MySQL 中，用于存储日期和时间的数据类型是（　　）。
   A．INT   B．VARCHAR
   C．DATETIME   D．CHAR
2. 如果一个字段定义为 NOT NULL，这就意味着（　　）。
   A．字段可以包含 NULL 值
   B．字段必须包含 NULL 值
   C．字段不可以包含 NULL 值
   D．字段可以包含空字符串
3. 在 MySQL 中，用于查看数据库中数据表的语句是（　　）。
   A．SHOW TABLES   B．DESCRIBE TABLE
   C．SELECT TABLES   D．LIST TABLES
4. 如果想要在数据表中添加一个新列，则应该使用的语句是（　　）。
   A．CREATE TABLE   B．ALTER TABLE
   C．ADD COLUMN   D．CHANGE TABLE
5. 在 MySQL 中，用于存储固定长度的字符串的数据类型是（　　）。
   A．VARCHAR   B．CHAR
   C．TEXT   D．BLOB
6. 如果想要删除一个数据表，则应该使用的语句是（　　）。
   A．DROP TABLE   B．REMOVE TABLE
   C．DELETE TABLE   D．ERASE TABLE
7. 在创建外键约束时，用于指定外键字段引用的表的选项是（　　）。
   A．REFERENCES   B．REFERS
   C．LINK   D．CONNECT
8. 在 MySQL 中，用于查看数据表的结构的语句是（　　）。
   A．DESCRIBE   B．DESC
   C．EXPLAIN   D．SHOW STRUCTURE

9. 在 MySQL 中，用于存储变长字符串的数据类型是（　　）。
   A．CHAR　　　　　　　　B．VARCHAR
   C．TEXT　　　　　　　　D．BLOB

二、问答题

1. 什么是数据元素和数据项？
2. MySQL 中的数据类型可以分为哪几类？
3. 什么是完整性约束，它在数据库中扮演什么角色？
4. 什么是外键约束？并给出一个创建外键约束的 SQL 示例。
5. 在使用图形化管理工具创建数据表时，通常需要哪些步骤？

三、应用题

为了促进优秀传统文化的传承与发展，某非遗保护中心创建了"非物质文化遗产数字化保护系统"。该系统需要记录和管理各类非遗项目信息、传承人信息、保护活动等数据，以实现非遗资源的科学保护和有效传承。请根据业务需求，设计相关数据表的结构，包括必要的主外键约束和完整性约束。数据表的表结构应包含以下内容。

（1）非遗项目信息（项目编号，项目名称，类别，级别，申报地区，公布时间等）。
（2）传承人信息（传承人编号，姓名，性别，出生日期，所传项目，认定时间，电话号码等）。
（3）保护活动（活动编号，活动名称，举办时间，地点，参与人数，活动内容等）。

企业案例：创建与管理资产管理系统数据库 assertmanage 中的数据表

资产管理系统数据库 assertmanage 包含 assets 表（资产信息表）、users 表（用户表）、borrowrecords 表（借用记录表）和 maintenancerecords 表（维护记录表）。

1. 根据表 4-18，使用 SQL 语句在资产管理系统数据库 assertmanage 中创建 assets 表。

表 4-18　assets 表的结构

属性名称	数据类型	键值	是否为非空	注释
assetid	CHAR(10)	主键	是	资产编号
assetname	VARCHAR(20)		是	资产名称
assettype	VARCHAR(20)			资产类型
modelnumber	VARCHAR(20)			型号
serialnumber	VARCHAR(20)			序列号
purchasedate	DATE			购买日期
purchaseprice	DECIMAL(10, 2)			购买价格
currentvalue	DECIMAL(10, 2)			当前价值
location	VARCHAR(255)			资产所在位置
status	VARCHAR(20)		是	资产状态
description	TEXT			资产描述

2. 根据表 4-19，使用 SQL 语句在资产管理系统数据库 assertmanage 中创建 users 表。

表 4-19　users 表的结构

属性名称	数据类型	键值	是否为非空	注释
userid	CHAR(10)	主键	是	用户编号
username	VARCHAR(20)		是	用户名称
department	VARCHAR(20)			部门
email	VARCHAR(20)			电子邮件
phonenumber	VARCHAR(20)			电话号码

3. 根据表 4-20，使用 SQL 语句在资产管理系统数据库 assertmanage 中创建 borrowrecords 表。

表 4-20　borrowrecords 表的结构

属性名称	数据类型	键值	是否为非空	注释
recordid	CHAR(10)	主键	是	借用编号
assetid	CHAR(10)	外键	是	资产编号
userid	CHAR(10)	外键	是	用户编号
borrowdate	DATE			借用日期
returndate	DATE			归还日期
status	VARCHAR(20)		是	借用状态
notes	TEXT			备注信息

4. 根据表 4-21，使用图形化管理工具在资产管理系统数据库 assertmanage 中创建 maintenancerecords 表。

表 4-21　maintenancerecords 表的结构

属性名称	数据类型	键值	是否为非空	注释
maintenanceid	CHAR(10)	主键	是	维护编号
assetid	CHAR(10)	外键	是	资产编号
maintenancedate	DATE		是	维护日期
maintenancetype	VARCHAR(20)			维护类型
cost	DECIMAL(10, 2)			维护费用
description	TEXT			描述
performedby	VARCHAR(255)			维护人员或团队

单元 5　操作数据表

学习导读

操作数据表是数据库管理与应用开发中的核心环节，它涉及对数据表中数据的增、删、改、查等基本操作。通过有效的数据表操作，我们能够灵活地管理数据资源，实现信息的动态更新和精准查询。无论是插入新记录以扩充数据集、删除过时信息以保持数据清洁，还是修改现有数据以反映最新状态，抑或是检索特定信息以满足业务需求，这些操作都是构建高效、可靠数据库系统的基础。

学习目标

➡ 知识目标

- 掌握添加数据的语法。
- 掌握修改数据的语法。
- 掌握删除数据的语法。
- 掌握使用图形化管理工具添加与管理数据的方法。

➡ 能力目标

- 能够在数据表中添加数据。
- 能够修改、删除数据表中已存在的数据。
- 能够使用图形化管理工具添加、修改和删除数据表中的数据。

➡ 素养目标

- 通过数据添加操作，培养学生的数据责任感，强调在数据添加过程中确保信息的真实性和准确性。
- 通过数据修改操作，提升学生细致的观察力和解决问题的能力。
- 通过数据删除操作，提升学生的专业技能，确保数据的安全性和合规性。

> 知识图谱

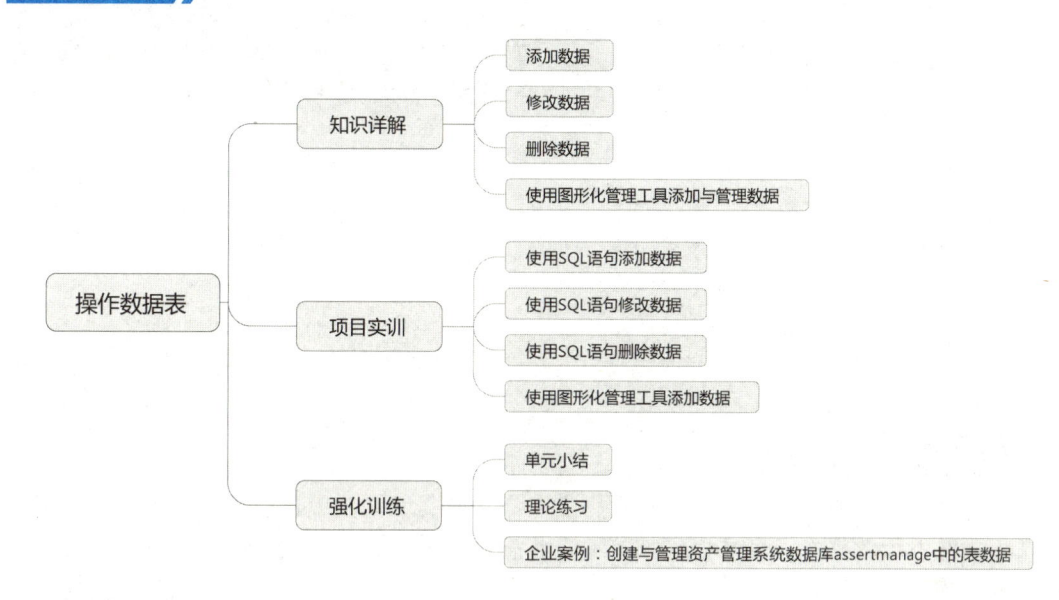

```
                              ┌── 添加数据
                              │
                    ┌── 知识详解 ┼── 修改数据
                    │         │
                    │         ├── 删除数据
                    │         │
                    │         └── 使用图形化管理工具添加与管理数据
                    │
                    │         ┌── 使用SQL语句添加数据
                    │         │
         操作数据表 ──┼── 项目实训 ┼── 使用SQL语句修改数据
                    │         │
                    │         ├── 使用SQL语句删除数据
                    │         │
                    │         └── 使用图形化管理工具添加数据
                    │
                    │         ┌── 单元小结
                    │         │
                    └── 强化训练 ┼── 理论练习
                              │
                              └── 企业案例：创建与管理资产管理系统数据库assertmanage中的表数据
```

> 相关知识

5.1 添加数据

在 MySQL 中，使用 INSERT INTO 语句可以在数据库已有的数据表中添加一行或多行数据，基本语法格式如下。

```
INSERT INTO 表名(列名 1, 列名 2, ..., 列名 N)
VALUES (值 1, 值 2, ..., 值 N);
```

> 说明：

- 表名后面的列名必须和 VALUES 赋的值保持一致。
- 如果数据是字符串类型，则必须使用"' '"或""" ""将其括起来，如"value"。
- 在定义表结构时，只有当指定某个列上允许有空值时，才可以赋予 NULL 值。
- 括号中的多个值之间要用","分隔。

【例 5-1】在 teacher 表中添加数据。
在"命令列界面"窗口中执行以下语句。

```
USE school;
INSERT INTO teacher VALUES ('800','李斌','男','1986-11-24','讲师','计算机系');
INSERT INTO teacher VALUES ('801','王芳','女','1979-05-29','副教授','计算机系');
INSERT INTO teacher VALUES ('802','刘杰','男','1973-04-10','教授','计算机系');
INSERT INTO teacher VALUES ('803','张伟','男','1981-10-02','讲师','计算机系');
INSERT INTO teacher VALUES ('804','孙俪','女','1975-10-27','教授','计算机系');
```

运行结果如图 5-1 所示。

```
mysql> USE school;
INSERT INTO teacher VALUES ('800','李斌','男','1986-11-24','讲师','计算机系');
INSERT INTO teacher VALUES ('801','王芳','女','1979-05-29','副教授','计算机系');
INSERT INTO teacher VALUES ('802','刘杰','男','1973-04-10','教授','计算机系');
INSERT INTO teacher VALUES ('803','张伟','男','1981-10-02','讲师','计算机系');
INSERT INTO teacher VALUES ('804','孙佩','女','1975-10-27','教授','计算机系');
Database changed

Query OK, 1 row affected (0.00 sec)

Query OK, 1 row affected (0.00 sec)

Query OK, 1 row affected (0.00 sec)

Query OK, 1 row affected (0.00 sec)

Query OK, 1 row affected (0.00 sec)
```

图 5-1　在 teacher 表中添加数据

说明：

本实例采用省略字段名的方式在数据表中添加数据，直观性比较差。因为省略了字段名，所以在添加数据时，所有的字段值都必须全部列出，并且其顺序必须与数据表的字段定义顺序一致。

【例 5-2】在 course 表中添加数据。

在"命令列界面"窗口中执行以下语句。

```
USE school;
INSERT INTO course (cno, cname, tno) VALUES ('1-100', '计算机导论', '801');
INSERT INTO course (cno, cname, tno) VALUES ('2-150', '操作系统', '802');
INSERT INTO course (cno, cname, tno) VALUES ('3-200', '数字电路', '800');
INSERT INTO course (cno, cname, tno) VALUES ('4-250', '数据结构', '803');
INSERT INTO course (cno, cname, tno) VALUES ('5-300', '人工智能', '804');
```

运行结果如图 5-2 所示。

```
mysql> USE school;
INSERT INTO course (cno, cname, tno) VALUES ('1-100', '计算机导论', '801');
INSERT INTO course (cno, cname, tno) VALUES ('2-150', '操作系统', '802');
INSERT INTO course (cno, cname, tno) VALUES ('3-200', '数字电路', '800');
INSERT INTO course (cno, cname, tno) VALUES ('4-250', '数据结构', '803');
INSERT INTO course (cno, cname, tno) VALUES ('5-300', '人工智能', '804');
Database changed

Query OK, 1 row affected (0.00 sec)

Query OK, 1 row affected (0.00 sec)

Query OK, 1 row affected (0.00 sec)

Query OK, 1 row affected (0.00 sec)

Query OK, 1 row affected (0.00 sec)
```

图 5-2　在 course 表中添加数据

> **说明：**
>
> 本实例采用列出全部字段名的方式在数据表中添加数据，比较直观。
>
> 还可以采用一次性添加多条记录的方式在数据表中添加数据，这种方式适用于批量添加记录的情况，效率较高。语句如下。

```
USE school;
INSERT INTO course (cno, cname, tno) VALUES ('1-100', '计算机导论', '801'),
('2-150', '操作系统', '802'), ('3-200', '数字电路', '800'), ('4-250', '数据结构', '803'),('5-300', '人工智能', '804');
```

5.2 修改数据

在 MySQL 中，使用 UPDATE 语句可以修改一个或多个数据表中的数据，基本语法格式如下。

```
UPDATE [LOW_PRIORITY] [QUICK] [IGNORE] 表名 [[AS] 表别名]
    SET 列名 1=值 1[,列名 2=值 2,...]
    [WHERE 条件表达式]
    [ORDER BY ...]
    [LIMIT 行数];
```

> **说明：**
>
> - SET 子句：用于指定数据表中要修改的列名及其列值。其中，每个指定的列值既可以是表达式，也可以是该列对应的默认值。如果是默认值，则可以用关键字 DEFAULT 表示列值。
> - WHERE 子句：可选项，用于限定数据表中要修改的行。如果不指定，将修改数据表中所有的行。
> - ORDER BY 子句：可选项，用于限定数据表中的行被修改的顺序。
> - LIMIT：可选项，用于限定数据表中被修改的行数。

> **注意：**
>
> 当修改一行数据的多个列值时，SET 子句中的每个值用 "," 分隔。

【例 5-3】将 teacher 表中的"计算机系"修改为"计算机科学与技术系"。

在"命令列界面"窗口中执行以下语句。

```
USE school;
UPDATE teacher
SET depart='计算机科学与技术系'
WHERE depart='计算机系';
```

运行结果如图 5-3 所示。

```
mysql> USE school;
UPDATE teacher
SET depart='计算机科学与技术系'
WHERE depart='计算机系';
Database changed

Query OK, 5 rows affected (0.01 sec)
Rows matched: 5  Changed: 5  Warnings: 0
```

图 5-3　修改 teacher 表中的"计算机系"

5.3　删除数据

在 MySQL 中，使用 DELETE 语句和 TRUNCATE 语句可以删除数据表中的数据。

5.3.1　使用 DELETE 语句删除数据表中的数据

在 MySQL 中，使用 DELETE 语句可以删除数据表中的一行或多行数据，基本语法格式如下。

> DELETE [LOW_PRIORITY] [QUICK] [IGNORE] FROM 表名 [[AS] 表别名]
> 　　[WHERE 条件表达式]
> 　　[ORDER BY ...]
> 　　[LIMIT 行数];

说明：

- WHERE 子句：可选项，表示为删除操作限定删除条件，如果省略该子句，则表示删除数据表中的所有行。
- ORDER BY 子句：可选项，表示删除时数据表中各行将按照该子句指定的顺序进行删除。
- LIMIT：可选项，用于限定数据表中被删除的行数。

注意：

如果不使用 WHERE 子句，将删除所有数据。

5.3.2　使用 TRUNCATE 语句删除数据表中的数据

在 MySQL 中，使用 TRUNCATE 语句可以删除数据表中的数据，基本语法格式如下。

> TRUNCATE FROM 表名;

说明：

TRUNCATE 语句用于完全删除一个数据表。

提示：

TRUNCATE 语句与 DELETE 语句的区别如下。
- 从逻辑上说，TRUNCATE 语句的作用与 DELETE 语句的作用相同，但是在某些情况下，两者在使用上有所区别。

- DELETE 语句是 DML 类型的语句；TRUNCATE 语句是 DDL 类型的语句。它们都用于删除数据表中的数据。
- DELETE 语句是逐行删除数据；而 TRUNCATE 语句是先删除原来的数据表，再重新创建一个一模一样的新数据表，而不是逐行删除数据表中的数据，其执行速度比 DELETE 语句要快。因此，当需要删除数据表中的全部数据行时，尽量使用 TRUNCATE 语句，这样可以减少执行时间。
- 使用 DELETE 语句删除数据后，配合事务的回滚可以找回数据；TRUNCATE 语句不支持事务的回滚，数据被删除后无法找回。
- 使用 DELETE 语句删除数据后，系统不会重新设置自增字段的计数器；而使用 TRUNCATE 语句删除数据后，系统会重新设置自增字段的计数器。
- DELETE 语句的使用范围更广，因为它可以通过 WHERE 子句指定条件来删除部分数据；而 TRUNCATE 语句不支持 WHERE 子句，只能删除全部数据。
- DELETE 语句会返回删除数据的行数，而 TRUNCATE 语句只返回 0，没有任何意义。

综上所述，当不需要一个数据表时，使用 DROP TABLE 语句；当仍要保留一个数据表，但是要删除数据表中的所有数据时，使用 TRUNCATE 语句；当要删除数据表中的部分数据时，使用 DELETE 语句。

需要注意的是，DROP TABLE 语句已经在"单元 4\4.3\4.33 删除数据表"中进行了介绍。

5.4 使用图形化管理工具添加与管理数据

（1）在已经创建好结构的数据表上右击，在弹出的快捷菜单中选择"打开表"命令，如图 5-4 所示，打开数据表，如图 5-5 所示，输入该数据表中数据，输入一行数据后，单击"应用更改"按钮 ✓，完成第一行数据的输入。

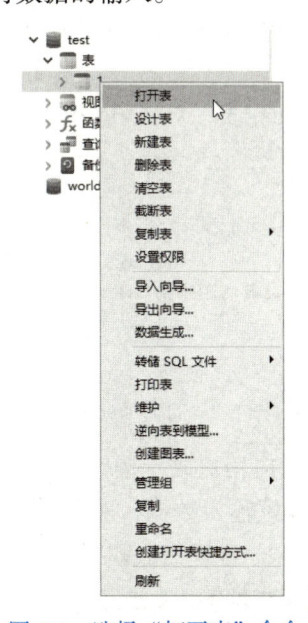

图 5-4 选择"打开表"命令

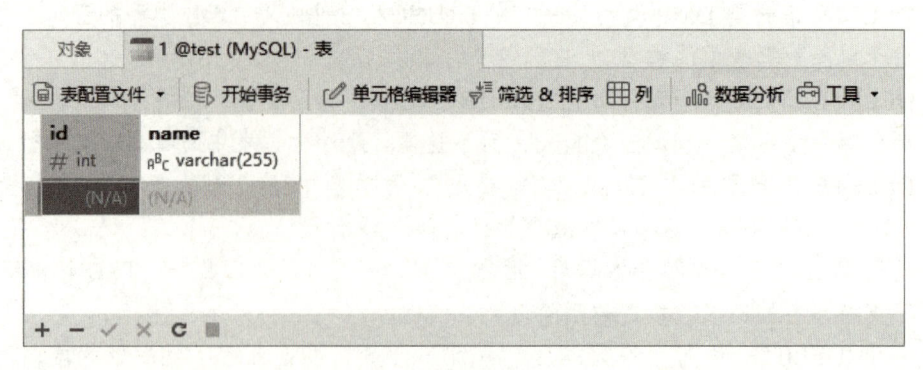

图 5-5　打开数据表

（2）单击"添加记录"按钮 ＋，添加第二行，继续输入数据。

（3）单击"放弃更改"按钮 ✕，放弃当前输入的数据。

（4）单击"删除记录"按钮 －，打开如图 5-6 所示的"确认删除"对话框，单击"删除一条记录"按钮，删除选中的记录。

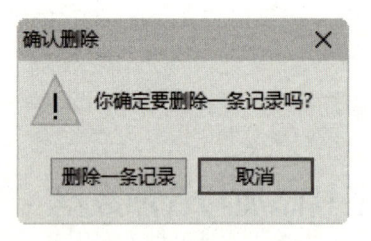

图 5-6　"确认删除"对话框

（5）在"1-表"窗口中双击数据，即可直接对其进行更改。

【例 5-4】在 student 表中添加数据。

（1）在 school 数据库的"表"→"student"节点上右击，在弹出的快捷菜单上选择"打开表"命令。

（2）打开如图 5-7 所示的 student 表，双击表格单元，使其处于编辑状态，输入数据。

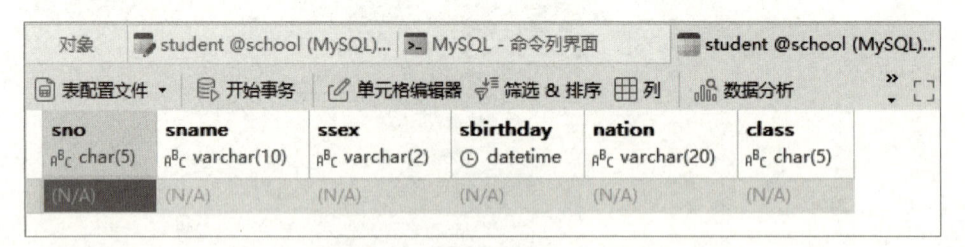

图 5-7　打开 student 表

（3）输入一行数据后，单击"应用更改"按钮 ✓，完成第一行数据的输入，单击"添加记录"按钮 ＋，添加第二行，继续输入数据，采用相同的方法，在 student 表中输入所有数据，如图 5-8 所示（由于篇幅有限，这里只截取了一部分数据，学生可以根据实际情况输入数据，也可以根据提供的数据库文件输入数据）。

sno char(5)	sname varchar(10)	ssex varchar(2)	sbirthday datetime	nation varchar(20)	class char(5)
100	李汉天	男	2003-01-04 0(	汉	21033
101	马青	男	2003-01-11 0(	彝	21033
102	王丽丽	女	2003-07-31 0(	汉	21033
103	陈刚	男	2003-04-09 0(	维	21032
104	曾华	女	2003-01-23 0(	满	21031
105	王芳	女	2002-10-21 0(	回	21032
106	赵强	男	2003-02-07 0(	汉	21033
107	刘云	女	2003-08-21 0(	汉	21033
108	孙敏	男	2002-12-05 0(	维	21032
109	周磊	女	2003-03-16 0(	汉	21033
110	张伟	男	2003-02-14 0(	汉	21031
111	黄琳	女	2003-04-15 0(	汉	21032
112	李小龙	女	2003-01-16 0(	满	21032
113	周晓明	男	2003-04-30 0(	苗	21031
114	吴东	男	2003-06-03 0(	回	21031
115	冯静	女	2003-05-30 0(	汉	21031
116	王宇	男	2002-09-09 0(	维	21033
117	蒋雷	女	2003-01-08 0(	汉	21033
118	沈亮	男	2003-02-25 0(	满	21032
119	高峰	男	2003-02-09 0(	汉	21032
120	郑浩	男	2003-05-03 0(	满	21032
121	魏楠	女	2003-05-26 0(	彝	21032
122	胡琴	女	2003-06-25 0(	汉	21033
123	陶飞	女	2003-05-08 0(	汉	21033
124	杜娟	女	2003-08-21 0(	汉	21031
125	钱波	男	2003-05-21 0(	汉	21031
126	韩霞	女	2002-11-21 0(	汉	21032
127	姜山	男	2003-07-25 0(	藏	21033
128	邹伟	男	2002-12-10 0(	满	21033
129	熊丽	女	2002-12-18 0(	维	21031
130	郝磊	男	2003-03-25 0(	汉	21033
131	谢涛	男	2002-08-09 0(	汉	21033
132	尹文	男	2002-05-25 0(	汉	21033
133	邓凯	男	2003-08-31 0(	汉	21032
134	赖芳	女	2003-07-09 0(	满	21033
135	章杰	男	2003-07-13 0(	汉	21033
136	罗兰	女	2003-07-19 0(	汉	21031
137	秦昊	男	2003-06-17 0(	苗	21032
138	毛艳	女	2003-08-28 0(	满	21032
139	董伟	女	2002-09-11 0(	汉	21033
140	贾静	女	2002-11-18 0(	汉	21033
141	曹宁	男	2003-06-15 0(	壮	21031
142	顾磊	女	2003-01-04 0(	汉	21033
143	崔丽	女	2003-05-16 0(	维	21031
144	彭涛	女	2002-12-28 0(	苗	21032
145	程宇	女	2003-06-16 0(	回	21031
146	左莉	女	2002-12-01 0(	满	21031
147	冷勇	男	2003-02-25 0(	汉	21033
148	田霞	女	2002-12-13 0(	回	21032
149	魏敏	女	2003-08-24 0(	藏	21031

图 5-8　截取 student 表中的部分数据

【例 5-5】在 score 表中添加数据。

（1）在 school 数据库的"表"→"score"节点上右击，在弹出的快捷菜单上选择"打开表"命令。

（2）打开 score 表，双击表格单元，使其处于编辑状态，输入数据。

（3）输入一行数据后，单击“应用更改”按钮✓，完成第一行数据的输入，单击“添加记录”按钮+，添加第二行，继续输入数据，采用相同的方法，在 score 表中输入所有数据，如图 5-9 所示（由于篇幅有限，这里只截取了一部分数据，学生可以根据实际情况输入数据，也可以根据提供的数据库文件输入数据）。

sno ABC char(5)	cno ABC char(10)	degree # decimal(9,1)
100	1-100	62.0
100	2-150	97.0
100	3-200	93.0
100	4-250	62.0
100	5-300	70.0
101	1-100	86.0
101	2-150	90.0
101	3-200	70.0
101	4-250	99.0
101	5-300	73.0
102	1-100	65.0
102	2-150	69.0
102	3-200	92.0
102	4-250	80.0
102	5-300	86.0
103	1-100	100.0
103	2-150	86.0
103	3-200	71.0
103	4-250	84.0
103	5-300	65.0
104	1-100	66.0
104	2-150	98.0
104	3-200	94.0
104	4-250	90.0
104	5-300	68.0
105	1-100	(Null)
105	2-150	99.0
105	3-200	69.0
105	4-250	67.0
105	5-300	91.0
106	1-100	98.0
106	2-150	60.0
106	3-200	61.0

sno ABC char(5)	cno ABC char(10)	degree # decimal(9,1)
106	4-250	94.0
106	5-300	61.0
107	1-100	66.0
107	2-150	92.0
107	3-200	71.0
107	4-250	78.0
107	5-300	88.0
108	1-100	69.0
108	2-150	61.0
108	3-200	68.0
108	4-250	64.0
108	5-300	74.0
109	1-100	89.0
109	2-150	70.0
109	3-200	69.0
109	4-250	84.0
109	5-300	85.0
110	1-100	83.0
110	2-150	90.0
110	3-200	62.0
110	4-250	85.0
110	5-300	98.0
111	1-100	85.0
111	2-150	93.0
111	3-200	87.0
111	4-250	91.0
111	5-300	70.0
112	1-100	69.0
112	2-150	(Null)
112	3-200	66.0
112	4-250	78.0
112	5-300	82.0
113	1-100	71.0

sno ABC char(5)	cno ABC char(10)	degree # decimal(9,1)
113	2-150	74.0
113	3-200	79.0
113	4-250	100.0
113	5-300	90.0
114	1-100	83.0
114	2-150	71.0
114	3-200	74.0
114	4-250	66.0
114	5-300	64.0
115	1-100	79.0
115	2-150	91.0
115	3-200	81.0
115	4-250	75.0
115	5-300	65.0
116	1-100	67.0
116	2-150	88.0
116	3-200	92.0
116	4-250	84.0
116	5-300	73.0
117	1-100	100.0
117	2-150	69.0
117	3-200	86.0
117	4-250	67.0
117	5-300	83.0
118	1-100	93.0
118	2-150	74.0
118	3-200	67.0
118	4-250	73.0
118	5-300	92.0
119	1-100	84.0
119	2-150	81.0
119	3-200	88.0
119	4-250	84.0

图 5-9　截取 score 表中的部分数据

项目实训：创建与管理商品销售管理系统数据库 salesmanage 中的表数据

任务 1：使用 SQL 语句添加数据

（1）采用省略字段名的方式在 customers 表中添加数据。

在“命令列界面”窗口中执行以下语句。

```
INSERT INTO customers VALUES ('0001', '张磊', '男', '138-0013-8000', '北京市朝阳区');
INSERT INTO customers VALUES ('0002', '李霞', '女', '139-0014-8001', '上海市浦东新区');
INSERT INTO customers VALUES ('0003', '王峰', '男', '137-0015-8002', '广州市天河区');
INSERT INTO customers VALUES ('0004', '赵柳', '女', '136-0016-8003', '深圳市南山区');
INSERT INTO customers VALUES ('0005', '孙琦', '男', '135-0017-8004', '杭州市西湖区');
```

（2）采用省略字段名的方式在 departments 表中添加数据。

在"命令列界面"窗口中执行以下语句。

```
INSERT INTO departments VALUES ('01', '行政部', '北京市朝阳区', '周宏', '138-0018-8005');
INSERT INTO departments VALUES ('02', '销售部', '上海市黄浦区', '吴群', '139-0019-8006');
INSERT INTO departments VALUES ('03', '技术部', '广州市越秀区', '郑少熙', '137-0020-8007');
INSERT INTO departments VALUES ('04', '财政部', '北京市朝阳区', '王丽丽', '136-0021-8008');
INSERT INTO departments VALUES ('05', '人事部', '北京市朝阳区', '陈少坤', '135-0022-8009');
```

（3）采用省略字段名的方式在 employees 表中添加数据。

在"命令列界面"窗口中执行以下语句。

```
INSERT INTO employees VALUES ('01001', '周宏', '男', 30, '1994-01-01', '138-0018-8005', 'zhouhong@126.com', '北京市海淀区', 20000.00, '经理', '01');
INSERT INTO employees VALUES ('01002', '王芳', '女', 25, '1999-04-07', '132-0042-5256', 'wangfang@163.com', '北京市海淀区', 15000.00, '职员', '01');
INSERT INTO employees VALUES ('02001', '吴群', '女', 28, '1996-02-02', '139-0019-8006', 'wuqun@126.com', '上海市黄浦区', 25000.00, '经理', '02');
INSERT INTO employees VALUES ('02002', '张婷', '女', 24, '2000-07-08', '132-0012-3004', 'zhangting@163.com', '上海市黄浦区', 15000.00, '销售员', '02');
INSERT INTO employees VALUES ('02003', '韩江', '男', 25, '1999-12-08', '134-1057-1576', 'hanjiang@126.com', '上海市黄浦区', 15000.00, '销售员', '02');
INSERT INTO employees VALUES ('03001', '郑少熙', '男', 31, '1993-03-03', '137-0020-8007', 'zhengshaoxi@163com', '广州市越秀区', 30000.00, '经理', '03');
INSERT INTO employees VALUES ('03002', '马龙', '男', 27, '1997-08-10', '132-0420-1502', 'malong@126.com', '广州市越秀区', 10000.00, '技术员', '03');
INSERT INTO employees VALUES ('04001', '王丽丽', '女', 32, '1992-04-04', '136-0021-8008', 'wanglili@126.com', '北京市朝阳区', 28000.00, '经理', '04');
INSERT INTO employees VALUES ('04002', '刘红', '女', 28, '1996-01-04', '132-0141-5555', 'liuhong@163.com', '北京市朝阳区', 18000.00, '会计', '04');
INSERT INTO employees VALUES ('05001', '陈少坤', '男', 32, '1992-05-05', '135-0022-8009', 'chenshier@163.com', '北京市朝阳区', 22000.00, '经理', '05');
INSERT INTO employees VALUES ('05002', '万芳', '女', 30, '1994-02-07', '131-0121-4785', 'wangfang@163.com', '北京市朝阳区', 12000.00, '助理', '05');
```

（4）采用列出全部字段名的方式在 suppliers 表中添加数据。

在"命令列界面"窗口中执行以下语句。

```
INSERT INTO suppliers (supplierid, companyname, companyaddress, contactperson, contactphone, fax, websiteURL) VALUES ('01', 'ABC 电子科技公司', '北京市海淀区', '刘熊', '138-0023-8010', '138-0024-8011',
```

'http://abcgongsi.com');

  INSERT INTO suppliers (supplierid, companyname, companyaddress, contactperson, contactphone, fax, websiteURL) VALUES ('02', 'XYZ 电子有限公司', '上海市浦东新区', '陈蜂', '139-0025-8012', '139-0026-8013', 'http://xyzzhizao.com');

  INSERT INTO suppliers (supplierid, companyname, companyaddress, contactperson, contactphone, fax, websiteURL) VALUES ('03', 'DEF 贸易公司', '广州市天河区', '张磊', '137-0027-8014', '137-0028-8015', 'http://defmaoyi.com');

  INSERT INTO suppliers (supplierid, companyname, companyaddress, contactperson, contactphone, fax, websiteURL) VALUES ('04', 'GHI 电子有限公司', '深圳市南山区', '李霞', '136-0029-8016', '136-0030-8017', 'http://ghidianzi.com');

  INSERT INTO suppliers (supplierid, companyname, companyaddress, contactperson, contactphone, fax, websiteURL) VALUES ('05', 'JKL 电子厂', '杭州市西湖区', '王峰', '135-0031-8018', '135-0032-8019', 'http://jkldianzi.com');

（5）采用列出全部字段名的方式在 warehouses 表中添加数据。

在"命令列界面"窗口中执行以下语句。

  INSERT INTO warehouses (stockid, warehousename, location, storagecapacity) VALUES ('10001', '仓库 1', '北京市朝阳区', 1000.00);

  INSERT INTO warehouses (stockid, warehousename, location, storagecapacity) VALUES ('20001', '仓库 2', '上海市黄浦区', 2000.00);

  INSERT INTO warehouses (stockid, warehousename, location, storagecapacity) VALUES ('30001', '仓库 3', '广州市天河区', 3000.00);

  INSERT INTO warehouses (stockid, warehousename, location, storagecapacity) VALUES ('40001', '仓库 4', '深圳市南山区', 4000.00);

  INSERT INTO warehouses (stockid, warehousename, location, storagecapacity) VALUES ('50001', '仓库 5', '杭州市西湖区', 5000.00);

（6）采用一次性输入多条数据方式在 products 表中添加数据。

在"命令列界面"窗口中执行以下语句。

  INSERT INTO products (productid, productname, manufacturingdate, purchaseprice, supplierid, stockid) VALUES ('A001', '手机 A', '2023-11-15', 2000.00, '01', '10001'),('A002', '手机 B', '2023-12-20', 2550.00, '02', '20001'),('B001', '电脑 C', '2023-10-25', 4000.00, '03', '30001'),('B002', '电脑 D', '2023-11-30', 4500.00, '04', '40001'),('C001', '平板 E', '2023-12-15', 2300.00, '05', '50001');

（7）采用一次性输入多条数据方式在 orders 表中添加数据。

在"命令列界面"窗口中执行以下语句。

  INSERT INTO orders (orderid, receivableamount, deliveryaddress, receivername, customerid) VALUES ('20240105', 25000.00, '北京市朝阳区', '张磊', '0001'), ('20240206', 60000.00, '上海市黄浦区', '李霞', '0002'), ('20240307', 96000.00, '广州市天河区', '王峰', '0003'), ('20240409', 104000.00, '深圳市南山区', '赵柳', '0004'), ('20240512', 150000.00, '杭州市西湖区', '孙琦', '0005');

（8）采用一次性输入多条数据方式在 orderdetails 表中添加数据。

在"命令列界面"窗口中执行以下语句。

INSERT INTO orderdetails (orderid, productid, orderdate, quantity) VALUES ('20240105', 'A001', '2024-01-05', 10), ('20240206', 'A002', '2024-02-06', 20), ('20240307', 'B001', '2024-03-07', 20), ('20240409', 'B002', '2024-04-09', 20), ('20240512', 'C001', '2024-05-12', 50);

任务 2：使用 SQL 语句修改数据

（1）因为原材料上涨，所以手机 A 的进货价上涨了 50 元，在 products 表中修改手机 A 的进货价格。

在"命令列界面"窗口中执行以下语句。

UPDATE products
SET purchaseprice=purchaseprice + 50
WHERE productname='手机 A';

（2）将销售部门中"吴群"的性别修改为"男"。

只有 employees 表中才有性别字段，所以修改的表是 employees 表；但部门名称"销售部"不在 employees 表中，而在 departmens 表中，所以需要使用跨表条件判断来修改记录。

在"命令列界面"窗口中执行以下语句。

UPDATE employees
JOIN departments ON departments.departmentid=employees.departmentid
SET sex='男'
WHERE employeename='吴群' AND departments.departmentname='销售部';

任务 3：使用 SQL 语句删除数据

（1）行政部门的王芳已经离职，需要在 employees 表中删除王芳的信息。

在"命令列界面"窗口中执行以下语句。

DELETE FROM employees
WHERE employeeid ='01002';

（2）由于经济原因，现在公司决定将行政部门取消，需要在 departments 表中删除行政部门的信息。

在"命令列界面"窗口中执行以下语句。

DELETE FROM departments
WHERE departmentid ='01';

运行结果如图 5-10 所示。此时显示错误信息，由于要删除的数据拥有主外键关系，因此不能删除数据。

```
mysql> DELETE FROM departments
WHERE departmentid ='01';
1451 - Cannot delete or update a parent row: a foreign key constraint fails (`salesmanage`.`employees`, CONSTRAINT `employees_ibfk_1` FOREIGN KEY (`departmentid`) REFERENCES `departments` (`departmentid`))
```

图 5-10　运行结果

可以采用以下两种方法来解决上述出现的问题。

- 方法一：设置外键约束为级联删除。

通过修改外键约束，将其设置为级联删除（CASCADE）。即当删除主表中的数据时，相关从表中的数据也将被自动删除。

- 方法二：先删除相关从表中的数据，再删除主表中的数据。

这里先删除 employees 表中的部门编号是"01"的所有职工信息，再删除 departments 表中的部门编号是"01"的行政部门的信息。

在"命令列界面"窗口中执行以下语句。

```
DELETE FROM employees
WHERE departmentid ='01';
DELETE FROM departments
WHERE departmentid ='01';
```

任务 4：使用图形化管理工具添加数据

1. 在 stockdetails 表中添加数据

（1）在 salesmanage 数据库的"表"→"stockdetails"节点上右击，在弹出的快捷菜单上选择"打开表"命令。

（2）打开 stockdetails 表，双击表格单元，使其处于编辑状态，输入数据。

（3）输入一行数据后，单击"应用更改"按钮✓，完成第一行数据的输入。

（4）单击"添加记录"按钮➕，添加第二行，继续输入数据。

（5）采用相同的方法，输入其他数据，结果如图 5-11 所示。

productid char(10)	stockid char(10)	stockquantity int
A001	10001	200
A002	20001	300
B001	30001	450
B002	40001	600
C001	50001	750

图 5-11 stockdetails 表中的数据

2. 在 salesstatistics 表中添加数据

（1）在 salesmanage 数据库的"表"→"salesstatistics"节点上右击，在弹出的快捷菜单上选择"打开表"命令。

（2）打开 salesstatistics 表，在 departmentid 字段对应的表格单元中单击按钮，在打开的下拉菜单中勾选"employeeid"复选框，选择"02001"选项，如图 5-12 所示，单击"确定"按钮。

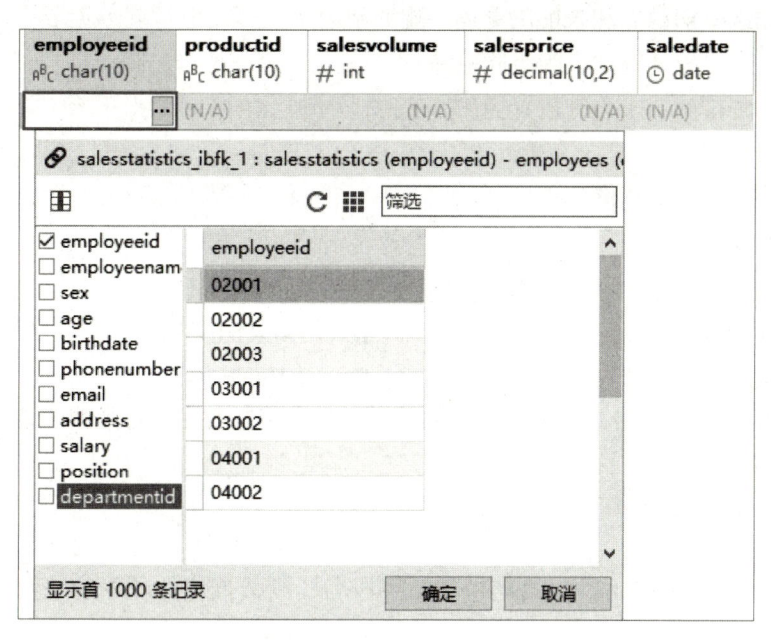

图 5-12 选择字段和数据

（3）继续选取数据或双击表格单元，使其处于编辑状态，输入数据。
（4）输入一行数据后，单击"应用更改"按钮 ✓，完成第一行数据的输入。
（5）单击"添加记录"按钮 +，添加第二行，继续输入数据。
（6）采用相同的方法，输入其他数据，结果如图 5-13 所示。

employeeid char(10)	productid char(10)	salesvolume int	salesprice decimal(10,2)	saledate date
02001	A001	10	2500.00	2024-03-10
02001	A002	20	3000.00	2024-03-15
02002	B001	30	4800.00	2024-04-20
02002	B002	40	5200.00	2024-05-25
02003	C001	50	3000.00	2024-06-30

图 5-13 salesstatistics 表中的数据

单元小结

本单元首先介绍了数据表操作的核心技能（包括数据的增、删、改、查），强调了这些操作在数据库管理和应用开发中的重要性。其次介绍了使用 INSERT INTO 语句添加数据、使用 UPDATE 语句修改数据，以及使用 DELETE 语句和 TRUNCATE 语句删除数据的语法和使用场景。再次介绍了使用图形化管理工具进行数据操作的方法，提供了具体的操作步骤和示例。最后通过项目实训，介绍了在商品销售管理系统数据库中实际操作这些数据表的方法（包括添加、修改和删除数据），以及使用图形化管理工具进行数据管理的方法。通过对这些知识点和技能的学习，能够帮助学生有效地管理数据表中的数据，满足业务需求。

理论练习

一、选择题

1. 在 MySQL 中，用于在数据表中添加数据的语句是（　　）。
   A．SELECT INTO   B．INSERT INTO
   C．ADD INTO   D．CREATE INTO
2. 当使用 INSERT INTO 语句添加数据时，如果字段名为字符类型的数据，则需要使用（　　）括起来。
   A．"{}"   B．"[]"
   C．" ' "   D．" " "
3. 如果在 INSERT INTO 语句中省略字段名，则数据值的顺序应该与（　　）保持一致。
   A．字段的定义顺序   B．字段的创建顺序
   C．字段的修改顺序   D．字段的名称顺序
4. 在 MySQL 中，用于修改数据表中的数据的语句是（　　）。
   A．CHANGE   B．MODIFY
   C．UPDATE   D．ALTER
5. 当使用 UPDATE 语句时，如果不指定 WHERE 子句，则会发生（　　）。
   A．只修改指定的行
   B．修改数据表中所有的行
   C．修改数据表中所有行的指定列
   D．不执行任何操作
6. 在 MySQL 中，用于完全删除一个数据表的语句是（　　）。
   A．CLEAR TABLE   B．DELETE FROM
   C．TRUNCATE TABLE   D．DROP TABLE
7. 当使用图形化管理工具添加数据时，用于放弃当前输入的数据的按钮是（　　）。
   A．应用更改   B．添加记录
   C．放弃更改   D．删除记录
8. 在图形化管理工具中，用于删除选中的记录的按钮是（　　）。
   A．应用更改   B．添加记录
   C．删除记录   D．放弃更改
9. 在 MySQL 中，用于删除数据表中的一行或多行数据的语句是（　　）。
   A．REMOVE   B．DROP
   C．DELETE   D．CLEAR

二、问答题

1. 在使用 UPDATE 语句修改数据时，SET 子句和 WHERE 子句分别有什么作用？
2. TRUNCATE 语句和 DELETE 语句在功能上有什么区别？
3. 在图形化管理工具中，如何添加新记录？
4. 如果需要删除数据表中的所有数据，则应该使用哪个语句，为什么？
5. 简述在 MySQL 中使用 INSERT INTO 语句添加数据时的注意事项。

三、应用题

为了贯彻落实"绿水青山就是金山银山"理念，某生态环境保护部门创建了"生态环保监测数据管理系统"。该系统需要记录和管理各监测站点的空气质量数据、水质数据等环境监测信息，用于环境质量评估和决策支持。在该系统中进行的操作为：①在监测站点表中插入一条新站点数据；②批量插入某站点一天的空气质量监测数据（至少 3 条）；③更新指定站点的治理措施效果；④删除某个时间段之前的历史监测数据。

数据结构参考表 5-1、表 5-2 和表 5-3。

表 5-1 monitoring_stations（监测站点）表的结构

属性名称	数据类型	键值	是否为非空	注释
station_id	VARCHAR(20)	主键	是	站点编号
station_name	VARCHAR(50)		是	站点名称
location	VARCHAR(100)		是	站点地理位置
station_type	VARCHAR(20)		是	站点类型
installation_date	DATE		是	站点安装日期
status	VARCHAR(10)		是	站点状态
treatment_effect	TEXT			环境治理措施效果描述
create_time	TIMESTAMP			记录创建时间
update_time	TIMESTAMP			记录更新时间

表 5-2 air_quality_data（空气质量监测）表的结构

属性名称	数据类型	键值	是否为非空	注释
data_id	VARCHAR(20)	主键	是	数据 ID
station_id	VARCHAR(20)	外键	是	站点编号
monitoring_time	TIMESTAMP		是	监测时间
pm25	DECIMAL(5,2)		是	PM2.5 浓度
pm10	DECIMAL(5,2)		是	PM10 浓度
so2	DECIMAL(5,2)		是	二氧化硫浓度
no2	DECIMAL(5,2)		是	二氧化氮浓度
co	DECIMAL(5,2)		是	一氧化碳浓度
o3	DECIMAL(5,2)		是	臭氧浓度
aqi	INTEGER		是	空气质量指数
quality_level	VARCHAR(20)			空气质量等级
create_time	TIMESTAMP			记录创建时间

表 5-3　water_quality_data（水质监测）表的结构

属性名称	数据类型	键值	是否为非空	注释
data_id	VARCHAR(20)	主键	是	数据 ID
station_id	VARCHAR(20)	外键	是	站点编号
monitoring_time	TIMESTAMP		是	监测时间
ph	DECIMAL(4,2)		是	PH 值
dissolved_oxygen	DECIMAL(5,2)		是	溶解氧
cod	DECIMAL(5,2)		是	化学需氧量
ammonia_nitrogen	DECIMAL(5,2)		是	氨氮
total_phosphorus	DECIMAL(5,2)		是	总磷
total_nitrogen	DECIMAL(5,2)		是	总氮
quality_level	VARCHAR(20)			水质等级
create_time	TIMESTAMP			记录创建时间

企业案例：创建与管理资产管理系统数据库 assertmanage 中的表数据

1. 使用 SQL 语句在 assets 表中添加数据（见表 5-4）。

表 5-4　assets 表

assetid	assetname	assettype	modelnumber	serialnumber	purchasedate	purchaseprice	currentvalue	location	status	description
A001	笔记本电脑	办公设备	X1-2023	SN20230001	2023-01-15	12999.00	11500.00	技术部 A 区	在用	高性能商务笔记本电脑
A002	投影仪	投影设备	EP-500	SN20230002	2023-02-20	5999.00	5500.00	会议室 B	在用	4K 高清投影仪
A003	办公椅	办公家具	CH-100	SN20230003	2023-03-10	1299.00	1100.00	财务部	闲置	人体工学椅
A004	激光打印机	办公设备	HP-M428	SN20230004	2023-04-05	2999.00	2800.00	行政部	维修中	激光多功能一体机
A005	服务器	计算设备	DL380	SN20230006	2023-06-15	29999.00	28000.00	机房	在用	高性能服务器
A006	平板电脑	移动设备	iPad-2023	SN20230007	2023-07-20	6999.00	6500.00	设计部	在用	设计用平板电脑
A007	绘图工作站	专业设备	WS-200	SN20230008	2023-08-10	25999.00	24500.00	设计部	在用	专业绘图工作站
A008	智能白板	会议设备	SB-100	SN20230009	2023-09-05	8999.00	8500.00	会议室 A	维修中	交互式智能白板
A009	碎纸机	办公设备	SP-500	SN20230010	2023-10-01	1999.00	1800.00	行政部	在用	自动碎纸机

2. 使用 SQL 语句在 users 表中添加数据（见表 5-5）。

表 5-5 users 表

userid	username	department	email	phonenumber
U001	赵星星	技术部	zxx@company.com	13800138001
U002	刘伟	财务部	lw@company.com	13800138002
U003	王佳琪	行政部	wjq@company.com	13800138003
U004	周良	设计部	zl@company.com	13800138006
U005	吴冬梅	技术部	wdm@company.com	13800138007

3. 使用 SQL 语句在 borrowrecords 表中添加数据（见表 5-6）。

表 5-6 borrowrecords 表

recordid	assetid	userid	borrowdate	returndate	status	notes
B001	A001	U001	2023-06-01	2023-12-31	已归还	日常开发使用
B002	A002	U003	2023-06-15	2023-06-16	已归还	部门会议演示
B003	A005	U001	2023-07-01	NULL	借用中	双屏办公需求
B004	A007	U004	2023-07-15	2023-08-15	已归还	设计项目使用
B005	A008	U004	2023-08-15	NULL	借用中	3D 建模工作
B006	A001	U005	2023-09-01	2023-09-15	已归还	临时替换设备
B007	A002	U001	2023-09-15	2023-09-16	已归还	技术交流会
B008	A007	U003	2023-10-01	2023-10-15	已归还	现场记录使用
B009	A005	U002	2023-10-15	NULL	借用中	财务数据分析

4. 使用图形化管理工具在 maintenancerecords 表中添加数据（见表 5-7）。

表 5-7 maintenancerecords 表

maintenanceid	assetid	maintenancedate	maintenancetype	cost	description	performedby
M001	A004	2023-09-01	定期保养	299.00	打印机清洁和校准	维修部张师傅
M002	A001	2023-09-15	系统维护	199.00	系统升级和性能优化	技术支持李工
M003	A002	2023-10-01	灯泡更换	899.00	更换投影仪灯泡和清洁镜头	售后服务王工
M004	A009	2023-10-15	触控校准	399.00	触控屏幕校准和系统更新	专业维修刘工
M005	A006	2023-11-01	系统维护	599.00	服务器系统升级和安全补丁	运维部赵工
M006	A008	2023-11-15	显卡维护	799.00	专业显卡清洁和散热优化	设备部陈工
M007	A004	2023-12-01	硬件维修	699.00	更换损坏的纸盘装置	维修部张师傅
M008	A009	2023-12-15	主板维修	1299.00	更换主板和重装系统	专业维修刘工

5. 使用 SQL 语句在 maintenancerecords 表中添加一行数据"M009，A005，2024-01-01，显示校准，199.00，显示器颜色校准和分辨率调整，技术支持李工"。

6. 使用图形化管理工具在 maintenancerecords 表中添加一行数据"M010，A001，2024-01-15，电池更换，599.00，更换笔记本电脑的电池和键盘清洁，售后服务王工"。

7. 使用 SQL 语句将 assets 表中"碎纸机"的状态修改为"维修中"。

8. 使用图形化管理工具将 users 表中"吴冬梅"的电话号码修改为"13904128056"。

单元 6　查询数据表

学习导读

查询数据表是数据检索与分析过程中不可或缺的一环，它允许我们从庞大的数据集中快速定位并提取所需的信息。通过构建精确的查询语句，我们能够根据特定条件筛选数据、排序结果、聚合统计或进行复杂的联结操作，从而深入挖掘数据背后的价值。无论是日常的业务报告生成，还是深度的数据科学研究，高效的数据表查询都是确保信息准确性和及时性的关键。

学习目标

知识目标
- 掌握单表查询、连接查询的各种语法。
- 掌握分类汇总查询的各种语法。
- 熟悉各种子查询的方法。

能力目标
- 能熟练应用 SELECT 语句进行表单查询、连接查询。
- 能熟练应用 SELECT 语句进行分类汇总查询。
- 能熟练应用子查询技术处理复杂查询。

素养目标
- 通过学习查询语句，提升学生的信息检索能力和逻辑思维。
- 通过不同类型的查询操作，提升学生的分析能力和解决问题的能力。

单元 6　查询数据表

知识图谱

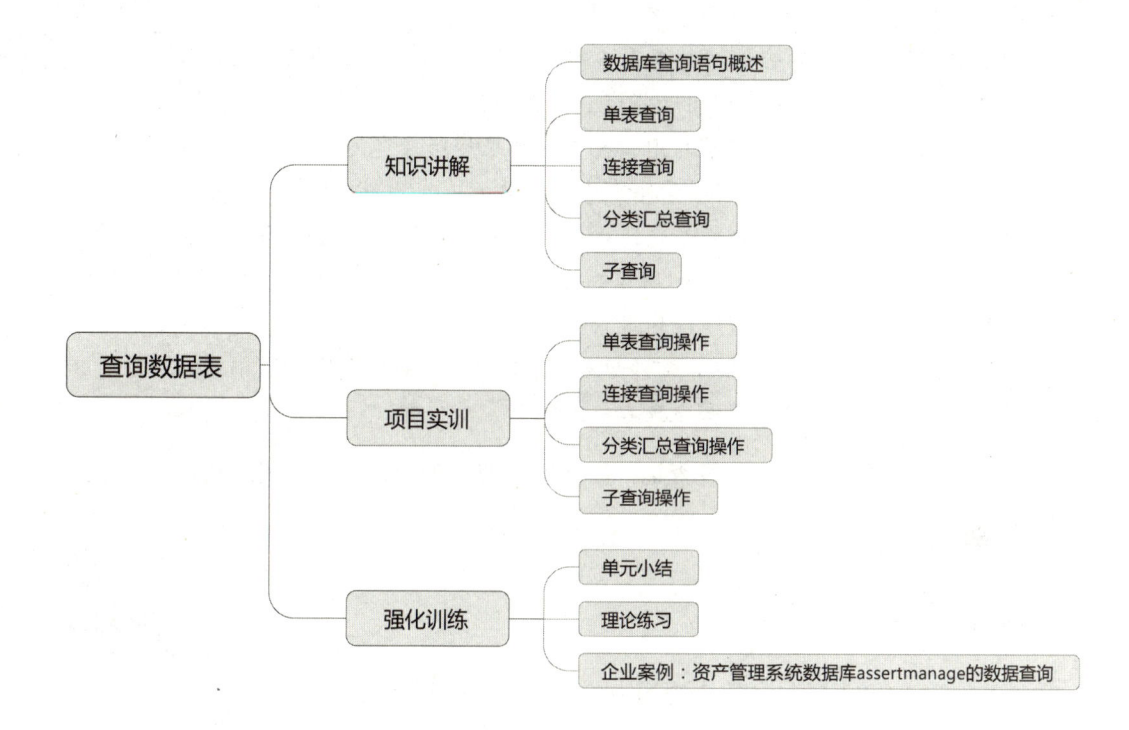

- 查询数据表
  - 知识讲解
    - 数据库查询语句概述
    - 单表查询
    - 连接查询
    - 分类汇总查询
    - 子查询
  - 项目实训
    - 单表查询操作
    - 连接查询操作
    - 分类汇总查询操作
    - 子查询操作
  - 强化训练
    - 单元小结
    - 理论练习
    - 企业案例：资产管理系统数据库assertmanage的数据查询

相关知识

6.1　数据查询语句概述

数据查询是数据库的核心操作。在 MySQL 中，使用 SELECT 语句可以查询数据，基本语法格式如下。

```
SELECT
{*|列名 1,列名 2,...}
[
FROM  表名 1, 表名 2,...
[WHERE  查询条件]
[GROUP BY <分组定义>]
[HAVING  分组条件]
[ORDER BY 排序条件  [ASC|DESC]]
[LIMIT [偏移量,] 返回行数]
];
```

105

说明：

- {*|列名 1, 列名 2,...}："*"用于标示将检索到的所有记录都显示出来；列名用于指定需要查询返回的列，多个列名之间用","分隔。
- FROM：用于指定要查询的数据表（来源表），可以是一个或多个数据表。
- WHERE：可选项，该子句用于指定查询条件，以实现对数据表的行进行筛选。
- GROUP BY：可选项，该子句用于将查询结果按照指定的列名进行分组。
- HAVING：可选项，该子句用于指定组和聚合的搜索条件。从逻辑上讲，HAVING 子句从查询结果中对行进行筛选。HAVING 子句通常与 GROUP BY 子句一起使用。
- ORDER BY：可选项，该子句用于指定查询结果中行的排列顺序。ASC|DESC 用于指定行是按照升序还是按照降序进行排序。
- LIMIT：可选项，该子句用于限制查询结果的显示行数。偏移量表示记录相对于文件第一条记录的偏移量。返回行数表示显示的记录行数。

几乎所有的数据库操作均涉及查询，因此熟练使用查询语句是数据库从业人员必须掌握的技能。

6.2 单表查询

SELECT 语句仅从一个数据表/视图中检索数据，这个操作被称为"单表查询"。

6.2.1 简单查询

使用 SELECT 语句可以选择查询表中的任意列，其中，"col_name1"指出要检索的列的名称，可以为一个或多个列。当为多个列时，中间用","分隔；当查询所有列时，用"*"代替。

1. 单列查询

单列查询可以对数据表或视图中的某一列的数据进行查看。在 SELECT 语句中只需要给出一个需要查看的列的列名就可以实现单列查询，基本语法格式如下。

SELECT 列名 FROM 表名；

说明：

- 列名：需要查询列的列名。
- 表名：需要查询的表名。

【例 6-1】从 teacher 表中查询教师的名字。

（1）在 school 数据库的"查询"节点上右击，在弹出的快捷菜单中选择"新建查询"命令，如图 6-1 所示，在 school 数据库中新建查询并打开如图 6-2 所示的查询窗口。

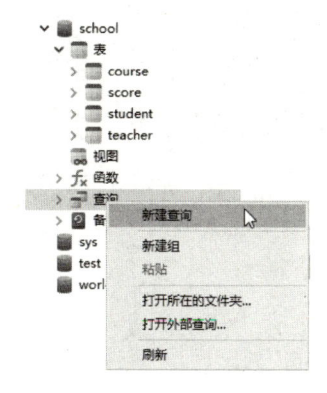

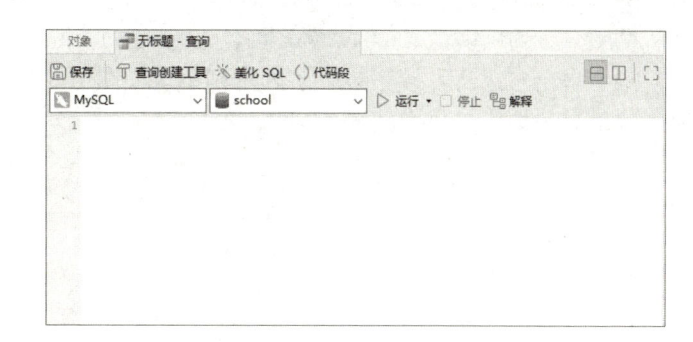

图 6-1　选择"新建查询"命令　　　　图 6-2　查询窗口

（2）在打开的查询窗口中输入下列语句。

```
SELECT tname
FROM teacher;
```

（3）单击"运行"按钮▷，单列查询结果如图 6-3 所示。

（4）单击"保存"按钮，打开"另存为"对话框，输入查询名称，如图 6-4 所示，单击"OK"按钮，即可将查询结果保存在数据库的"查询"节点下，如图 6-5 所示。

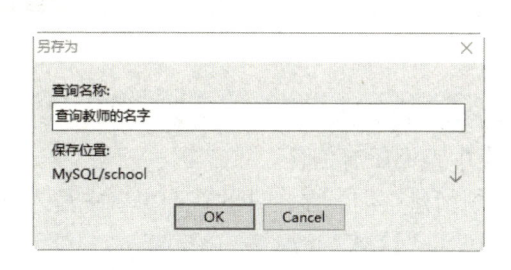

图 6-3　单列查询结果　　　　图 6-4　输入查询名称　　　　图 6-5　保存查询结果

提示：

也可以在"命令列界面"窗口输入语句进行查询，但是需要添加"USE school;"语句。

2. 多列查询

使用 SELECT 语句不但可以对单列进行查询，还可以对多个列进行查询。查询结果中的列顺序是根据 SELECT 语句指定列的列名的先后顺序显示的，基本语法格式如下。

```
SELECT 列名 1, 列名 2, 列名 3, 列名 4,..., 列名 N
FROM  表名;
```

【例 6-2】从 student 表中查询学生的名字、性别和班级。

（1）选择 school 数据库，在工具栏中单击"新建查询"按钮，在 school 数据库中新建查询并打开查询窗口。

（2）在打开的查询窗口中输入下列语句。

```
SELECT sname,ssex,class
FROM student;
```

（3）单击"运行"按钮▷，多列查询结果如图 6-6 所示（由于数据较多，为了节省篇幅，这里只截取了结果中的前 10 条记录）。

图 6-6　多列查询结果

3. 所有列查询

在对数据表进行查询时，有时需要对数据表中的列进行查询。如果数据表中的列过多，在 SELECT 语句中指定所有列会比较麻烦，则可以使用"*"来代替所有的列，基本语法格式如下。

```
SELECT * FROM 表名;
```

【例 6-3】从 teacher 表中查询所有信息。

（1）在 school 数据库中新建查询，在打开的查询窗口中输入下列语句。

```
SELECT * FROM teacher;
```

（2）单击"运行"按钮▷，所有列查询结果如图 6-7 所示。

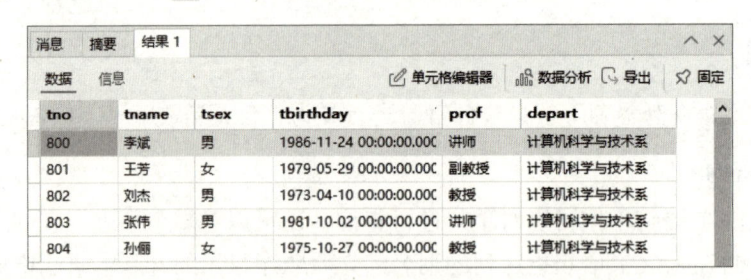

图 6-7　所有列查询结果

6.2.2　设置别名

MySQL 提供了关键字 AS 来为数据表和字段指定别名。

1. 给数据表指定别名

当数据表名很长或执行一些特殊查询时，为了方便操作，可以为数据表指定一个别名，用这个别名代替表原表名，基本语法格式如下。

原表名 [AS] 表别名;

> **说明：**
> - 关键字 AS 可以省略，但是省略后需要将原表名与表别名用空格分隔。
> - 表别名不能与该数据库中其他数据表的名称相同。

2. 给字段指定别名

在创建数据表时，一般会使用英文单词或英文缩写标示字段名，这在查询时不方便。为了使查询方便，可以使用别名来代替英文字段名，基本语法格式如下。

原字段名 [AS] 字段别名;

> **说明：**
> - 字段别名不能与该数据表中其他字段的名称相同。
> - 表别名只在执行查询时使用，并不在返回结果中显示。而字段被定义别名之后，会返回给客户端显示，显示的字段名为字段别名。

【例 6-4】 查询 teacher 表，指定 tname 字段的别名为"老师姓名"、prof 字段的别名为"职称"。

（1）在 school 数据库中新建查询，在打开的查询窗口中输入下列语句。

```
SELECT tname AS '老师姓名',prof AS '职称' FROM teacher;
```

（2）单击"运行"按钮 ▷，查询结果如图 6-8 所示。

图 6-8　给 teacher 表中的字段指定别名

6.2.3　过滤重复数据

当使用 SELECT 语句执行简单的数据查询时，返回的是所有匹配的数据。有时同一个字段有很多重复数据。在 MySQL 中，使用关键字 DISTINCT 可以对数据表中一个或多个字段的重复数据进行过滤，只给用户返回其中的一条数据，基本语法格式如下。

SELECT DISTINCT 列名 FROM 表名;

【例 6-5】 对 student 表中的 class 字段过滤重复数据。

（1）在 school 数据库中新建查询，在打开的查询窗口中输入下列语句。

```
SELECT DISTINCT class FROM student;
```

（2）单击"运行"按钮▷，查询结果如图 6-9 所示。

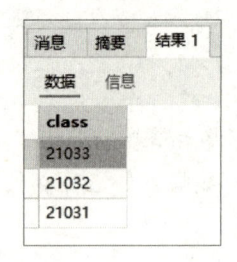

图 6-9　对 student 表中的 class 字段过滤重复数据

6.2.4　限制查询结果返回行数

在查询时会发现查询结果的行数非常多，而有时只需要显示前几行，或者从第几行开始显示其中的几行记录，那么怎样显示指定的行呢？在 MySQL 中，使用关键字 LIMIT 可以限制查询结果返回的行数，基本语法格式如下。

```
SELECT {*|列名 1, 列名 2,...}
FROM 表名
[LIMIT [偏移量,] 返回行数]
```

说明：

- LIMIT：LIMIT 后面的参数必须都是正整数。
- 偏移量：表示显示记录的起始值，默认值为 0，即第 1 条记录的位置。
- 返回行数：表示显示记录的行数。

【例 6-6】 显示 student 表中的前 3 行记录。
（1）在 school 数据库中新建查询，在打开的查询窗口中输入下列语句。

```
SELECT * FROM student LIMIT 3;
```

（2）单击"运行"按钮▷，查询结果如图 6-10 所示。

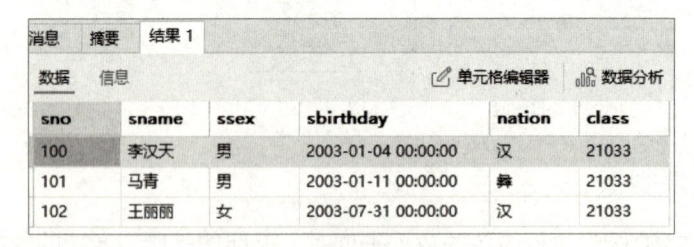

图 6-10　显示 student 表中的前 3 行记录

【例 6-7】 显示 student 表中的从第三行开始的 4 条记录。
（1）在 school 数据库中新建查询，在打开的查询窗口中输入下列语句。

```
SELECT * FROM student LIMIT 2,4;
```

（2）单击"运行"按钮▷，查询结果如图 6-11 所示。

图 6-11　显示 student 表中从第三行开始的 4 条记录

6.2.5　WHERE 查询

在数据库查询中，WHERE 子句具有至关重要的作用，其主要功能是筛选满足特定条件的记录。通过使用比较运算符、逻辑运算符及其他相关操作，WHERE 子句能够精确地定位到所需数据。

WHERE 查询

1. 比较运算符

WHERE 子句中常见的比较运算符如表 6-1 所示。

表 6-1　WHERE 子句中常见的比较运算符

运算符	说明
=	等于
>	大于
<	小于
>=	大于或等于
<=	小于或等于
!>	不大于
!<	不小于
<>或!=	不等于

【例 6-8】查询成绩为 100 分的记录。

（1）在 school 数据库中新建查询，在打开的查询窗口中输入下列语句。

```
SELECT * FROM score
WHERE degree=100;
```

（2）单击"运行"按钮 ▷，查询结果如图 6-12 所示。

图 6-12　查询成绩为 100 分的记录

2. 逻辑运算符

WHERE 子句的查询条件可以是一个逻辑表达式，它是由多个关系表达式通过逻辑运算符（AND、OR、NOT）连接而成的。逻辑运算符如表 6-2 所示。

表 6-2　逻辑运算符

运算符	名称	说明
AND	与	同时满足两个条件的值
OR	或	满足其中一个条件的值
NOT	非	满足不包含该条件的值

逻辑运算符的优先级为 NOT>AND>OR。

【例 6-9】查询学生编号为 146 或成绩大于 98 分的记录。

（1）在 school 数据库中新建查询，在打开的查询窗口中输入下列语句。

```
SELECT * FROM score
WHERE sno='146' OR degree>98;
```

（2）单击“运行”按钮▷，查询结果如图 6-13 所示。

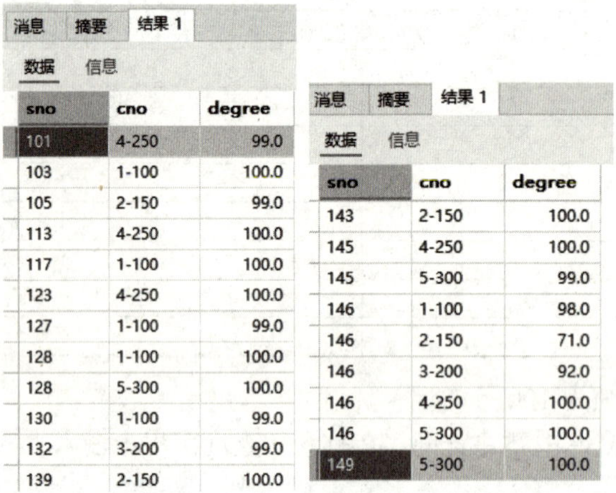

sno	cno	degree
101	4-250	99.0
103	1-100	100.0
105	2-150	99.0
113	4-250	100.0
117	1-100	100.0
123	4-250	100.0
127	1-100	99.0
128	1-100	100.0
128	5-300	100.0
130	1-100	99.0
132	3-200	99.0
139	2-150	100.0

sno	cno	degree
143	2-150	100.0
145	4-250	100.0
145	5-300	99.0
146	1-100	98.0
146	2-150	71.0
146	3-200	92.0
146	4-250	100.0
146	5-300	100.0
149	5-300	100.0

图 6-13　查询学生编号为 146 或成绩大于 98 分的记录

【例 6-10】查询学生编号为 146 且成绩大于 98 分的记录。

（1）在 school 数据库中新建查询，在打开的查询窗口中输入下列语句。

```
SELECT * FROM score
WHERE sno='146' AND degree>98;
```

（2）单击“运行”按钮▷，查询结果如图 6-14 所示。

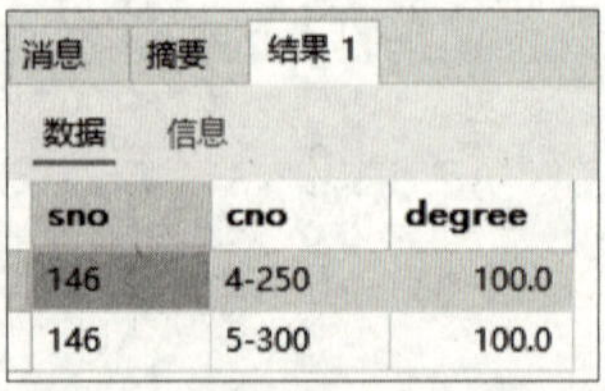

sno	cno	degree
146	4-250	100.0
146	5-300	100.0

图 6-14　查询学生编号为 146 且成绩大于 98 分的记录

3. 使用 BETWEEN 查询

使用 BETWEEN...AND 或 NOT BETWEEN...AND 查询属性值在（或不在）指定范围内的记录。其中 BETWEEN 后面是范围的下限，AND 后面是范围的上限。

【例 6-11】查询成绩在 60～65 分的记录。

（1）在 school 数据库中新建查询，在打开的查询窗口中输入下列语句。

```
SELECT * FROM score
WHERE degree BETWEEN 60 AND 65;
```

说明：

上述语句等价于下列语句。

```
SELECT * FROM score
WHERE degree >= 60 AND degree <= 65;
```

（2）单击"运行"按钮 ▷，查询结果如图 6-15 所示。

sno	cno	degree
100	1-100	62.0
100	4-250	62.0
102	1-100	65.0
103	5-300	65.0
106	2-150	60.0
106	3-200	61.0
106	5-300	61.0
108	2-150	61.0
108	4-250	64.0
110	3-200	62.0
114	5-300	64.0
115	5-300	65.0
119	5-300	63.0
121	3-200	60.0
122	2-150	63.0
123	2-150	60.0

sno	cno	degree
123	3-200	61.0
124	3-200	62.0
125	5-300	62.0
126	4-250	62.0
126	5-300	61.0
127	5-300	65.0
130	4-250	63.0
136	1-100	62.0
136	4-250	62.0
136	5-300	65.0
137	3-200	64.0
137	4-250	62.0
140	1-100	65.0
141	5-300	62.0
145	1-100	61.0
147	5-300	65.0

图 6-15　查询成绩在 60～65 分的记录

4. 使用 IN 查询

在 MySQL 中，使用关键字 IN 可以直接指定一个包含具体值的列表，或者通过子查询语句返回一个值列表，值列表中包含所有可能的值，当表达式的值与值列表中的任意一个值匹配成功时，返回相应记录。

【例 6-12】查询成绩为 85 分、86 分或 88 分的记录。

（1）在 school 数据库中新建查询，在打开的查询窗口中输入下列语句。

```
SELECT * FROM score
WHERE degree IN (85,86,88);
```

说明：

上述语句等价于下列语句。

```
SELECT * FROM score
WHERE degree=85 OR degree=86 OR degree=88;
```

（2）单击“运行”按钮▷，查询结果如图 6-16 所示。

sno	cno	degree
101	1-100	86.0
102	5-300	86.0
103	2-150	86.0
107	5-300	88.0
109	5-300	85.0
110	4-250	85.0
111	1-100	85.0
116	2-150	88.0
117	3-200	86.0
119	3-200	88.0
120	3-200	85.0

sno	cno	degree
120	5-300	85.0
124	4-250	88.0
125	1-100	86.0
134	2-150	88.0
137	2-150	85.0
141	4-250	88.0
142	2-150	88.0
142	4-250	88.0
142	5-300	86.0
147	4-250	85.0
148	1-100	86.0
148	4-250	85.0

图 6-16　查询成绩为 85 分、86 分或 88 分的记录

5. LIKE 模糊查询

关键字 LIKE 支持“%”和“_”通配符。“%”是 MySQL 最常用的通配符，它能代表任何长度的字符串，字符串的长度可以为 0。“_”一次只能匹配任意一个字符。

【例 6-13】查询 student 表中姓“李”的学生信息。

（1）在 school 数据库中新建查询，在打开的查询窗口中输入下列语句。

```
SELECT * FROM student
WHERE sname LIKE '李%';
```

（2）单击“运行”按钮▷，查询结果如图 6-17 所示。

sno	sname	ssex	sbirthday	nation	class
100	李汉天	男	2003-01-04 00:00:00	汉	21033
112	李小龙	女	2003-01-16 00:00:00	满	21032

图 6-17　查询姓“李”的学生信息

6. 使用 NULL 谓词的查询

MySQL 提供的关键字 IS NULL 用于判断字段的值是否为空值（NULL）。空值既不同于 0，也不同于空字符串。

【例 6-14】查询 score 表中缺考的学生记录。

（1）在 school 数据库中新建查询，在打开的查询窗口中输入下列语句。

```
SELECT * FROM score
WHERE degree IS NULL;
```

（2）单击“运行”按钮▷，查询结果如图 6-18 所示。

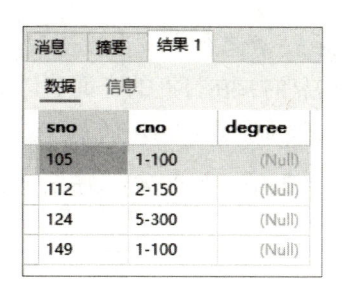

图 6-18 查询缺考的学生记录

【例 6-15】查询 teacher1 表中有职称的教师记录。
（1）为了方便查询，首先复制 teacher 表的结构和数据，然后将其重命名为 teacher1。
（2）打开 teacher1 表，首先将职称列中的"讲师"设置为 NULL，然后保存 teacher1 表。
（3）在 school 数据库中新建查询，在打开的查询窗口中输入下列语句。

SELECT * FROM teacher1
WHERE prof IS NOT NULL;

（4）单击"运行"按钮，查询结果如图 6-19 所示。

图 6-19 查询有职称的教师记录

6.3 连接查询

如果一个查询包含多个数据表（≥2），则称这种方式的查询为"连接查询"。即<FROM 子句>中使用的是<连接表>。连接查询方式包括：交叉连接查询（CROSS JOIN）、内连接查询（INNER JOIN）、外连接查询（OUTER JOIN）。

6.3.1 交叉连接查询

如果不带 WHERE 条件子句，则会返回被连接的两个数据表的笛卡儿积，返回结果的行数等于两个表行数的乘积；如果带 WHERE 条件子句，则会先生成两个表行数乘积的数据表，再根据 WHERE 条件从中选择。基本语法格式如下。

SELECT <列名> FROM <表名 1> CROSS JOIN <表名 2>
　[WHERE 查询条件];

或

SELECT <列名> FROM <表名 1>,<表名 2>
　[WHERE 查询条件];

【例 6-16】对 student 表和 score 表进行交叉连接查询。

（1）在 school 数据库中新建查询，在打开的查询窗口中输入下列语句。

```
SELECT * FROM student,score;
```

（2）单击“运行”按钮▷，查询结果如图 6-20 所示（共有 12500 条记录，这里只截取部分记录）。

消息 摘要 结果 1

数据 信息 单元格编辑器 数据分析 导出

sno	sname	ssex	sbirthday	nation	class	sno(1)	cno	degree
149	魏敏	女	2003-08-24 00:00:00	藏	21031	100	1-100	62.0
148	田雨	女	2002-12-13 00:00:00	回	21032	100	1-100	62.0
147	冷勇	男	2003-02-25 00:00:00	汉	21033	100	1-100	62.0
146	左莉	女	2002-12-01 00:00:00	满	21031	100	1-100	62.0
145	程宇	女	2003-06-16 00:00:00	回	21031	100	1-100	62.0
144	彭涛	女	2002-12-28 00:00:00	苗	21032	100	1-100	62.0
143	崔丽	女	2003-05-16 00:00:00	维	21031	100	1-100	62.0
142	顾磊	女	2003-01-04 00:00:00	汉	21033	100	1-100	62.0
141	曹宁	男	2003-06-15 00:00:00	壮	21031	100	1-100	62.0
140	贾静	女	2002-11-18 00:00:00	汉	21033	100	1-100	62.0
139	董伟	女	2002-09-11 00:00:00	汉	21033	100	1-100	62.0
138	毛艳	女	2003-08-28 00:00:00	满	21032	100	1-100	62.0

图 6-20　对 student 表和 score 表进行交叉连接查询

【例 6-17】查询 student 表中的 sno 字段值和 score 表中的 sno 字段值相等的信息。

（1）在 school 数据库中新建查询，在打开的查询窗口中输入下列语句。

```
SELECT * FROM student CROSS JOIN score
WHERE student.sno = score.sno;
```

（2）单击“运行”按钮▷，查询结果如图 6-21 所示（共有 250 条记录，这里只截取部分记录）。

消息 摘要 结果 1

数据 信息 单元格编辑器 数据分析 导出

sno	sname	ssex	sbirthday	nation	class	sno(1)	cno	degree
100	李汉天	男	2003-01-04 00:00:00	汉	21033	100	1-100	62.0
100	李汉天	男	2003-01-04 00:00:00	汉	21033	100	2-150	97.0
100	李汉天	男	2003-01-04 00:00:00	汉	21033	100	3-200	93.0
100	李汉天	男	2003-01-04 00:00:00	汉	21033	100	4-250	62.0
100	李汉天	男	2003-01-04 00:00:00	汉	21033	100	5-300	70.0
101	马青	男	2003-01-11 00:00:00	彝	21033	101	1-100	86.0
101	马青	男	2003-01-11 00:00:00	彝	21033	101	2-150	90.0
101	马青	男	2003-01-11 00:00:00	彝	21033	101	3-200	70.0
101	马青	男	2003-01-11 00:00:00	彝	21033	101	4-250	99.0
101	马青	男	2003-01-11 00:00:00	彝	21033	101	5-300	73.0
102	王丽丽	女	2003-07-31 00:00:00	汉	21033	102	1-100	65.0
102	王丽丽	女	2003-07-31 00:00:00	汉	21033	102	2-150	69.0

图 6-21　对 student 表和 score 表进行交叉连接等值查询

6.3.2 内连接查询

内连接查询主要通过设置连接条件的方式移除查询结果中某些数据行的交叉连接。简单来说，就是利用条件表达式消除交叉连接的某些数据行。基本语法格式如下。

> SELECT 列名 FROM 表名 1 INNER JOIN 表名 2
> ON 查询条件
> [WHERE 查询条件]

【例 6-18】查询学生的各科成绩。

（1）在 school 数据库中新建查询，在打开的查询窗口中输入下列语句。

> SELECT student.sname, score.cno,score.degree
> FROM student INNER JOIN score
> ON student.sno = score.sno;

（2）单击"运行"按钮▷，查询结果如图 6-22 所示（共有 250 条记录，这里只截取部分记录）。

sname	cno	degree
李汉天	1-100	62.0
李汉天	2-150	97.0
李汉天	3-200	93.0
李汉天	4-250	62.0
李汉天	5-300	70.0
马青	1-100	86.0
马青	2-150	90.0
马青	3-200	70.0
马青	4-250	99.0
马青	5-300	73.0
王丽丽	1-100	65.0
王丽丽	2-150	69.0
王丽丽	3-200	92.0
王丽丽	4-250	80.0
王丽丽	5-300	86.0

图 6-22 查询学生的各科成绩

6.3.3 外连接查询

外连接查询对结果集进行了扩展，会返回一个数据表的所有记录，对于另一个数据表无法匹配的字段用 NULL 填充返回。MySQL 常用的外连接查询有左外连接查询和右外连接查询。

1. 左外连接查询

左外连接查询的结果集包括 LEFT OUTER 子句中指定的左表的所有行，而不仅是连接列所匹配的行。如果左表的某行在右表中没有匹配行，则右表返回空值。基本语法格式如下。

SELECT 列名 FROM 表名1 LEFT [OUTER] JOIN 表名2
ON 查询条件
[WHERE 查询条件]

说明：

LEFT [OUTER] JOIN：在左外连接查询中，可以省略关键字 OUTER，只使用关键字 LEFT JOIN。

【例6-19】使用左外连接查询各科的任课老师。

（1）为了更好地区分左外连接查询和右外连接查询，在 teacher1 中添加一条记录，如图6-23所示。

tno char(5)	tname varchar(10)	tsex varchar(2)	tbirthday datetime(6)	prof varchar(10)	depart varchar(20)
800	李斌	男	1986-11-24 00:00:00.000	(Null)	计算机系
801	王芳	女	1979-05-29 00:00:00.000	副教授	计算机系
802	刘杰	男	1973-04-10 00:00:00.000	教授	计算机系
803	张伟	男	1981-10-02 00:00:00.000	(Null)	计算机系
804	孙俪	女	1975-10-27 00:00:00.000	教授	计算机系
805	万芳	女	1982-04-08 00:00:00.000	(Null)	计算机系

图6-23　添加一条记录

（2）在 school 数据库中新建查询，在打开的查询窗口中输入下列语句。

SELECT * FROM course LEFT OUTER JOIN teacher1
ON course.tno = teacher1.tno;

（3）单击"运行"按钮▷，查询结果如图6-24所示。

cno	cname	tno	tno(1)	tname	tsex	tbirthday	prof	depart
1-100	计算机导论	801	801	王芳	女	1979-05-29 00:00:00.000	副教授	计算机系
2-150	操作系统	802	802	刘杰	男	1973-04-10 00:00:00.000	教授	计算机系
3-200	数字电路	800	800	李斌	男	1986-11-24 00:00:00.000	(Null)	计算机系
4-250	数据结构	803	803	张伟	男	1981-10-02 00:00:00.000	(Null)	计算机系
5-300	人工智能	804	804	孙俪	女	1975-10-27 00:00:00.000	教授	计算机系

图6-24　使用左外连接查询各科的任课老师

2. 右外连接查询

右外连接查询是左外连接查询的反向连接查询，将返回右表的所有行。如果右表的某行在左表中没有匹配行，则左表返回空值。基本语法格式如下。

SELECT 列名 FROM 表名1 RIGHT [OUTER] JOIN 表名2
ON 查询条件
[WHERE 查询条件]

【例6-20】使用右外连接查询各科的任课老师。

（1）在 school 数据库中新建查询，在打开的查询窗口中输入下列语句。

```
SELECT * FROM course RIGHT OUTER JOIN teacher1
ON course.tno = teacher1.tno;
```

（2）单击"运行"按钮▷，查询结果如图 6-25 所示。

cno	cname	tno	tno(1)	tname	tsex	tbirthday	prof	depart
3-200	数字电路	800	800	李斌	男	1986-11-24 00:00:00.000	(Null)	计算机系
1-100	计算机导论	801	801	王芳	女	1979-05-29 00:00:00.000	副教授	计算机系
2-150	操作系统	802	802	刘杰	男	1973-04-10 00:00:00.000	教授	计算机系
4-250	数据结构	803	803	张伟	男	1981-10-02 00:00:00.000	(Null)	计算机系
5-300	人工智能	804	804	孙俪	女	1975-10-27 00:00:00.000	教授	计算机系
(Null)	(Null)	(Null)	805	万芳	女	1982-04-08 00:00:00.000	(Null)	计算机系

图 6-25　使用右外连接查询各科的任课老师

从图 6-24 和图 6-25 中可以看出左连接查询与右连接查询都是相对的。

6.4　分类汇总查询

在日常工作中，我们会接触到许多需要汇总统计的信息，如学校每次考试都要统计每个班的最高分、平均分、每个分数段的人数；又如淘宝、京东等电商每个月都要统计销售额等。想要统计这些信息就要使用分类汇总查询。下面介绍分类汇总查询的相关内容。

6.4.1　聚合函数

聚合函数用于汇总统计表中某列符合查询条件的数据，并返回单个计算结果。
常用的聚合函数主要有 MAX、MIN、AVG、SUM、COUNT 等。

1. 求最大值函数 MAX 和最小值函数 MIN

MAX 和 MIN 分别用于对指定表达式的对应数据项求最大值与最小值，基本语法格式如下。

MAX|MIN([ALL|DISTINCT] 表达式)

说明

- ALL：用于对表达式的所有项求最大值或最小值，如果未指定 ALL 或 DISTINCT，则默认值为 ALL。
- DISTINCT：用于消除重复记录，仅计算一项。
- 表达式：常量、列名、函数或运算表达式，其数据类型为数值类型、日期和时间类型、字符串类型。MAX 和 MIN 函数都忽略 NULL 值。

【例 6-21】查询 score 表中的最低分。
（1）在 school 数据库中新建查询，在打开的查询窗口中输入下列语句。

```
SELECT MIN(degree) FROM score;
```

（2）单击"运行"按钮▷，查询结果如图 6-26 所示。

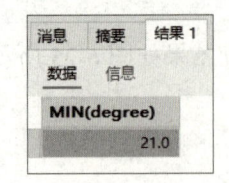

图 6-26　查询最低分

2. 求平均值函数 AVG

AVG 用于对指定表达式的数据项求平均值，基本语法格式如下。

AVG([ALL|DISTINCT] 表达式)

【例 6-22】计算 score 表中的平均分。
（1）在 school 数据库中新建查询，在打开的查询窗口中输入下列语句。

SELECT AVG(degree) FROM score;

（2）单击"运行"按钮▷，查询结果如图 6-27 所示。

图 6-27　计算平均分

3. 求总和函数 SUM

SUM 用于对指定表达式的数据项求和，基本语法格式如下。

SUM([ALL|DISTINCT] 表达式)

【例 6-23】统计 score 表中学生编号为"110"的总分。
（1）在 school 数据库中新建查询，在打开的查询窗口中输入下列语句。

SELECT SUM(degree)
FROM score
WHERE sno ='110';

（2）单击"运行"按钮▷，查询结果如图 6-28 所示。

图 6-28　统计学生编号为"110"的总分

4. 求总个数函数 COUNT

COUNT 用于统计数据表中满足条件的行数，基本语法格式如下。

COUNT（[ALL|DISTINCT] 表达式|*）

说明：

- *：用于返回所有组中的项数，包括 NULL 值和重复值。
- 表达式：可以是字段或相关表达式。如果 COUNT 对表达式进行统计，则忽略 NULL 值。

【例 6-24】统计 student 表中男生的人数。

（1）在 school 数据库中新建查询，在打开的查询窗口中输入下列语句。

SELECT COUNT(ssex)
FROM student
WHERE ssex ='男';

（2）单击"运行"按钮▷，查询结果如图 6-29 所示。

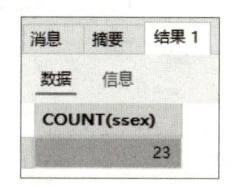

图 6-29　统计男生人数

6.4.2　GROUP BY 子句

GROUP BY 子句用于将查询结果按某一列值或多列值分组，值相等的为一组。它通常与聚合函数一起使用来实现数据的分类统计，基本语法格式如下。

SELECT 列表 FROM 表名
WHERE 查询条件
GROUP BY{列名|表达式},...

说明：

- 列表：表示输出查询结果的选择列表。
- 表名：表示查询的数据表。
- GROUP BY{列名|表达式}：表示分组表达式。GROUP BY 表达式必须与 SELECT 列表表达式匹配。

【例 6-25】统计 student 表中男生、女生的人数。
（1）在 school 数据库中新建查询，在打开的查询窗口中输入下列语句。

SELECT ssex,COUNT(*)
FROM student
GROUP BY ssex;

（2）单击"运行"按钮▷，查询结果如图 6-30 所示。

图 6-30 统计男生、女生的人数

【例 6-26】统计 score 表中各个学生的总分。

（1）在 school 数据库中新建查询，在打开的查询窗口中输入下列语句。

```
SELECT sno,SUM(degree)
FROM score
GROUP BY sno;
```

（2）单击"运行"按钮 ▷，查询结果如图 6-31 所示。

图 6-31 统计各个学生的总分

6.4.3 ORDER BY 子句

我们通过在 SELECT 命令中加入 ORDER BY 子句可以对查询结果进行排序。ORDER BY 子句可以按升序（默认或 ASC）、降序（DESC）排列各行，也可以按多个列来排序。基本语法格式如下。

```
SELECT 列名 1,列名 2...列名 N
FROM 表名
ORDER BY 列名 1, 列名 2 ASC|DESC
```

【例 6-27】以课程编号升序、成绩降序显示 score 表中的记录。

（1）在 school 数据库中新建查询，在打开的查询窗口中输入下列语句。

```
SELECT * FROM score
ORDER BY cno,degree DESC;
```

（2）单击“运行”按钮▷，查询结果如图 6-32 所示。

消息　摘要　结果 1

数据　信息

sno	cno	degree
117	1-100	100.0
128	1-100	100.0
103	1-100	100.0
127	1-100	99.0
130	1-100	99.0
106	1-100	98.0
146	1-100	98.0
118	1-100	93.0
121	1-100	93.0
126	1-100	92.0
129	1-100	92.0
134	1-100	90.0
109	1-100	89.0
120	1-100	87.0
101	1-100	86.0
148	1-100	86.0
125	1-100	86.0
111	1-100	85.0
119	1-100	84.0
138	1-100	84.0
114	1-100	83.0
110	1-100	83.0

消息　摘要　结果 1

数据　信息

sno	cno	degree
108	1-100	69.0
116	1-100	67.0
139	1-100	67.0
104	1-100	66.0
107	1-100	66.0
102	1-100	65.0
140	1-100	65.0
100	1-100	62.0
136	1-100	62.0
145	1-100	61.0
147	1-100	21.0
105	1-100	(Null)
149	1-100	(Null)
139	2-150	100.0
143	2-150	100.0
105	2-150	99.0
104	2-150	98.0
136	2-150	98.0
126	2-150	98.0
131	2-150	97.0
100	2-150	97.0
128	2-150	94.0

图 6-32　以课程编号升序、成绩降序显示 score 表中的记录

6.4.4　HAVING 子句

HAVING 子句通常与 GROUP BY 子句一起使用，根据指定的条件过滤分组。如果省略 GROUP BY 子句，则 HAVING 子句的行为与 WHERE 子句的行为类似。基本语法格式如下。

```
SELECT 列名 FROM 表名
WHERE 查询条件
GROUP BY{列名|表达式},…[WITH ROLLUP]
HAVING 过滤条件表达式
[ORDER BY 排序表达式[ASC|DESC]]
```

说明：

- 过滤条件表达式：表示分组结果的条件筛选表达式。
- HAVING 和 WHERE：都可以用来过滤数据，并且 HAVING 支持 WHERE 中所有的操作符和语法。但是 WHERE 和 HAVING 也存在以下几点差异。
  - ➢ 在一般情况下，WHERE 用于过滤数据行，而 HAVING 用于过滤分组。

- WHERE 查询条件中不可以使用聚合函数，而 HAVING 排序表达式中可以使用聚合函数。
- WHERE 在数据分组前进行过滤，而 HAVING 在数据分组后进行过滤。
- WHERE 是针对数据库文件进行过滤的，而 HAVING 是针对查询结果进行过滤的。也就是说，WHERE 是根据数据表中的字段直接进行过滤的，而 HAVING 是根据前面已经查询出的字段进行过滤的。
- WHERE 查询条件中不可以使用字段别名，而 HAVING 排序表达式中可以使用字段别名。

【例 6-28】查询 score 表中总分超过 400 分的学生。

（1）在 school 数据库中新建查询，在打开的查询窗口中输入下列语句。

```
SELECT sno,SUM(degree)
FROM score
GROUP BY sno
HAVING SUM(degree) >400;
```

（2）单击"运行"按钮 ▷，查询结果如图 6-33 所示。

sno	SUM(degree)
101	418.0
103	406.0
104	416.0
110	418.0
111	426.0
113	414.0
116	404.0
117	405.0
120	408.0
121	412.0
125	407.0
127	434.0
129	412.0

sno	SUM(degree)
129	412.0
130	413.0
131	412.0
132	425.0
133	407.0
138	416.0
139	421.0
140	411.0
142	431.0
143	432.0
145	418.0
146	461.0
148	414.0

图 6-33　查询总分超过 400 分的学生

6.5　子查询

子查询是一个 SELECT 查询，它被嵌套在 SELECT、INSERT、UPDATE、DELETE 语句或其他子查询中。子查询又被称为"内部查询"或"内部选择"，而包含子查询的语句被称为"外部查询"或"外部选择"。

子查询能够将比较复杂的查询分解为几个简单的查询，而且子查询可以嵌套。嵌套查询的过程是：首先执行内部查询（子查询），查询出来的数据并不会显示出来，而是传递给外层语句，作为外层语句的查询条件来使用。

嵌套在外部 SELECT 语句中的子查询包括以下组件。
- 包含标准选择列表组件的标准 SELECT 查询。
- 包含一个或多个表名或视图名的标准 FROM 子句。
- 可选的 WHERE 子句。
- 可选的 GROUP BY 子句。
- 可选的 HAVING 子句。

子查询的 SELECT 查询总是用"()"括起来，并且不能包括 COMPUTE 或 FOR BROWSE 子句。如果想要同时指定 TOP 子句，则可能只包括 ORDER BY 子句。

子查询可以嵌套在外部 SELECT、INSERT、UPDATE 或 DELETE 语句的 WHERE 或 HAVING 子句中，或者其他子查询中。虽然根据可用内存和查询中其他表达式的复杂程度不同，嵌套限制也有所不同，但是一般均可以嵌套到 32 层。

6.5.1 使用关键字 IN 或 NOT IN 的子查询

使用关键字 IN 或 NOT IN 引入的子查询结果是一列值或更多值。子查询返回结果之后，外部查询将利用这些结果。

【例 6-29】查询 score 表中成绩为 85 分以上的课程。

（1）在 school 数据库中新建查询，在打开的查询窗口中输入下列语句。

```
SELECT DISTINCT cno
FROM score
WHERE degree IN
    (SELECT degree
     FROM score
     WHERE degree>85);
```

（2）单击"运行"按钮 ▷，查询结果如图 6-34 所示。

图 6-34　查询成绩为 85 分以上的课程

6.5.2 比较运算符的子查询

子查询可以由一个比较运算符（=、<>、>、>=、<、!>、!<或<=）引入。与使用关键字 IN 引入的子查询的功能相同，由未修改的比较运算符（后面不跟 IN、ANY 或 ALL 等比较运算符）引入的子查询必须返回单个值而不是值列表。如果这样的子查询返回多个值，则 MySQL 将显示错误信息。

【例 6-30】 查询 score 表中选修编号为"2-150"的课程,且成绩高于"4-250"课程平均成绩的学生的课程编号、学生编号和成绩,并对成绩进行降序排序。

(1)在 school 数据库中新建查询,在打开的查询窗口中输入下列语句。

```
SELECT cno,sno,degree
FROM score
WHERE s1.cno='2-150' AND degree >=
    (SELECT avg(degree)
     FROM score
     WHERE cno='4-250')
ORDER BY degree DESC;
```

(2)单击"运行"按钮 ▷,查询结果如图 6-35 所示。

cno	sno	degree
2-150	139	100.0
2-150	143	100.0
2-150	105	99.0
2-150	104	98.0
2-150	126	98.0
2-150	136	98.0
2-150	100	97.0
2-150	131	97.0
2-150	128	94.0
2-150	111	93.0
2-150	107	92.0
2-150	115	91.0
2-150	144	91.0
2-150	101	90.0
2-150	110	90.0
2-150	116	88.0
2-150	134	88.0
2-150	142	88.0
2-150	132	87.0
2-150	103	86.0
2-150	137	85.0
2-150	141	84.0

图 6-35 查询成绩并按降序排序

6.5.3 存在性检查

存在性检查是通过关键字 EXISTS 来实现的。使用关键字 EXISTS 引入子查询的基本语法格式如下。

```
WHERE [NOT] EXISTS (子查询)
```

【例 6-31】 查询所有任课教师的姓名和所属院系。

(1)在 school 数据库中新建查询,在打开的查询窗口中输入下列语句。

```
SELECT tname,depart
```

```
    FROM teacher
    WHERE EXISTS
        (SELECT *
        FROM course
        WHERE teacher.tno=course.tno);
```

（2）单击"运行"按钮 ▷，查询结果如图 6-36 所示。

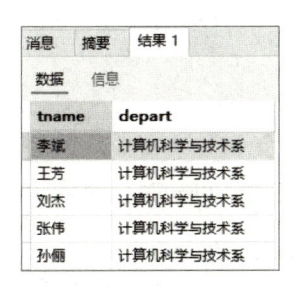

图 6-36　查询任课老师的姓名和系

项目实训：商品销售管理系统数据库 salesmanage 的数据查询

任务 1：单表查询操作

1. 查询 employees 表中的信息

查询 employees 表中的职工姓名（employeename）、年龄（age）、家庭地址（address）、薪酬（salary），显示的列标题为职工姓名、年龄、家庭地址、薪酬。

（1）在 salesmanage 数据库中新建查询，在打开的查询窗口中输入下列语句。

```
SELECT employeename AS '职工姓名', age AS '年龄', address AS '家庭地址', salary AS '薪酬' FROM employees;
```

（2）单击"运行"按钮 ▷，查询结果如图 6-37 所示。

图 6-37　查询 employees 表中的职工姓名、年龄、家庭地址、薪酬

2. 查询 employees 表中的部门编号

查询 employees 表中的部门编号，并过滤重复数据。

（1）在 salesmanage 数据库中新建查询，在打开的查询窗口中输入下列语句。

```
SELECT DISTINCT departmentid FROM employees;
```

（2）单击"运行"按钮▷，查询结果如图 6-38 所示。

图 6-38　查询 employees 表中的部门编号

3. 查询 employees 表中的职工信息（1）

查询 employees 表中职工编号为"03"或薪酬大于 20000 元的职工信息。

（1）在 salesmanage 数据库中新建查询，在打开的查询窗口中输入下列语句。

```
SELECT * FROM employees
WHERE departmentid='03' OR salary>20000;
```

（2）单击"运行"按钮▷，查询结果如图 6-39 所示。

employeeid	employeename	sex	age	birthdate	phonenumber	email	address	salary	position	departmentid
02001	吴群	男	28	1996-02-02	139-0019-8006	wuqun@126.com	上海市黄浦区	25000.00	经理	02
03001	郑少熙	男	31	1993-03-03	137-0020-8007	zhengshaoxi@163.com	广州市越秀区	30000.00	经理	03
03002	马龙	男	27	1997-08-10	132-0420-1502	malong@126.com	广州市越秀区	10000.00	技术员	03
04001	王丽丽	女	32	1992-04-04	136-0021-8008	wanglili@126.com	北京市朝阳区	28000.00	经理	04
05001	陈少坤	男	32	1992-05-05	135-0022-8009	chenshier@163.com	北京市朝阳区	22000.00	经理	05

图 6-39　查询职工编号为"03"或薪酬大于 20000 元的职工信息

4. 查询 employees 表中的职工信息（2）

查询 employees 表中薪酬在 20000 ~ 30000 元的职工信息。

（1）在 salesmanage 数据库中新建查询，在打开的查询窗口中输入下列语句。

```
SELECT * FROM employees
WHERE salary BETWEEN 20000 and 30000;
```

（2）单击"运行"按钮▷，查询结果如图 6-40 所示。

employeeid	employeename	sex	age	birthdate	phonenumber	email	address	salary	position	departmentid
02001	吴群	男	28	1996-02-02	139-0019-8006	wuqun@126.com	上海市黄浦区	25000.00	经理	02
03001	郑少熙	男	31	1993-03-03	137-0020-8007	zhengshaoxi@163.com	广州市越秀区	30000.00	经理	03
04001	王丽丽	女	32	1992-04-04	136-0021-8008	wanglili@126.com	北京市朝阳区	28000.00	经理	04
05001	陈少坤	男	32	1992-05-05	135-0022-8009	chenshier@163.com	北京市朝阳区	22000.00	经理	05

图 6-40　查询薪酬在 20000 ~ 30000 元的职工信息

5. 查询 customers 表中的客户信息

查询 customers 表中姓"赵"的客户信息。

（1）在 salesmanage 数据库中新建查询，在打开的查询窗口中输入下列语句。

```
SELECT * FROM customers
WHERE customername LIKE '赵%';
```

（2）单击"运行"按钮 ▷，查询结果如图 6-41 所示。

图 6-41　查询姓"赵"的客户信息

任务 2：连接查询操作

1. 查询销售部的员工信息

查询销售部的员工信息，显示员工信息和部门名称。

（1）在 salesmanage 数据库中新建查询，在打开的查询窗口中输入下列语句。

```
SELECT employees.*, departmentname
FROM employees INNER JOIN departments
ON employees.departmentid = departments.departmentid
WHERE departmentname='销售部';
```

（2）单击"运行"按钮 ▷，查询结果如图 6-42 所示。

图 6-42　查询销售部的员工信息

2. 查询 orderdetails 表中的信息

查询 orderdetails 表中的商品名称、购买数量和供应商的公司名称。

（1）在 salesmanage 数据库中新建查询，在打开的查询窗口中输入下列语句。

```
SELECT products.productname, orderdetails.quantity, suppliers.companyname
FROM orderdetails
JOIN products ON orderdetails.productid = products.productid
JOIN suppliers ON products.supplierid = suppliers.supplierid;
```

（2）单击"运行"按钮 ▷，查询结果如图 6-43 所示。

图 6-43　查询商品名称、购买数量和供应商的公司名称

3. 查询所有商品的订购情况

（1）在 salesmanage 数据库中新建查询，在打开的查询窗口中输入下列语句。

```
SELECT *
FROM orderdetails
LEFT OUTER JOIN products
ON orderdetails.productid = products.productid
```

（2）单击"运行"按钮 ▷，查询结果如图 6-44 所示。

图 6-44　查询所有商品的订购情况

任务 3：分类汇总查询操作

1. 查询所有商品中最低的进货价

（1）在 salesmanage 数据库中新建查询，在打开的查询窗口中输入下列语句。

```
SELECT MIN(purchaseprice) FROM products;
```

（2）单击"运行"按钮 ▷，查询结果如图 6-45 所示。

图 6-45　查询所有商品中最低的进货价

2. 查询商品的平均销售价格

（1）在 salesmanage 数据库中新建查询，在打开的查询窗口中输入下列语句。

SELECT AVG(salesprice) FROM salesstatistics;

（2）单击"运行"按钮▷，查询结果如图 6-46 所示。

图 6-46　查询商品的平均销售价格

3. 按部门编号分类统计 employees 表中的职工人数

（1）在 salesmanage 数据库中新建查询，在打开的查询窗口中输入下列语句。

SELECT departmentid,
COUNT(*)
FROM employees
GROUP BY departmentid;

（2）单击"运行"按钮▷，查询结果如图 6-47 所示。

图 6-47　按部门编号分类统计 employees 表中的职工人数

4. 显示职工编号

统计各个销售人员的销售数量，显示销售数量大于或等于 50 的职工编号。

（1）在 salesmanage 数据库中新建查询，在打开的查询窗口中输入下列语句。

SELECT employeeid,
SUM(salesvolume)
FROM salesstatistics
GROUP BY employeeid
HAVING SUM(salesvolume) >=50;

（2）单击"运行"按钮▷，查询结果如图 6-48 所示。

图 6-48　显示销售数量大于或等于 50 的职工编号

5. 将用户信息按电话号码从大到小进行排序

（1）在 salesmanage 数据库中新建查询，在打开的查询窗口中输入下列语句。

```
SELECT *FROM customers
ORDER BY phone DESC;
```

（2）单击"运行"按钮▷，查询结果如图 6-49 所示。

图 6-49　按电话号码从大到小进行排序

任务 4：子查询操作

1. 查询所有订单中应收金额最高的订单信息

（1）在 salesmanage 数据库中新建查询，在打开的查询窗口中输入下列语句。

```
SELECT * FROM orders
WHERE receivableamount = (
SELECT MAX(receivableamount) FROM orders
);
```

（2）单击"运行"按钮▷，查询结果如图 6-50 所示。

图 6-50　查询所有订单中应收金额最高的订单信息

2. 查询所有在销售部工作的员工姓名

（1）在 salesmanage 数据库中新建查询，在打开的查询窗口中输入下列语句。

```
SELECT employeename FROM employees
WHERE departmentid IN(
SELECT departmentid FROM departments
WHERE departmentname = '销售部'
);
```

（2）单击"运行"按钮▷，查询结果如图 6-51 所示。

图 6-51 查询所有在销售部工作的员工姓名

3. 查询所有订单的客户姓名

（1）在 salesmanage 数据库中新建查询，在打开的查询窗口中输入下列语句。

```
SELECT customername FROM customers
WHERE EXISTS (
SELECT 1 FROM orders
WHERE orders.customerid = customers.customerid
);
```

（2）单击"运行"按钮 ▷，查询结果如图 6-52 所示。

图 6-52 查询所有有订单的客户姓名

4. 查询工资高于平均工资的职工信息

（1）在 salesmanage 数据库中新建查询，在打开的查询窗口中输入下列语句。

```
SELECT * FROM employees
WHERE salary > (
SELECT AVG(salary)
FROM employees
);
```

（2）单击"运行"按钮 ▷，查询结果如图 6-53 所示。

employeeid	employeename	sex	age	birthdate	phonenumber	email	address	salary	position	departmentid
02001	吴群	男	28	1996-02-02	139-0019-8006	wuqun@126.cc	上海市黄浦区	25000.00	经理	02
03001	郑少熙	男	31	1993-03-03	137-0020-8007	zhengshaoxi@163cc	广州市越秀区	30000.00	经理	03
04001	王丽丽	女	32	1992-04-04	136-0021-8008	wanglili@126.com	北京市朝阳区	28000.00	经理	04
05001	陈少坤	男	32	1992-05-05	135-0022-8009	chenshier@163.com	北京市朝阳区	22000.00	经理	05

图 6-53 查询工资高于平均工资的职工信息

5. 查询所有仓库中库存量大于 300 的商品信息

（1）在 salesmanage 数据库中新建查询，在打开的查询窗口中输入下列语句。

```
SELECT * FROM products
WHERE EXISTS (
SELECT 1
FROM stockdetails
WHERE stockdetails.productid = products.productid AND stockquantity > 300
);
```

（2）单击“运行”按钮▷，查询结果如图 6-54 所示。

消息 摘要 结果 1

数据 信息

productid	productname	manufacturingdate	purchaseprice	supplierid	stockid
B001	电脑C	2023-10-25	4000.00	03	30001
B002	电脑D	2023-11-30	4500.00	04	40001
C001	平板E	2023-12-15	2300.00	05	50001

图 6-54　查询所有仓库中库存量大于 300 的商品信息

单元小结

本单元首先详细地介绍了数据表查询的相关知识和操作技巧，包括数据查询语句概述、单表查询、连接查询和分类汇总查询等。还强调了查询操作在数据库管理中的重要性，并提供了 SELECT 语句的基本语法结构。其次通过实例，展示了如何进行简单查询、设置别名、过滤重复数据、限制查询结果返回行数及使用 WHERE 子句进行条件查询。再次介绍了连接查询的类型，包括交叉连接查询、内连接查询和外连接查询，以及如何使用聚合函数进行分类汇总查询。最后通过项目实训，展示了在商品销售管理系统数据库中如何应用这些查询技术，包括单表查询操作、连接查询操作、分类汇总查询操作和子查询操作。

理论练习

一、选择题

1. 在 MySQL 中，用于查询数据的语句是（　　）。
   A. INSERT INTO　　B. UPDATE
   C. SELECT　　D. DELETE
2. SELECT 语句中的“*”代表（　　）。
   A. 表示选择所有列　　B. 表示选择第一列
   C. 表示选择指定的列　　D. 表示选择没有列
3. 在 SELECT 语句中，用于指定查询条件的关键字是（　　）。
   A. FROM　　B. WHERE

C. GROUP BY D. HAVING

4. 如果想要查询结果按照指定的字段进行分组，则使用的子句是（   ）。

   A. WHERE B. GROUP BY
   C. HAVING D. ORDER BY

5. 在 ORDER BY 子句中，用于指定升序排序的关键字是（   ）。

   A. ASC B. DESC
   C. ORDER D. GROUP

6. 当使用聚合函数 COUNT 时，如果不指定任何参数，则它会（   ）。

   A. 统计所有行数，包括 NULL 值和重复值
   B. 统计所有行数，不包括 NULL 值
   C. 统计非 NULL 值的行数
   D. 统计指定列的唯一值数量

7. 在子查询中，用于检查子查询返回的行是否存在的关键字是（   ）。

   A. IN B. EXISTS
   C. NOT IN D. BETWEEN

8. 在连接查询中，（   ）用于返回左表的所有记录，即使右表中没有匹配的记录。

   A. 内连接查询 B. 左外连接查询
   C. 右外连接查询 D. 全外连接查询

9. 在 SELECT 语句中，用于过滤分组后的结果的子句是（   ）。

   A. WHERE B. HAVING
   C. GROUP BY D. ORDER BY

10. 当使用关键字 LIKE 进行模糊查询时，（   ）代表任意长度的字符串。

    A. % B. _
    C. LIKE D. NOT LIKE

二、问答题

1. 什么是单表查询？
2. 什么是聚合函数，常用的聚合函数有哪些？
3. 什么是子查询？
4. 连接查询和单表查询有什么区别？
5. HAVING 子句和 WHERE 子句有什么区别？

三、应用题

为深入贯彻落实乡村振兴战略。某县创建了"数字乡村信息系统"，收集并管理各个村的基本信息、产业发展、人才培养等数据。在推进乡村振兴的过程中，数据分析对资源合理配置、产业优化布局和人才培养规划起着关键作用。现有以下 3 个数据表：village_info 表（村庄基本信息表）、industry_development 表（产业发展表）和 talent_training 表（人才培养表）。这些表记录了各村的基础数据、产业收入、就业情况和人才培训等信息。

（1）编写 SQL 查询语句，统计 2023 年某县各乡镇的产业总收入和带动就业总人数，

要求按产业总收入降序排序。请说明查询思路。

（2）编写 SQL 查询语句，查询 2023 年培训总参与人数超过 100 人的村庄名称及其培训总人数。请说明查询思路。

（3）编写 SQL 查询语句，统计 2023 年每种主导产业类型的村庄数量、平均产业收入。阐述统计对评估产业发展状况的意义。请说明查询思路。

"数字乡村信息系统"数据表的结构如表 6-3、表 6-4 和表 6-5 所示。

表 6-3　village_info 表的结构

属性名称	数据类型	键值	是否为非空	注释
village_id	VARCHAR(20)	主键	是	村庄编号
village_name	VARCHAR(50)		是	村庄名称
town_name	VARCHAR(50)		是	所属乡镇名称
population	INT		是	常住人口
village_area	DECIMAL(10,2)		是	村庄面积
create_time	TIMESTAMP			记录创建时间
update_time	TIMESTAMP			记录更新时间

表 6-4　industry_development 表的结构

属性名称	数据类型	键值	是否为非空	注释
industry_id	VARCHAR(20)	主键		产业记录编号
village_id	VARCHAR(20)	外键	是	村庄编号
industry_type	VARCHAR(50)		是	主导产业类型
year	INT		是	年份
annual_income	DECIMAL(12,2)		是	年度产业收入（万元）
employment_count	INT		是	带动就业人数
create_time	TIMESTAMP			记录创建时间

表 6-5　talent_training 表的结构

属性名称	数据类型	键值	是否为非空	注释
training_id	VARCHAR(20)	主键		培训记录编号
village_id	VARCHAR(20)	外键	是	村庄编号
training_type	VARCHAR(50)		是	培训类型
year	INT		是	培训年份
training_count	INT		是	培训人数
training_hours	INT		是	培训总课时
create_time	TIMESTAMP			记录创建时间

企业案例：资产管理系统数据库 assertmanage 的数据查询

1. 查询 assets 表中职工的资产名称（assetname）、资产类型（assettype）、购买日期（purchasedate）、资产状态（status），显示的列标题为资产名称、资产类型、购买日期、资产状态。

2. 查询 users 表中的部门，并过滤重复数据。
3. 查询 assets 表中资产编号为"02"或购买价格大于 20000 元的所有记录。
4. 查询 assets 表中购买价格在 10000～20000 元的资产信息。
5. 查询 customers 表中姓"赵"的客户信息。
6. 查询还没有归还的资产信息。
7. 查询所有资产中最低的购买价格。
8. 查询资产的平均购买价格。
9. 统计 assets 表的资产数量。
10. 统计各个销售人员的销售数量，显示销售数量大于或等于 50 的销售人员编号。
11. 将资产维护信息按维修费用从大到小进行排序。
12. 查询借用了资产编号为"A001"的所有记录。
13. 查询所有在 2023 年进行过维护的资产。

单元 7　创建与使用视图

学习导读

在数据库管理和数据抽象化的过程中，创建与使用视图是一项极为重要的技术。视图是基于一个或多个数据表的逻辑表现形式，它提供了一种对原始数据进行筛选、重组和简化呈现的方式，而无须改变底层数据的结构。通过定义视图，用户可以获得定制化的数据视角，这不仅增强了数据访问的灵活性和安全性，还极大地简化了复杂查询的编写过程，提高了数据库操作效率。

学习目标

➡ 知识目标

- 了解视图的概念及作用。
- 掌握创建、查看、修改与删除视图的语法。
- 掌握视图的查询与数据处理方法。
- 掌握使用图形化管理工具创建与使用视图的方法。

➡ 能力目标

- 能够熟练按需求查看、创建与修改视图。
- 能够熟练应用视图进行数据查询与数据处理。
- 能够使用图形化管理工具创建与使用视图。

➡ 素养目标

- 通过视图的创建，提升学生的逻辑思维和创新能力，鼓励在数据展示中寻求优化。
- 在使用视图的过程中，让学生学会沟通协调、共同解决数据问题，培养学生的团队协作能力。

单元 7　创建与使用视图

知识图谱

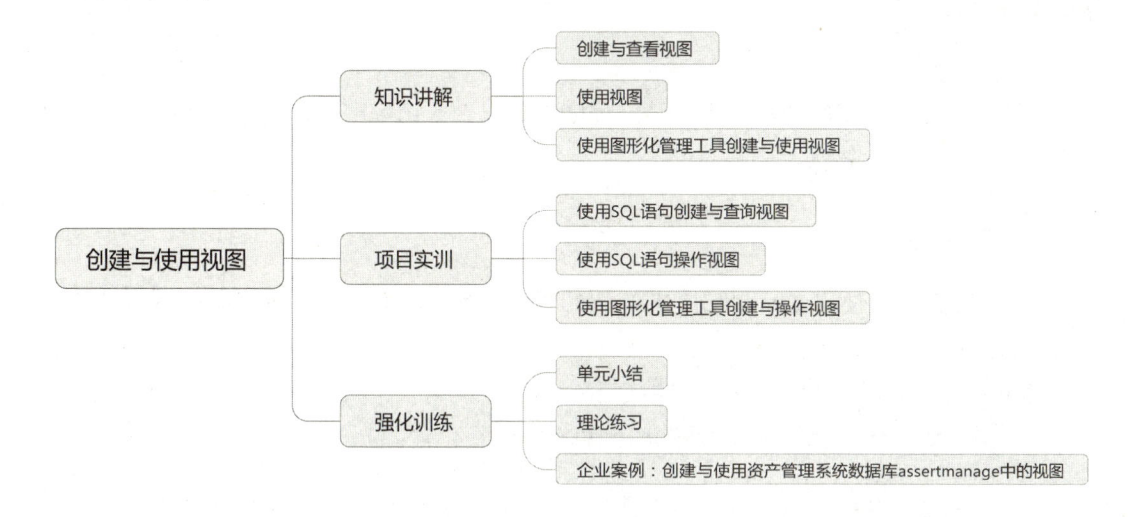

```
创建与使用视图 ─┬─ 知识讲解 ─┬─ 创建与查看视图
              │           ├─ 使用视图
              │           └─ 使用图形化管理工具创建与使用视图
              ├─ 项目实训 ─┬─ 使用SQL语句创建与查询视图
              │           ├─ 使用SQL语句操作视图
              │           └─ 使用图形化管理工具创建与操作视图
              └─ 强化训练 ─┬─ 单元小结
                          ├─ 理论练习
                          └─ 企业案例：创建与使用资产管理系统数据库assertmanage中的视图
```

相关知识

7.1　创建与查看视图

创建、查看视图

通过创建视图，我们可以简化复杂的 SQL 查询，提高数据访问的安全性和灵活性，同时为不同的用户或应用程序提供定制化的数据视角。

7.1.1　视图概述

视图是一个虚拟表，是从数据库中的一个或多个数据表中导出来的数据表，其内容由查询定义。与真实的数据表一样，视图包含一系列带有名称的列数据和行数据。但是，数据库中只存储了视图的定义，并没有存储视图中的数据，这些数据存储在基本数据表中。在使用视图查询数据时，数据库系统会从基本数据表中取出对应的数据。因此，视图中的数据是依赖于基本数据表中的数据的，一旦基本数据表中的数据发生改变，视图中的数据也会发生改变。

对于引用的基本数据表来说，视图的作用类似于筛选。视图筛选的定义可以来自当前或其他数据库的一个或多个数据表，或者其他视图。通过视图进行数据查询没有任何限制，通过视图进行数据修改的限制也很少。视图的作用可以归纳为以下几点。

1. 简单性

视图不仅可以简化用户对数据的理解，还可以简化用户的操作。可以将那些经常使用的查询定义为视图，从而方便用户查询和处理数据。

139

2. 安全性

数据库只需授予用户使用视图的权限,而不必将整个数据表的使用权限授予用户,这增强了数据的安全性。

3. 独立性

视图可以使应用程序和数据表在一定程度上独立。应用程序可以建立在视图上,从而使应用程序与数据表分隔。

7.1.2 创建视图

在 MySQL 中,使用 CREATE VIEW 语句可以创建一个新视图,或者替换现有视图,基本语法格式如下。

```
CREATE [OR REPLACE]
    [ALGORITHM={UNDEFINED|MERGE|TEMPTABLE}]
    [DEFINER=用户]
    [SQL SECURITY {DEFINER|INVOKER }]
    VIEW 视图名 [(列名列表)]
    AS SELECT 语句
    [WITH [CASCADED|LOCAL] CHECK OPTION]
```

说明:

- 视图名:视图的完整名称,必须遵循标识符的命名规则。
- AS:表示视图要执行的操作。
- [WITH [CASCADED|LOCAL] CHECK OPTION]:表示视图在更新时保证在视图的约束条件范围内。CASCADED 为默认值,表示更新视图时要满足所有相关视图和数据表的条件,进行级联依赖约束检查;LOCAL 表示更新视图时满足该视图本身定义的条件即可;CHECK OPTION 表示强制视图上执行的所有数据修改语句都必须符合由 SELECT 语句设置的准则。

1. 创建基于单表的视图

在默认情况下,创建的视图和基本数据表的字段是一样的,也可以通过指定视图字段的名称来创建视图。

【例 7-1】基于 student 表创建名称为 vn_student 的视图,该视图包括女生的基本信息。

(1)在 school 数据库中新建查询,在打开的查询窗口中输入下列语句。

```
CREATE VIEW vn_student
AS SELECT * FROM student
WHERE ssex='女';
```

(2)单击"运行"按钮 ▷,创建 vn_student 视图。

2. 创建基于多表的视图

在 MySQL 中，用户可以跨表创建视图，但是来自多表字段的视图，一般不能用来处理数据，只能用来检索数据。

【例 7-2】 创建名称为 teacher_course 的视图，其中包括教师姓名、课程编号、课程名称。

（1）在 school 数据库中新建查询，在打开的查询窗口中输入下列语句。

```
CREATE VIEW teacher_course
AS
SELECT teacher.tname AS '教师姓名', course.cno AS '课程编号',
    course.cname AS '课程名称'
    FROM teacher,course
WHERE teacher.tno= course.tno;
```

（2）单击"运行"按钮 ▷，创建 teacher_course 视图。

创建视图时需要注意以下几点。

- 运行创建视图的语句需要用户具有创建视图的权限，如果在语句中添加了"OR REPLACE"，则需要用户具有删除视图的权限。
- SELECT 语句不能包含 FROM 子句中的子查询。
- SELECT 语句不能引用系统变量或用户变量。
- SELECT 语句不能引用预处理语句参数。
- 在存储子程序内，定义不能引用子程序参数或局部变量。
- 在定义中引用的数据表或视图必须存在。但是，在创建视图后，能够舍弃定义引用的数据表或视图。如果想要检查视图定义是否存在这类问题，则可以使用 CHECK TABLE 语句。
- 在定义中不能引用 TEMPORARY 表、不能创建 TEMPORARY 视图。
- 在视图定义中命名的数据表必须已存在。
- 不能将触发程序与视图关联在一起。
- 在视图定义中，使用 ORDER BY 子句可以对查询结果进行排序。但是，如果从特定视图进行了选择，而该视图使用了 ORDER BY 子句的语句，则它将被忽略。

7.1.3 查看视图

1. 查看数据库中的所有视图

查看数据库中所有视图的基本语法格式如下。

```
SHOW FULL TABLES IN  数据库名
[WHERE TABLE_TYPE LIKE 'VIEW'];
```

【例 7-3】 查看 school 数据库中的数据表与视图。

（1）在 school 数据库中新建查询，在打开的查询窗口中输入下列语句。

```
SHOW FULL TABLES IN school;
```

（2）单击"运行"按钮 ▷，运行结果如图 7-1 所示。

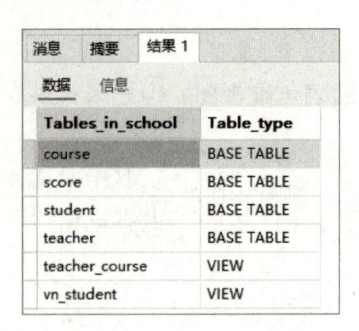

图 7-1 查看 school 数据库中的数据表与视图

【例 7-4】查看 school 数据库中的视图。
(1) 在 school 数据库中新建查询,在打开的查询窗口中输入下列语句。

```
SHOW FULL TABLES IN school
WHERE TABLE_TYPE='VIEW';
```

(2) 单击"运行"按钮 ▷,运行结果如图 7-2 所示。

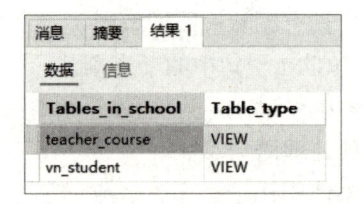

图 7-2 查看 school 数据库中的视图

2. 查看视图的结构信息

在 MySQL 中,使用 DESCRIBE 语句可以查看视图的结构信息,基本语法格式如下。

```
DESCRIBE 视图名;
```

说明:

在一般情况下,DESCRIBE 可以简写成 DESC,输入 DESC 命令的运行结果和输入 DESCRIBE 命令的运行结果是一样的。

【例 7-5】查看 teacher_course 视图的结构信息。
(1) 在 school 数据库中新建查询,在打开的查询窗口中输入下列语句。

```
DESC teacher_course;
```

(2) 单击"运行"按钮 ▷,运行结果如图 7-3 所示。

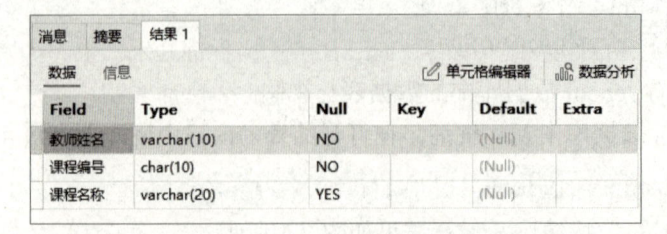

图 7-3 查看 teacher_course 视图的结构信息

3. 查看视图的状态信息

查看视图的状态信息的基本语法格式如下。

```
SHOW TABLE STATUS [LIKE '视图名']
```

【例 7-6】查看 teacher_course 视图的状态信息。
（1）在 school 数据库中新建查询，在打开的查询窗口中输入下列语句。

```
SHOW TABLE STATUS LIKE 'teacher_course';
```

（2）单击"运行"按钮▷，运行结果如图 7-4 所示。

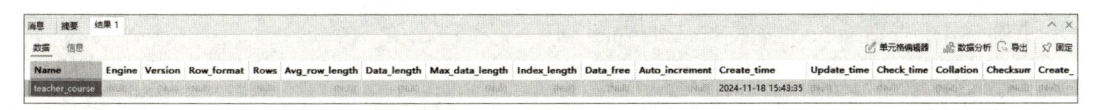

图 7-4　查看 teacher_course 视图的状态信息

4. 查看视图的定义

查看视图定义的基本语法格式如下。

```
SHOW CREATE VIEW 视图名;
```

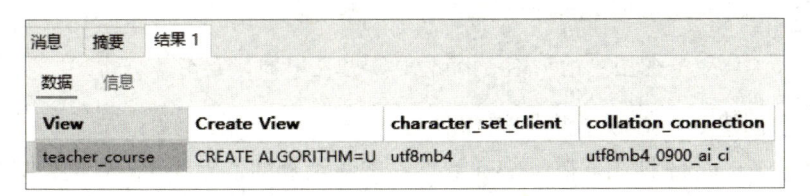

【例 7-7】查看 teacher_course 视图的定义。
（1）在 school 数据库中新建查询，在打开的查询窗口中输入下列语句。

```
SHOW CREATE VIEW teacher_course;
```

（2）单击"运行"按钮▷，运行结果如图 7-5 所示。

图 7-5　查看 teacher_course 视图的定义

7.2 使用视图

一旦定义视图之后，就可以如同数据表一样进行查询、修改、删除和更新操作。

7.2.1 查询视图数据

使用 SELECT 语句查询视图中的数据，其语法和查询基本数据表中数据的语法一样。
【例 7-8】查询 vn_student 视图中女性为维吾尔族的信息。
（1）在 school 数据库中新建查询，在打开的查询窗口中输入下列语句。

```
SELECT * FROM vn_student
WHERE nation='维';
```

（2）单击"运行"按钮▷，运行结果如图 7-6 所示。

sno	sname	ssex	sbirthday	nation	class
129	熊丽	女	2002-12-18 00:00:00	维	21031
143	崔丽	女	2003-05-16 00:00:00	维	21031

图 7-6　查询 vn_student 视图中女性为维吾尔族的信息

7.2.2　操作视图数据

1. 添加视图数据

由于视图本身是不能用来存储数据的，通过一个视图添加的数据实际上是存储在由视图引用的基表中的，因此添加数据必须满足基表的数据添加条件。添加视图数据必须符合以下条件。

- 基表中未被视图引用的字段必须有默认值、自增值或允许为空值。
- 添加的数据必须符合基表数据的各种约束。
- 如果视图来自多个基表的字段，则一般用于查询而不作为数据处理使用。

添加视图数据的基本语法格式如下。

```
INSERT INTO 视图名 (列名 1, 列名 2, ..., 列名 N)
VALUES (值 1, 值 2, ..., 值 N);
```

说明：

使用的列名必须是视图中的列名，而不是数据表中的原列名。

【例 7-9】创建 v_teacher 视图并添加数据。

（1）创建 v_teacher 视图。在 school 数据库中新建查询，在打开的查询窗口中输入下列语句。

```
CREATE VIEW v_teacher
AS SELECT * FROM teacher;
```

单击"运行"按钮▷，创建 v_teacher 视图。

（2）在 v_teacher 视图中添加数据。在打开的查询窗口中输入下列语句。

```
INSERT INTO v_teacher
VALUES('805', '刘丽', '女', '1983-05-06', '讲师', '计算机科学与技术');
```

单击"运行"按钮▷，添加数据。

（3）查询 v_teacher 视图。在打开的查询窗口中输入下列语句。

```
SELECT * FROM v_teacher;
```

单击"运行"按钮▷，运行结果如图 7-7 所示。

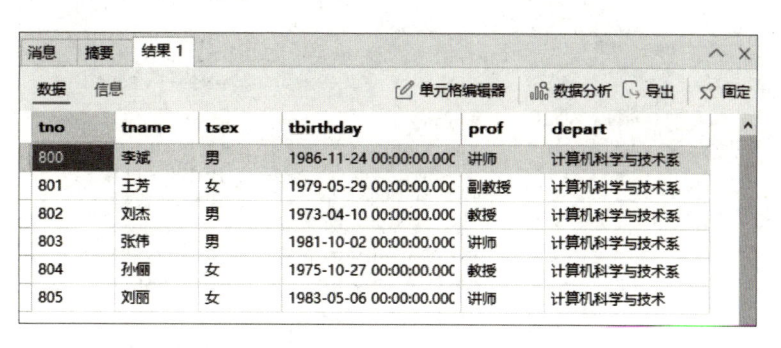

图 7-7　查询 v_teacher 视图

2. 修改视图数据

并不是所有视图都可以用来修改记录，修改视图数据须符合以下条件。

- 在一个 UPDATE 语句中修改的列名必须属于同一个基表，如果想要对多个基表中的数据进行修改，则需要使用多个 UPDATE 语句完成。
- 对于基表数据的修改，必须满足在列名上设置的约束。例如，是否具有唯一性、是否可以为空值。
- 如果在视图定义中使用 WITH CHECK OPTION 子句，则通过这个视图进行修改时提供的数据必须满足视图定义中的条件，否则 UPDATE 语句将被中止并返回错误信息。
- 视图中汇总函数或计算列名的值不能被更改。
- 当视图定义中含有 UNION、DISTINCT、GROUP BY 等关键字时，不能用来修改记录。
- 当视图定义语句中包含子查询或来自不可更新的视图时，不能用来修改记录。

修改视图数据的基本语法格式如下。

```
UPDATE 视图
SET 列名 1=值 1[,列名 2=列名 2,...]
[WHERE 查询条件];
```

【例 7-10】在 v_teacher 视图中修改数据。

（1）修改 v_teacher 视图中的数据。在 school 数据库中新建查询，在打开的查询窗口中输入下列语句。

```
UPDATE v_teacher
SET depart='计算机科学与技术系'
WHERE tno='805';
```

单击"运行"按钮▷，修改 v_teacher 视图中的数据。

（2）查询 v_teacher 视图中修改的数据。在打开的查询窗口中输入下列语句。

```
SELECT * FROM v_teacher;
```

单击"运行"按钮▷，运行结果如图 7-8 所示。

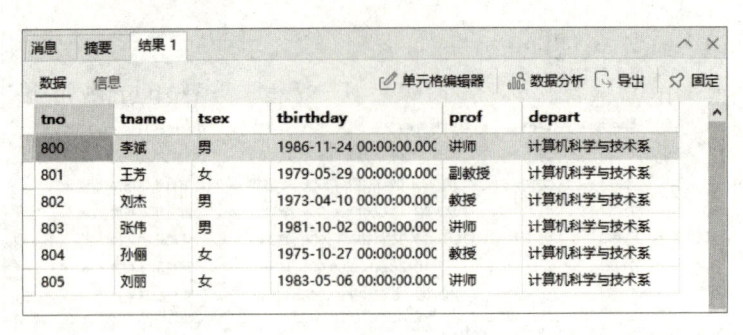

图 7-8　查询 v_teacher 视图中修改的数据

3. 删除视图数据

删除视图数据的基本语法格式如下。

```
DELETE FROM 视图名
WHERE 查询条件;
```

【例 7-11】在 v_teacher 视图中删除数据。

（1）删除 v_teacher 视图中的数据。在 school 数据库中新建查询，在打开的查询窗口中输入下列语句。

```
DELETE FROM v_teacher
WHERE tno='805';
```

单击"运行"按钮▷，删除 v_teacher 视图中的数据。

（2）查询 v_teacher 视图中删除的数据。在打开的查询窗口中输入下列语句。

```
SELECT * FROM v_teacher;
```

单击"运行"按钮▷，运行结果如图 7-9 所示。

图 7-9　查询 v_teacher 视图中删除的数据

7.2.3　修改视图

修改视图是指修改数据库中已存在的视图的定义。当基本数据表的某些字段发生改变时，可以通过修改视图来保持视图和基本数据表之间一致。

修改、删除视图

在 MySQL 中，使用 ALTER VIEW 语句可以对已有的视图进行修改，基本语法格式如下。

```
ALTER VIEW 视图名 (列名)
AS SELECT 语句;
```

> **说明：**
> 使用 ALTER VIEW 语句改变了视图的定义，该语句与 CREATE OR REPLACE VIEW 语句有着同样的限制，如果删除并重新创建一个视图，就必须重新为它分配权限。

【例 7-12】修改 v_teacher 视图，查询教师姓名、性别与职称。

（1）修改 v_teacher 视图。在 school 数据库中新建查询，在打开的查询窗口中输入下列语句。

```
ALTER VIEW v_teacher
AS SELECT tname,tsex,prof FROM teacher;
```

单击"运行"按钮 ▷，修改 v_teacher 视图。

（2）查询 v_teacher 视图。在打开的查询窗口中输入下列语句。

```
SELECT * FROM v_teacher;
```

单击"运行"按钮 ▷，运行结果如图 7-10 所示。

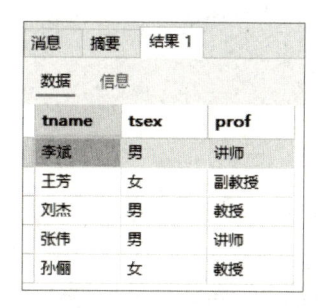

图 7-10　查询 v_teacher 视图

7.2.4　删除视图

删除视图是指删除数据库中已存在的视图。在删除视图时，只会删除视图的定义，不会删除数据。在 MySQL 中，使用 DROP VIEW 语句可以删除视图。但是，用户必须拥有 DROP 权限。

删除视图的基本语法格式如下。

```
DROP VIEW [IF EXISTS] 视图名;
```

【例 7-13】删除 v_teacher 视图。

（1）在 school 数据库中新建查询，在打开的查询窗口中输入下列语句。

```
DROP VIEW v_teacher;
```

（2）单击"运行"按钮 ▷，删除 v_teacher 视图。

7.3　使用图形化管理工具创建与使用视图

在数据库中单击"视图"节点，打开如图 7-11 所示的视图"对象"窗口，可以查看数据库中的视图。

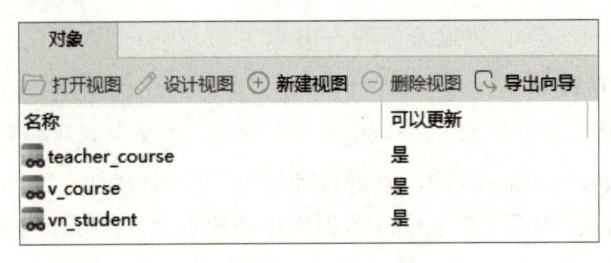

图 7-11 视图"对象"窗口

单击"新建视图"按钮⊕，打开创建"视图"窗口，输入 SQL 语句创建视图。

选取要添加/修改数据的视图，单击"打开视图"按钮，打开对应的"视图"窗口，在窗口中添加/修改数据。

选取要修改的视图，单击"设计视图"按钮，打开对应的"视图"窗口，可以添加/删除视图中的字段及更改字段别名。

选取要删除的视图，单击"删除视图"按钮⊖，打开"确认删除"对话框。勾选"我了解此操作是永久性的且无法撤销"复选框，单击"确定"按钮，删除所选取的视图。

7.3.1 创建视图

1. 基于单表创建视图

【例 7-14】基于 student 表创建名称为 v_student 的视图，并使用它来查询 21031 班级的学生信息。

（1）在视图"对象"窗口中单击"新建视图"按钮⊕；或者在 school 数据库中的"视图"节点上右击，在弹出的快捷菜单中选择"新建视图"命令，如图 7-12 所示，打开创建"视图"窗口，如图 7-13 所示。

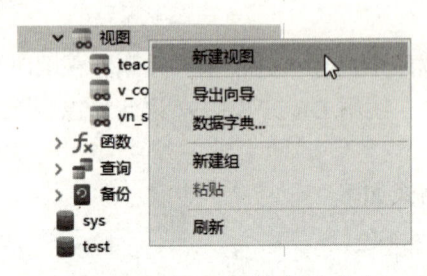

图 7-12 选择"新建视图"命令

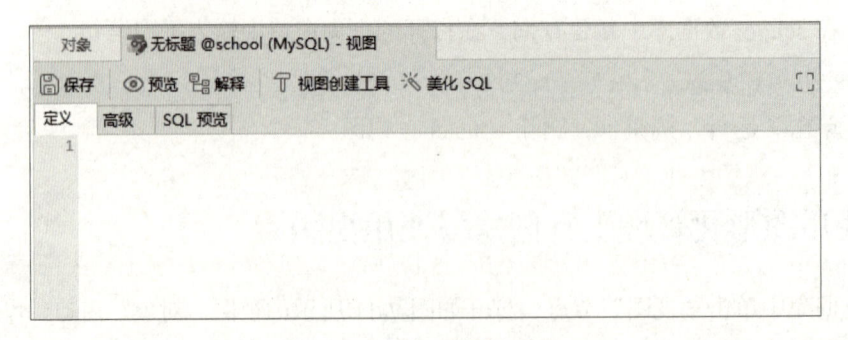

图 7-13 创建"视图"窗口

（2）在创建"视图"窗口中输入下列语句。

```
SELECT * FROM student
WHERE class='21031';
```

（3）单击"保存"按钮 🖫，打开"另存为"对话框，输入视图名称为"v_student"，如图 7-14 所示，单击"保存"按钮。

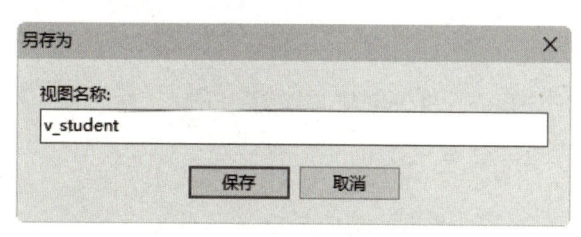

图 7-14　输入视图名称

（4）单击"预览"按钮 👁，运行结果如图 7-15 所示。

sno	sname	ssex	sbirthday	nation	class
104	曾华	女	2003-01-23 00:00:00	满	21031
110	张伟	男	2003-02-14 00:00:00	汉	21031
113	周晓明	男	2003-04-30 00:00:00	苗	21031
114	吴东	男	2003-06-03 00:00:00	回	21031
115	冯静	女	2003-05-30 00:00:00	汉	21031
124	杜娟	女	2003-08-21 00:00:00	汉	21031
125	钱波	男	2003-05-21 00:00:00	汉	21031
129	熊丽	女	2002-12-18 00:00:00	维	21031
131	谢涛	男	2002-08-09 00:00:00	汉	21031
136	罗兰	女	2003-07-19 00:00:00	汉	21031
141	曹宁	男	2003-06-15 00:00:00	壮	21031
143	崔丽	女	2003-05-16 00:00:00	维	21031
145	程宇	女	2003-06-16 00:00:00	回	21031
146	左莉	女	2002-12-01 00:00:00	满	21031
149	魏敏	女	2003-08-24 00:00:00	藏	21031

图 7-15　查询 v_student 视图中的学生信息

2. 基于多表创建视图

【例 7-15】创建 student_score 视图，查询学生的姓名及各科分数。

（1）在 school 数据库中的"视图"节点上右击，在弹出的快捷菜单中选择"新建视图"命令，打开创建"视图"窗口。

（2）单击"视图创建工具"按钮 ⊤，打开如图 7-16 所示的"视图创建工具"窗口，分别将 school 数据库中的 student 表、course 表和 score 表，拖放到中间的窗口中。显示出了它们之间的关联（如果希望建立关联关系，则可以通过拖动各数据表中的关键字来创建），如图 7-17 所示。

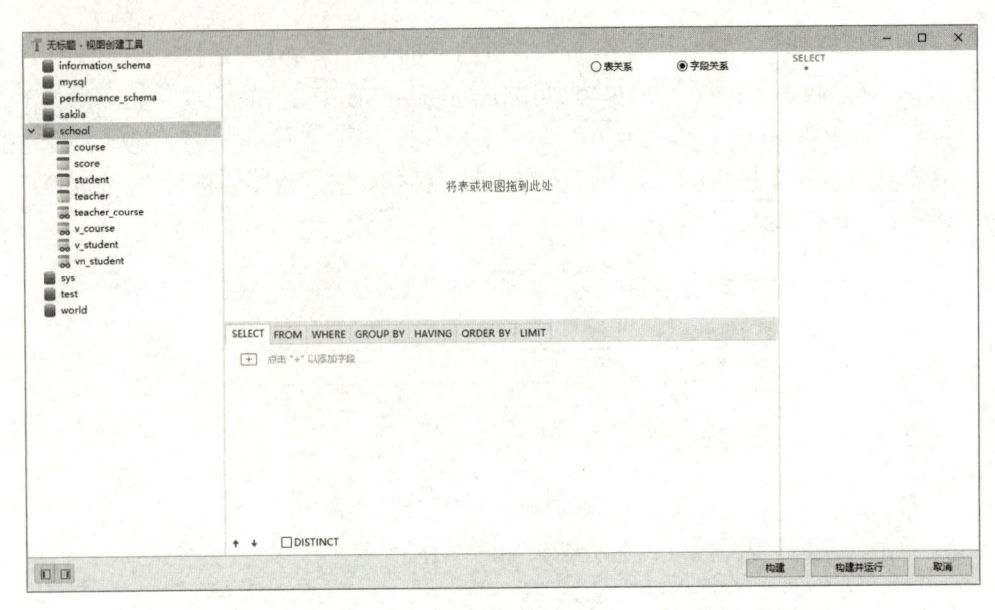

图 7-16 "视图创建工具"窗口

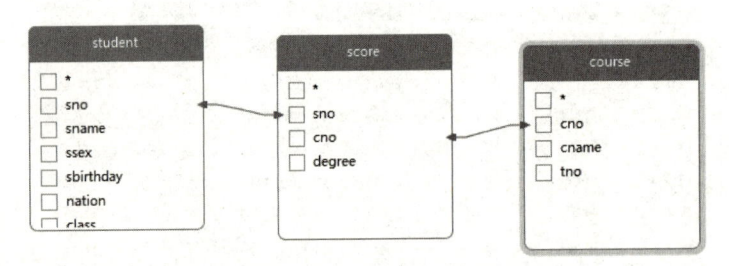

图 7-17 为 3 个数据表建立关联

（3）每一个字段前面都有一个复选框，可以选择该复选框将其添加到视图中。这里依次选择 sname、degree 和 cname 字段，如图 7-18 所示。在设计好视图后，单击"构建并运行"按钮，关闭"视图创建工具"窗口，运行结果如图 7-19 所示。

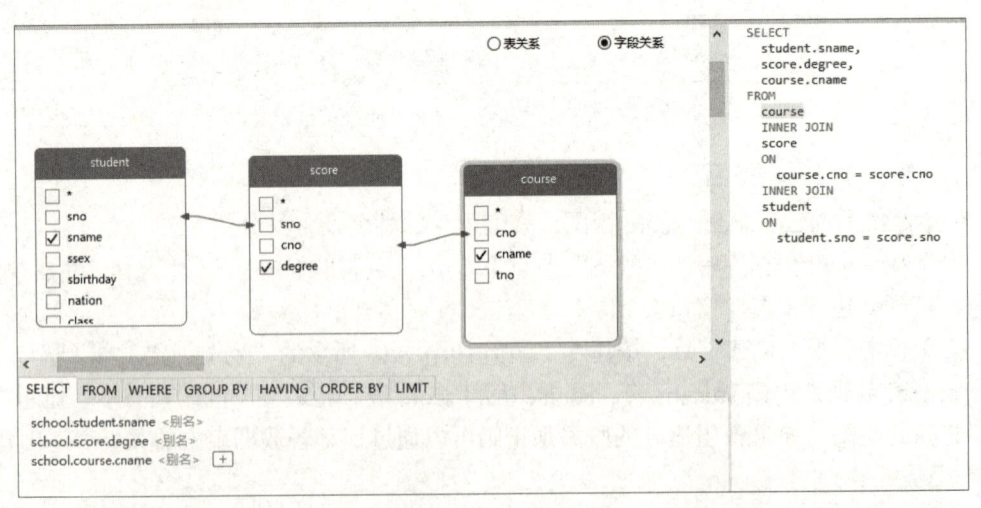

图 7-18 设计视图

（4）单击工具栏上的"保存"按钮，在打开的"另存为"对话框中输入视图名称为"student_score"，单击"保存"按钮，即可完成 student_score 视图的创建，如图 7-20 所示。

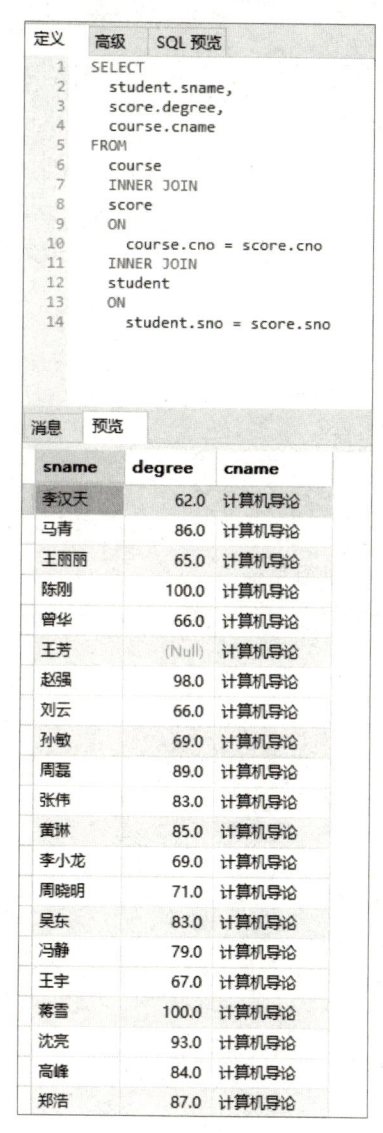

图 7-19　构建视图

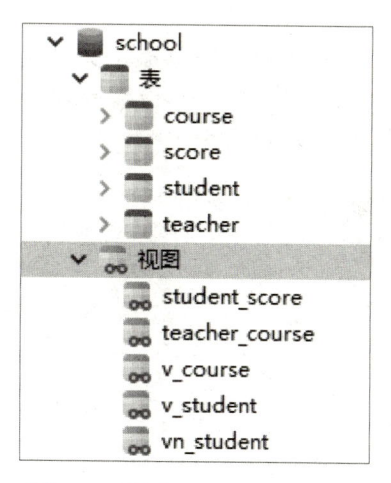

图 7-20　创建 student_score 视图

7.3.2　通过视图操作数据

1. 在视图中添加数据

选取要添加数据的视图并右击，在弹出的快捷菜单中选择"打开视图"命令，如图 7-21 所示。打开视图，单击视图下方的"添加记录"按钮，添加行，输入记录，单击"应用更改"按钮，完成数据的添加。

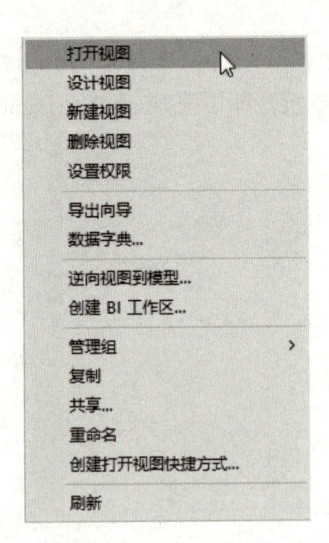

图 7-21 选择"打开视图"命令

【例 7-16】在 v_student 视图中添加一条数据。

（1）在视图"对象"窗口中选取 v_student 视图，单击"打开视图"按钮；或者选取 v_student 视图并右击，在弹出的快捷菜单中选择"打开视图"命令。

（2）打开 v_student 视图，单击视图下方的"添加记录"按钮，添加行，如图 7-22 所示。

sno	sname	ssex	sbirthday	nation	class
104	曾华	女	2003-01-23 00:00:00	满	21031
110	张伟	男	2003-02-14 00:00:00	汉	21031
113	周晓明	男	2003-04-30 00:00:00	苗	21031
114	吴东	男	2003-06-03 00:00:00	回	21031
115	冯静	女	2003-05-30 00:00:00	汉	21031
124	杜娟	女	2003-08-21 00:00:00	汉	21031
125	钱波	男	2003-05-21 00:00:00	汉	21031
129	熊丽	女	2002-12-18 00:00:00	维	21031
131	谢涛	男	2002-08-09 00:00:00	汉	21031
136	罗兰	女	2003-07-19 00:00:00	汉	21031
141	曹宁	男	2003-06-15 00:00:00	壮	21031
143	崔丽	女	2003-05-16 00:00:00	维	21031
145	程宇	女	2003-06-16 00:00:00	回	21031
146	左莉	女	2002-12-01 00:00:00	满	21031
149	魏敏	女	2003-08-24 00:00:00	藏	21031

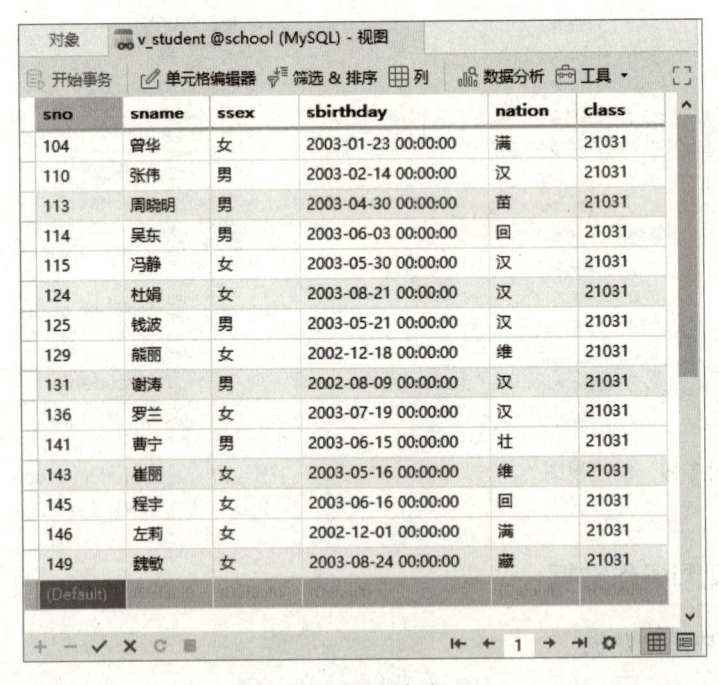

图 7-22 添加行

（3）输入数据。输入完之后，单击"应用更改"按钮，完成数据的添加，如图 7-23 所示。

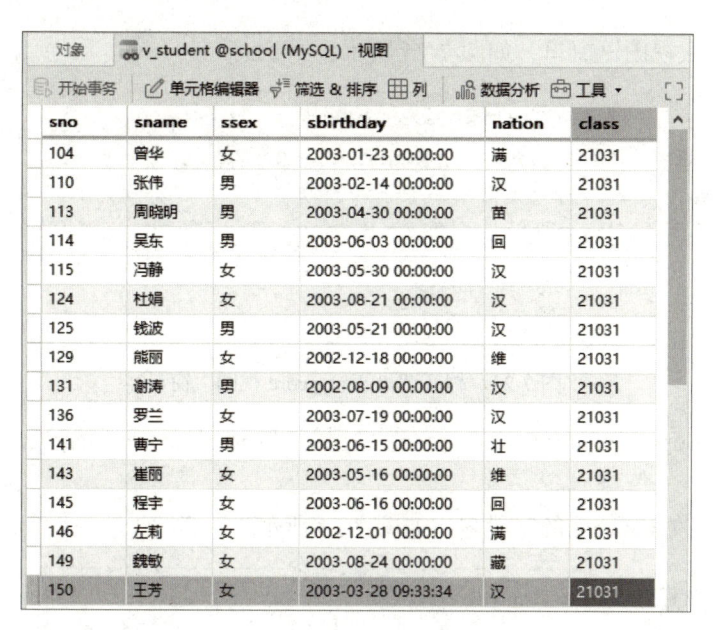

图 7-23 添加数据

2. 修改视图数据

选取要修改数据的视图并右击，在弹出的快捷菜单中选择"打开视图"命令，打开视图，双击数据记录，使记录处于编辑状态，输入新的记录。输入完之后，单击"应用更改"按钮 ✓，完成数据的更改。

3. 删除视图中的数据

在数据库中双击要删除数据的视图，打开视图，选取数据，单击"删除记录"按钮 ━，打开如图 7-24 所示的"确认删除"对话框，单击"删除一条记录"按钮，删除选取的数据。

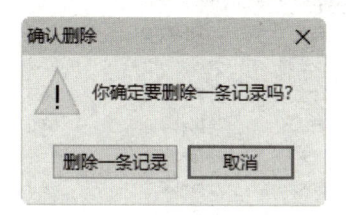

图 7-24 "确认删除"对话框

7.3.3 修改与删除视图

1. 修改视图

选取要修改的视图并右击，在弹出的快捷菜单中选择"设计视图"命令。打开对应的视图"定义"选项卡，可以更改字段名、删除字段，修改完成后单击"保存"按钮 💾，保存更改。

【例 7-17】调整 student_score 视图字段的位置，并更改字段名。

（1）选取 student_score 视图并右击，在弹出的快捷菜单中选择"设计视图"命令，打开"student_score 视图"窗口，如图 7-25 所示。

```
select `student`.`sname` AS `sname`,`score`.`degree` AS `degree`,
`course`.`cname` AS `cname` from ((`course` join `score` on((
`course`.`cno` = `score`.`cno`))) join `student` on((`student`.
`sno` = `score`.`sno`)))
```

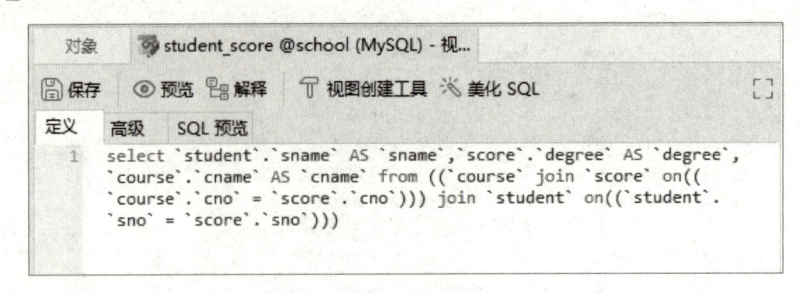

图 7-25　打开"student_score 视图"窗口

（2）将"`course`.`cname` AS `cname`"字段调整到"`score`.`degree` AS `degree`"的前面。

（3）分别更改 AS 后面的字段名，如图 7-26 所示。

```
select `student`.`sname` AS `学生姓名`,`course`.`cname` AS
`课程名称`,`score`.`degree` AS `成绩` from ((`course` join `score`
on((`course`.`cno` = `score`.`cno`))) join `student` on((`student`.
`sno` = `score`.`sno`)))
```

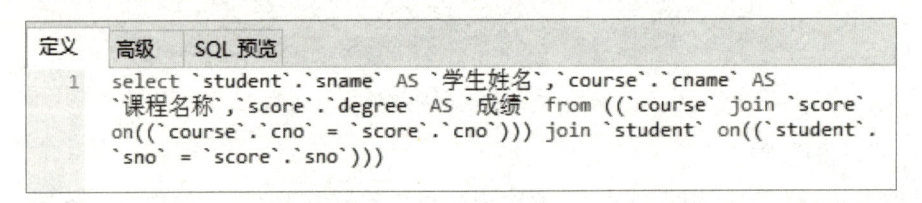

图 7-26　更改字段名

（4）单击"保存"按钮，保存更改，单击"预览"按钮，查看更改结果，如图 7-27 所示。

学生姓名	课程名称	成绩
李汉天	计算机导论	62.0
马青	计算机导论	86.0
王丽丽	计算机导论	65.0
陈刚	计算机导论	100.0
曾华	计算机导论	66.0
王芳	计算机导论	(Null)
赵强	计算机导论	98.0
刘云	计算机导论	66.0
孙敏	计算机导论	69.0
周磊	计算机导论	89.0

图 7-27　查看更改结果

2. 删除视图

选取要删除的视图并右击，在弹出的快捷菜单中选择"删除视图"命令，打开"确认删除"对话框，勾选"我了解此操作是永久性的且无法撤销"复选框，单击"删除"按钮，删除所选取的视图。

【例 7-18】删除 v_student 视图。

（1）选取 v_student 视图并右击，在弹出的快捷菜单中选择"删除视图"命令，打开"确认删除"对话框，如图 7-28 所示。

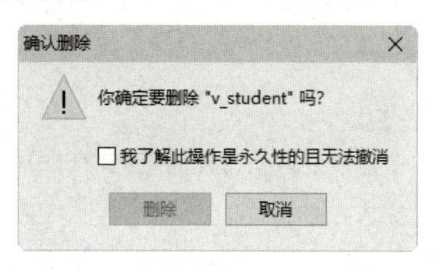

图 7-28 "确认删除"对话框

（2）勾选"我了解此操作是永久性的且无法撤销"复选框，单击"删除"按钮，删除 v_student 视图。

项目实训：创建与使用商品销售管理系统数据库 salesmanage 中的视图

任务 1：使用 SQL 语句创建与查询视图

1. 创建 customer_v1 视图

创建 customer_v1 视图，查询所有男性客户的信息。

（1）创建 customer_v1 视图。

在 salesmanage 数据库中新建查询，在打开的查询窗口中输入下列语句。

```
CREATE VIEW customer_v1
AS SELECT * FROM customers
WHERE sex='男';
```

单击"运行"按钮▷，创建 customer_v1 视图。

（2）查询所有男性客户的信息。

在打开的查询窗口中输入下列语句。

```
SELECT * FROM customer_v1;
```

单击"运行"按钮▷，运行结果如图 7-29 所示。

customerid	customername	sex	phone	address
0001	张磊	男	138-0013-8000	北京市朝阳区
0003	王峰	男	137-0015-8002	广州市天河区
0005	孙琦	男	135-0017-8004	杭州市西湖区

图 7-29 查询所有男性客户的信息

2. 创建 customer_orders 视图

创建 customer_orders 视图，显示每个客户的订单信息，查询客户姓名为"王峰"的订单信息。

（1）创建 customer_orders 视图。

在 salesmanage 数据库中新建查询，在打开的查询窗口中输入下列语句。

```
CREATE VIEW customer_orders
AS
SELECT customers.customerid, customers.customername, orders.orderid, orders.receivableamount, orders.deliveryaddress, orders.receivername
FROM customers
JOIN orders ON customer.customerid = orders.customerid;
```

单击"运行"按钮▷，创建 customer_orders 视图。

（2）查询客户姓名为"王峰"的所有订单信息。

在打开的查询窗口中输入下列语句。

```
SELECT * FROM customer_orders WHERE customername = '王峰';
```

单击"运行"按钮▷，运行结果如图 7-30 所示。

customerid	customername	orderid	receivableamount	deliveryaddress	receivername
0003	王峰	20240307	96000.00	广州市天河区	王峰

图 7-30 查询客户姓名为"王峰"的所有订单信息

3. 创建 warehouseinventory 视图

创建 warehouseinventory 视图，显示每个商品的库存信息，查询"手机 A"的所有库存信息。

（1）创建 warehouseinventory 视图。

在 salesmanage 数据库中新建查询，在打开的查询窗口中输入下列语句。

```
CREATE VIEW warehouseinventory
AS
SELECT w.stockid, w.warehousename, p.productid, p.productname, st.stockquantity
FROM warehouses w
JOIN products p ON w.stockid = p.stockid
JOIN stockdetails st ON p.productid = st.productid AND p.stockid = st.stockid;
```

单击"运行"按钮▷，创建 warehouseinventory 视图。

（2）查询"手机 A"的所有库存信息。

在打开的查询窗口中输入下列语句。

```
SELECT * FROM warehouseinventory WHERE productname = '手机 A';
```

单击"运行"按钮▷，运行结果如图 7-31 所示。

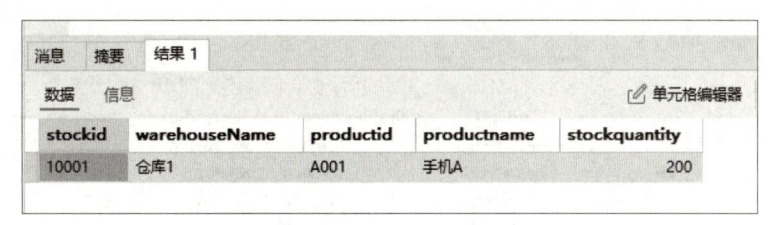

图 7-31 查询"手机 A"的所有库存信息

任务 2：使用 SQL 语句操作视图

1. 插入数据

在 customer_v1 视图中插入数据"0006，陈华，男，134-1521-0251，石家庄市新华区"。

（1）在 customer_v1 视图中插入数据。在 salesmanage 数据库中新建查询，在打开的查询窗口中输入下列语句。

```
INSERT INTO customer_v1
VALUES('0006', '陈华', '男', '134-1521-0251', '石家庄市新华区');
```

单击"运行"按钮▷，插入数据。

（2）查询 customer_v1 视图。在打开的查询窗口中输入下列语句。

```
SELECT * FROM customer_v1;
```

单击"运行"按钮▷，运行结果如图 7-32 所示。

图 7-32 查询 customer_v1 视图

2. 修改视图中的姓名

在 customer_orders 视图中修改"20240105"订单的收货人姓名为"李丽"。

（1）修改 customer_orders 视图中的数据。在 salesmanage 数据库中新建查询，在打开的查询窗口中输入下列语句。

```
UPDATE customer_orders
SET receivername ='李丽'
WHERE orderid='20240105';
```

单击"运行"按钮▷，修改 customer_orders 视图中的数据。

（2）查询 customer_orders 视图。在打开的查询窗口中输入下列语句。

```
SELECT * FROM customer_orders;
```

单击"运行"按钮▷，运行结果如图 7-33 所示。

customerid	customername	orderid	receivableamount	deliveryaddress	receivername
0001	张磊	20240105	25000.00	北京市朝阳区	李丽
0002	李霞	20240206	60000.00	上海市黄浦区	李霞
0003	王峰	20240307	96000.00	广州市天河区	王峰
0004	赵柳	20240409	104000.00	深圳市南山区	赵柳
0005	孙琦	20240512	150000.00	杭州市西湖区	孙琦

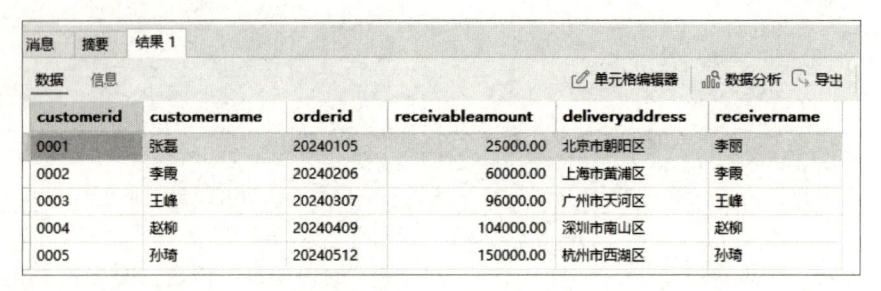

图 7-33　查询 customer_orders 视图

3. 修改视图中的库存量

在 warehouseinventory 视图中，将"仓库 1"中商品编号为"A001"的库存量修改为"250"。

（1）在 salesmanage 数据库中新建查询，在打开的查询窗口中输入下列语句。

```
UPDATE warehouseinventory
SET stockquantity =250
WHERE warehousename='仓库 1' AND productid='A001';
```

单击"运行"按钮▷，修改 warehouseinventory 视图中的数据。

（2）查询 warehouseinventory 视图。在打开的查询窗口中输入下列语句。

```
SELECT * FROM warehouseinventory;
```

单击"运行"按钮▷，运行结果如图 7-34 所示。

stockid	warehouseName	productid	productname	stockquantity
10001	仓库1	A001	手机A	250
20001	仓库2	A002	手机B	300
30001	仓库3	B001	电脑C	450
40001	仓库4	B002	电脑D	600
50001	仓库5	C001	平板E	750

图 7-34　查询 warehouseinventory 视图

4. 删除视图中的记数

在 customer_v1 视图中删除用户编号为"0006"的记录。

在 salesmanage 数据库中新建查询，在打开的查询窗口中输入下列语句。

```
DELETE FROM customer_v1
WHERE customerid='0006';
```

单击"运行"按钮▷，删除记录。

5. 删除 customer_v1 视图

在 salesmanage 数据库中新建查询，在打开的查询窗口中输入下列语句。

```
DROP VIEW customer_v1;
```

单击"运行"按钮▷，删除 customer_v1 视图。

任务 3：使用图形化管理工具创建与操作视图

1. 创建 employee_sale 视图

创建 employee_sale 视图，查看销售人员销售商品的信息。

（1）在 salesmanage 数据库中的"视图"节点上右击，在弹出的快捷菜单中选择"新建视图"命令，打开创建"视图"窗口。

（2）单击"视图创建工具"按钮 ，打开"视图创建工具"窗口，分别将 salesmanage 数据库的 employees 表、salesstatistics 表和 products 表拖放到中间的窗口中，为 3 个数据表建立关联，如图 7-35 所示。

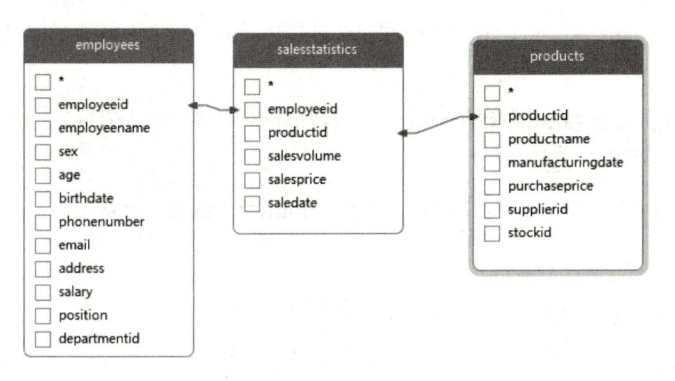

图 7-35　为 3 个数据表建立关联

（3）勾选要在视图中显示的字段，如图 7-36 所示，在设计好视图后，单击"构建并运行"按钮，关闭"视图创建工具"窗口，运行结果如图 7-37 所示。

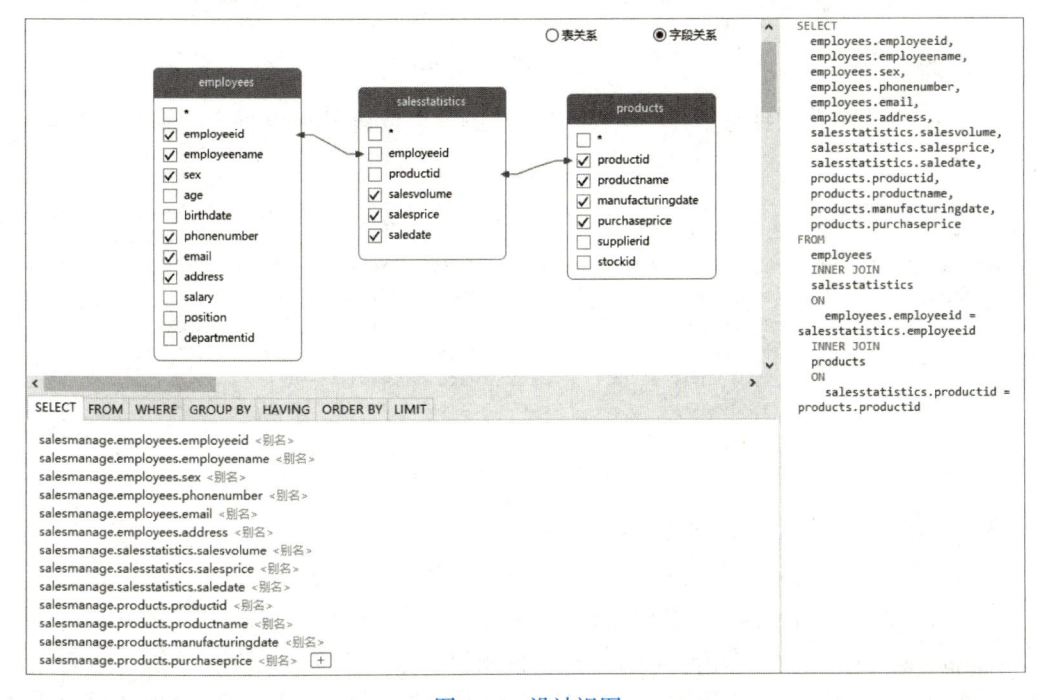

图 7-36　设计视图

employeeid	employeename	sex	phonenumber	email	address	salesvolume	salesprice	saledate	productid	productname	manufacturingdate	purchaseprice
02001	吴群	男	139-0019-8006	wuqun@126.com	上海市黄浦区	10	2500.00	2024-03-10	A001	手机A	2023-11-15	2050.00
02001	吴群	男	139-0019-8006	wuqun@126.com	上海市黄浦区	20	3000.00	2024-03-15	A002	手机B	2023-12-20	2550.00
02002	张婷	女	132-0012-3004	zhangting@163.com	上海市黄浦区	30	4800.00	2024-04-20	B001	电脑C	2023-10-25	4000.00
02002	张婷	女	132-0012-3004	zhangting@163.com	上海市黄浦区	40	5200.00	2024-05-25	B002	电脑D	2023-11-30	4500.00
02003	韩江	男	134-1057-1576	hanjiang@126.com	上海市黄浦区	50	3000.00	2024-06-30	C001	平板E	2023-12-15	2300.00

图 7-37 构建视图

（4）单击工具栏上的"保存"按钮，在打开的"另存为"对话框中输入视图名称为"employee_sale"，单击"保存"按钮，完成 employee_sale 视图的创建。

2. 修改 employee_sale 视图

修改 employee_sale 视图，不显示销售人员的电子邮件和家庭地址，将视图的列名改为中文。

（1）选取 employee_sale 视图并右击，在弹出的快捷菜单中选择"设计视图"命令，打开"employee_sale 视图"窗口。

（2）选取"`employees`.`email` AS `email`,`employees`.`address` AS `address`,"按 Delete 键删除。

（3）分别更改 AS 后面的字段名，如图 7-38 所示。

```
select `employees`.`employeeid` AS `职工编号`,`employees`.`employeename` AS `职工姓名`,`employees`.
`sex` AS `性别`,`employees`.`phonenumber` AS `电话号码`,`salesstatistics`.`salesvolume` AS `销售量`,
`salesstatistics`.`salesprice` AS `销售价格`,`salesstatistics`.`saledate` AS `销售日期`,`products`.
`productid` AS `商品编号`,`products`.`productname` AS `商品名称`,`products`.`manufacturingdate` AS
`出厂日期`,`products`.`purchaseprice` AS `进货价格` from ((`employees` join `salesstatistics` on((
`employees`.`employeeid` = `salesstatistics`.`employeeid`))) join `products` on((`salesstatistics`.
`productid` = `products`.`productid`)))
```

图 7-38 更改字段名

（4）单击"保存"按钮，保存更改，单击"预览"按钮，查看更改结果，如图 7-39 所示。

职工编号	职工姓名	性别	电话号码	销售量	销售价格	销售日期	商品编号	商品名称	出厂日期	进货价格
02001	吴群	男	139-0019-8006	10	2500.00	2024-03-10	A001	手机A	2023-11-15	2050.00
02001	吴群	男	139-0019-8006	20	3000.00	2024-03-15	A002	手机B	2023-12-20	2550.00
02002	张婷	女	132-0012-3004	30	4800.00	2024-04-20	B001	电脑C	2023-10-25	4000.00
02002	张婷	女	132-0012-3004	40	5200.00	2024-05-25	B002	电脑D	2023-11-30	4500.00
02003	韩江	男	134-1057-1576	50	3000.00	2024-06-30	C001	平板E	2023-12-15	2300.00

图 7-39 查看更改结果

3. 修改 employee_sale 视图中的电话号码

修改 employee_sale 视图中职工姓名为"韩江"的电话号码。

（1）在视图"对象"窗口中选取 employee_sale 视图，单击"打开视图"按钮；或者选取 employee_sale 视图并右击，在弹出的快捷菜单中选择"打开视图"命令。

（2）打开 employee_sale 视图，双击"韩江"对应的"电话号码"单元格，使其处于编辑状态，输入新的电话号码为"138-1057-7788"。

（3）输入完成后，单击"应用更改"按钮✓，完成数据的修改，如图 7-40 所示。

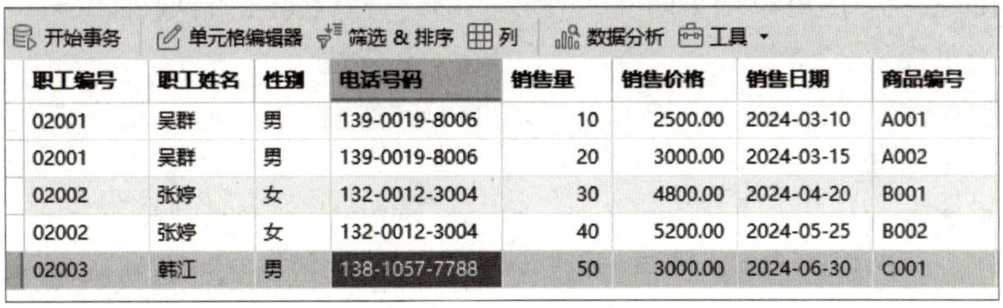

图 7-40　完成数据的修改

4. 删除 employee_sale 视图

（1）选取 employee_sale 视图并右击，在弹出的快捷菜单中选择"删除视图"命令，打开"确认删除"对话框。

（2）勾选"我了解此操作是永久性的且无法撤销"复选框，单击"删除"按钮，删除 employee_sale 视图。

单元小结

本单元首先详细地介绍了视图的概念、作用，以及创建与使用视图的方法。强调了视图在数据抽象化中的重要性，并使用 CREATE VIEW 语句来创建视图，以及如何查看、修改与删除视图的具体语法。其次通过实例展示了基于单表和多表创建视图的过程，以及如何通过视图进行数据查询和操作。再次介绍了使用图形化管理工具创建和操作视图的方法，包括在视图中添加、修改与删除数据。最后，通过项目实训进一步演示了在商品销售管理系统数据库中创建与使用视图的实际应用，包括创建特定视图、通过视图操作数据，以及使用图形化管理工具进行视图管理。

理论练习

一、选择题

1. 视图是基于一个或多个数据表的（　　）。
   A．物理表现形式　　　　　　　　B．逻辑表现形式
   C．实际存储形式　　　　　　　　D．虚拟存储形式
2. 创建视图的 SQL 语句是（　　）。
   A．CREATE TABLE　　　　　　　B．CREATE VIEW
   C．CREATE DATABASE　　　　　D．CREATE INDEX
3. 下面关于视图中的数据存储的描述正确的是（　　）。
   A．视图自身存储数据
   B．只存储视图的定义，数据存储在原来的数据表中

C. 视图中的数据存储在临时数据表中
D. 视图中的数据存储在另一个视图中

4. 视图的（　　）可以用于防止未授权的用户查看特定的行或列。
   A. 简单性　　　　　　　　　　B. 安全性
   C. 独立性　　　　　　　　　　D. 灵活性
5. 视图的作用是（　　）。
   A. 只能查询　　　　　　　　　B. 可以查询与修改数据
   C. 只能修改数据　　　　　　　D. 不能查询也不能修改数据
6. 修改视图的 SQL 语句是（　　）。
   A. ALTER VIEW　　　　　　　B. UPDATE VIEW
   C. CHANGE VIEW　　　　　　D. MODIFY VIEW
7. 删除视图的 SQL 语句是（　　）。
   A. DROP VIEW　　　　　　　B. REMOVE VIEW
   C. DELETE VIEW　　　　　　D. ERASE VIEW
8. 当通过视图添加数据时，数据实际上存储在（　　）。
   A. 视图中　　　　　　　　　　B. 基表中
   C. 临时数据表中　　　　　　　D. 另一个视图中

二、问答题

1. 阐述视图的概念及其作用。
2. 创建视图时需要注意哪些限制条件？
3. 如何查看数据库中的所有视图？
4. 如何删除视图？

三、应用题

某互联网医疗平台存储了大量患者就医信息，包括患者个人信息、就医记录、处方信息等数据。为了既保护患者隐私，又便于医护人员和研究人员合理使用这些数据，该平台需要建立合理的数据访问机制。视图作为一种虚拟表，能够实现数据访问的精细化控制，是解决此类问题的理想工具。该平台可以针对不同角色（如主治医生、护士、科研人员等）创建不同的视图，使其只能访问工作所需的数据范围。例如，主治医生可以查看患者的完整信息，护士只能查看患者的基本信息和用药信息，科研人员只能查看去标识化后的诊疗数据。

1. 用户可以通过视图完成哪些基本数据表的操作？
2. 视图可以用来修改记录吗？如果可以，则需要满足哪些条件？

企业案例：创建与使用资产管理系统数据库 assertmanage 中的视图

1. 基于 assets 表创建 v_assets 视图，其中包括资产名称（assetname）、购买日期（purchasedate）、购买价格（purchaseprice）、资产所在位置（location）和资产状态（status）

信息。

2．在 v_assets 视图中查询 2023 年 6 月份以前购买的资产信息。

3．在 v_assets 视图中插入一条记录"笔记本电脑，2024-01-02，10000.00，财务部，在用"。

4．在 v_assets 视图中删除 2024-01-02 购买的资产信息。

5．使用图形化管理工具基于 users 表和 borrowrecords 表创建 v_users_borrow 视图，其中包括用户名称（username）、部门（department）、借用日期（borrowdate）、归还日期（returndate）、借用状态（status）。

6．在 v_users_borrow 视图中查询技术部借用资产信息。

7．删除 v_assets 视图。

单元 8　创建与管理索引

学习导读

索引可以显著提高数据检索的速度，就像书籍的目录一样，它允许数据库系统快速定位到所需的数据行，而无须扫描整个数据表。通过精心规划和创建索引，我们可以针对常用的查询模式进行优化，从而减少查询响应时间，提升系统性能。

学习目标

知识目标

- 了解索引的概念、类型与优缺点。
- 熟悉创建索引的两种语法。
- 熟悉查看与删除索引的语法。
- 掌握使用图形化管理工具创建与管理索引的方法。

能力目标

- 能够创建、查看与删除索引。
- 能够使用图形化管理工具创建与管理索引。

素养目标

- 通过对索引概念的学习，提升学生的逻辑思维和系统分析能力。
- 通过创建与管理索引，培养学生的细致观察力和解决问题的能力。

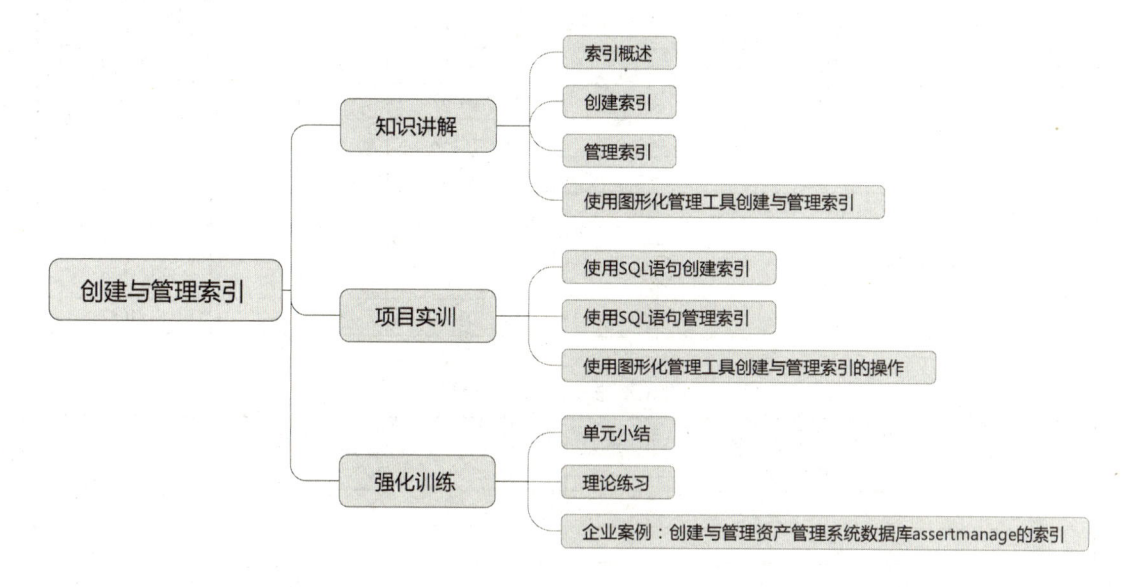

单元 8　创建与管理索引

知识图谱

- 创建与管理索引
  - 知识讲解
    - 索引概述
    - 创建索引
    - 管理索引
    - 使用图形化管理工具创建与管理索引
  - 项目实训
    - 使用SQL语句创建索引
    - 使用SQL语句管理索引
    - 使用图形化管理工具创建与管理索引的操作
  - 强化训练
    - 单元小结
    - 理论练习
    - 企业案例：创建与管理资产管理系统数据库assertmanage的索引

相关知识

8.1　索引概述

索引（Index）作为一种提高数据库查询速度的重要机制，通过构建数据的快速查找路径来加速信息的访问过程。它类似于图书中的目录，可以帮助我们迅速定位到所需的内容，而不必逐页翻阅整本书。在数据库中，合适的索引策略能够显著减少查询响应时间，提升系统性能，特别是在处理大规模数据集时尤为重要。

8.1.1　索引的概念

索引是一种单独的、物理的对数据表中的一列或多列的值进行排序（通过方便有效的数据结构来排序）的存储结构。它是某个数据表中一列或若干列值的集合和相应的指向数据表中这些值的逻辑指针清单。通过该指针可以直接检索到数据，从而加快数据的检索速度。表 8-1 所示为学生信息表，在数据页中保存了学生信息，包含学生编号、姓名、性别、出生日期、民族和班级信息，如果要查找学生编号为"108"的学生信息，必须在数据页中逐字段查找，直至扫描到第 9 条记录为止。为了方便查找，根据学生编号创建如表 8-2 所示的索引表。该索引表中包含了索引码和指针信息。我们利用该索引表，查找到索引码"108"的指针值为"9"，根据该指针值，可以到数据表中快速找到学生编号为"108"的学生信息，而不必扫描所有记录，从而加快检索速度。

表 8-1 学生信息表

学生编号	姓名	性别	出生日期	民族	班级
100	李汉天	男	2003-01-04	汉	21033
101	马青	男	2003-01-11	彝	21033
102	王丽丽	女	2003-07-31	汉	21033
103	陈刚	男	2003-04-09	维	21032
104	曾华	女	2003-01-23	满	21031
105	王芳	女	2002-10-21	回	21032
106	赵强	男	2003-02-07	汉	21033
107	刘云	女	2003-08-21	汉	21033
108	孙敏	男	2002-12-05	维	21032
109	周磊	女	2003-03-16	汉	21033

表 8-2 学生编号索引表

索引码	指针
100	1
101	2
102	3
103	4
104	5
105	6
106	7
107	8
108	9
109	10

提示：

在通常情况下，只有当经常查询索引列中的数据时，才需要在数据表上创建索引。索引会占用磁盘空间，并且降低添加、删除和更新行的速度。但是在多数情况下，索引带来的数据检索速度的优势大大超过它的不足之处。然而，如果应用程序非常频繁地更新数据或磁盘空间有限，则最好限制索引的数量。

8.1.2 索引的类型

MySQL 主要的索引类型有以下几种。

1. 普通索引

普通索引是 MySQL 最基本的索引类型，允许索引列有重复值。可以在条件查询频繁的字段或排序字段上创建普通索引。

普通索引（由关键字 KEY 或 INDEX 定义的索引）的唯一任务是加快对数据的访问速度。因此，应该只为那些经常出现在查询条件（WHERE column）或排序条件（ORDER BY column）中的数据列创建索引。

2. 唯一索引

唯一索引表示数据表中任何两条记录的索引值都不相同，与数据表的主键类似。它可以确保索引列不包含重复的值。在多列唯一索引的情况下，该索引可以确保索引列中每个值组合都是唯一的。

3. 主键索引

主键索引是在创建主键时自动创建的，是唯一索引的特殊类型。它与唯一索引的区别是，主键索引在定义时使用的关键字是 PRIMARY 而不是 UNQUE；主键索引字段不允许为空值。

4. 组合索引

组合索引是将两个字段或多个字段组合起来的索引，而单独的字段允许值不唯一。例如，可以将姓名分为"姓"和"名"两个字段，如果允许同姓或同名的记录存在，但是不允许有任何两条记录既同名又同姓，则可以将"姓"和"名"两个字段设置为组合索引。

5. 全文索引

全文索引的索引类型为 FULLTEXT，可以在 CHAR、VARCHAR 或 TEXT 类型的列上创建，主要用于检索大量文本文字中的字符串信息。

6. 空间索引

空间索引是一种特殊的索引类型，支持存储空间数据类型，如几何数据（点、线、矩形等），主要用于存储和查询 GIS（地理信息系统）相关数据。

8.1.3 索引的优点与缺点

索引是数据库非常重要的数据结构，用于加速数据的检索和查询操作。它的优点与缺点如下。

1. 索引的优点

（1）提高查询性能：通过创建索引，可以极大地减少数据库查询的数据量，从而提高查询的速度。

（2）加速排序：当查询需要按照某个字段进行排序时，索引可以加速排序的过程，提高排序效率。

（3）减少磁盘 I/O：索引可以减少磁盘 I/O 的次数，这对于磁盘读/写速度较低的场景尤其重要。

2. 索引的缺点

（1）占据额外的存储空间：索引需要占据额外的存储空间，特别是在大型数据库系统中，索引可能占据较大的存储空间。

（2）增、删、改操作的性能损耗：每次对数据表进行插入、更新、删除等操作时，需要更新索引，这样会降低操作的性能。

（3）资源消耗较大：索引需要占用内存和 CPU 资源，特别是在大规模并发访问的情况下，可能会对系统的性能产生影响。

在以下情况下建议使用索引。

（1）频繁执行查询操作的字段：如果这些字段经常被查询，则使用索引可以提高查询的性能，减少查询的时间。

（2）大表：当数据表的数据量较大时，使用索引可以快速定位到所需的数据，提高查询效率。

（3）需要排序或分组的字段：在对字段进行排序或分组操作时，使用索引可以减少排序或者分组的时间。

（4）外键关联的字段：当进行数据表之间的关联查询时，使用索引可以加快关联查询的速度。

在以下情况下不建议使用索引。

（1）频繁执行更新操作的数据表：如果数据表经常被更新数据，则使用索引可能会降低更新操作的性能，因为每次更新都需要维护索引。

（2）小表：对于数据量较小的数据表，使用索引可能并不会带来明显的性能提高，反而会占用额外的存储空间。

（3）重复值太多的列：例如，"性别"字段等，如果为该字段创建索引，则索引的大小可能会比数据本身还大，导致索引的存储空间占用较多，也会导致查询操作的性能下降。

总之，索引需要根据具体情况进行使用，需要考虑数据表的大小、查询频率、更新频率及业务需求等因素。

8.2 创建索引

MySQL 提供了 3 种创建索引的方法。

8.2.1 创建数据表时创建索引

在 MySQL 中，可以在创建数据表时创建索引，基本语法格式如下。

```
CREATE TABLE 表名 (
  列名1 数据类型[约束条件],
  列名2 数据类型[约束条件],
  ...
  [ UNIQUE | FULLTEXT | SPATIAL ]
  INDEX | KEY
    [ 索引名 ](字段名,[<长度 n>][ASC|DESC])
);
```

说明：

- [UNIQUE | FULLTEXT | SPATIAL]：可选项，分别表示唯一索引、全文索引和空间索引。
- INDEX 和 KEY：为同义词，两者作用相同，都用于创建索引。

- 字段名：指定要索引的数据表的列名，可以指定一个或多个列作为索引的组合。
- [ASC|DESC]：可选项，用于指定索引的排序顺序。ASC 表示升序排序，DESC 表示降序排序。在默认情况下，索引进行升序排序。

【例 8-1】 创建一个名为 student 的表，并在 age 列上创建一个普通索引。

（1）在 test 数据库中新建查询，在打开的查询窗口中输入下列语句。

```
CREATE TABLE student(
    id INT PRIMARY KEY,
    name VARCHAR(50),
    age INT,
    INDEX idx_age (age)
);
```

（2）单击"运行"按钮▷，在 student 表的 age 列上创建了一个名为 idx_age 的普通索引。执行完以上语句之后，通过下面的语句可以查看普通索引是否创建成功。

```
SHOW CREATE TABLE student;
```

单击"运行"按钮▷，运行结果如图 8-1 所示。可以清晰看到，该表结构的索引为 age。后文其余索引被创建后，均可使用该语句查看对应索引是否创建成功。

Table	Create Table
student	CREATE TABLE `student` (`id` int NOT NULL, `name` varchar(50) DEFAULT NULL, `age` int DEFAULT NULL, PRIMARY KEY (`id`), KEY `idx_age` (`age`)

图 8-1　查看普通索引是否创建成功

8.2.2　在已存在的数据表上创建索引

在已存在的数据表上，使用 CREATE INDEX 语句可以创建索引，基本语法格式如下。

```
CREATE [UNIQUE|FULLTEXT|SPATIAL] INDEX 索引名
ON 表名 列名 [长度] [ASC|DESC])
```

> **说明：**

- [UNIQUE|FULLTEXT|SPATIAL]：该参数的含义与 CREATE TABLE 语句中 [UNIQUE|FULLTEXT|SPATIAL] 参数的含义相同，此处不再赘述。
- 列名：表示创建索引的列名。长度表示使用列前缀的多少个字符来创建索引。使用列的一部分创建索引有利于减小索引文件的大小，节省索引列所占的存储空间。在某些情况下，只能对列的前缀（部分数据）进行索引。索引列的长度有一个最大上限——255 字节（MyISAM 表和 InnoDB 表的最大上限为 1000 字节），如果索引列的长度超过了这个最大上限的值，就只能用列的前缀创建索引。
- [ASC|DESC]：该参数的含义与 CREATE TABLE 语句中[ASC|DESC]参数的含义相同，此处不再赘述。

【例 8-2】 在 teacher 表的 prof 字段上创建普通索引。

（1）在 school 数据库中新建查询，在打开的查询窗口中输入下列语句。

```
CREATE INDEX IN_prof ON teacher (prof);
```

（2）单击"运行"按钮▷，创建 IN_prof 索引。

【例 8-3】 在 student 表的 sname 字段上创建唯一索引。

（1）在 school 数据库中新建查询，在打开的查询窗口中输入下列语句。

```
CREATE UNIQUE INDEX IN_sname ON student(sname);
```

（2）单击"运行"按钮▷，创建 IN_sname 索引。

> **说明：**
>
> 唯一索引与普通索引类似，不同的是，唯一索引中索引列的值必须唯一，但是允许有空值。

8.2.3 使用 ALTER TABLE 语句创建索引

在 MySQL 中，ALTER TABLE 语句既可以用于修改现有表的结构，又可以创建索引，基本语法格式如下。

```
ALTER TABLE 表名
ADD [UNIQUE|FULLTEXT|SPATIAL] INDEX 索引名(列名)
```

【例 8-4】 在 teacher 表的 tname 和 tsex 字段上创建复合索引。

（1）在 school 数据库中新建查询，在打开的查询窗口中输入下列语句。

```
ALTER TABLE teacher
ADD INDEX (tname,tsex);
```

（2）单击"运行"按钮▷，创建复合索引。

> **说明：**
>
> 如果没有指定索引名，则系统会基于表名、列名及索引类型自动生成一个名称。一般主键的索引名为 PRIMARY，其他索引使用索引的第一个列名作为索引名，如果存在多个索引的名字，则以某一列的名字开头，然后在列名后面添加一个顺序号码。

8.3 管理索引

在 MySQL 中，我们可以查看和删除已经创建的索引。

8.3.1 查看索引

在 MySQL 中，使用 SHOW INDEX 语句可以查看数据表中创建的索引，基本语法格式如下。

```
SHOW INDEX FROM 表名;
```

【例 8-5】 查看 score 表中的索引。
（1）在 school 数据库中新建查询，在打开的查询窗口中输入下列语句。

```
SHOW INDEX FROM score;
```

（2）单击"运行"按钮▷，运行结果如图 8-2 所示。

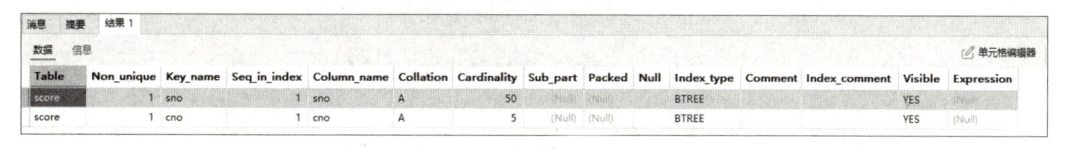

Table	Non_unique	Key_name	Seq_in_index	Column_name	Collation	Cardinality	Sub_part	Packed	Null	Index_type	Comment	Index_comment	Visible	Expression
score	1	sno	1	sno	A	50	(Null)	(Null)		BTREE			YES	(Null)
score	1	cno	1	cno	A	5	(Null)	(Null)		BTREE			YES	(Null)

图 8-2　查看 score 表中的索引

8.3.2　删除索引

删除索引是指将数据表中已经存在的索引删除。建议删除数据表中不用的索引，因为它们会降低数据表的更新速度，影响数据库的性能。

在 MySQL 中，使用 DROP INDEX 语句或 ALTER TABLE 语句可以删除索引。

1. 使用 DROP INDEX 语句

使用 DROP INDEX 语句删除数据表中索引的语法格式如下。

```
DROP INDEX 索引名 ON 表名;
```

【例 8-6】 删除 teacher 表中的 IN_prof 索引。
（1）在 school 数据库中新建查询，在打开的查询窗口中输入下列语句。

```
DROP INDEX IN_prof ON teacher;
```

（2）单击"运行"按钮▷，删除 IN_prof 索引。

2. 使用 ALTER TABLE 语句

使用 ALTER TABLE 语句删除数据表中索引的语法格式如下。

```
ALTER TABLE 表名
DROP INDEX 索引名;
```

【例 8-7】 删除 teacher 表中的 tname 索引。
（1）在 school 数据库中新建查询，在打开的查询窗口中输入下列语句。

```
ALTER TABLE teacher
DROP INDEX tname;
```

（2）单击"运行"按钮▷，删除 tname 索引。

8.4　使用图形化管理工具创建与管理索引

8.4.1　使用图形化管理工具创建索引

在要创建索引的数据表的"索引"节点上右击，在弹出的快捷菜单中选择"添加索引"

命令，如图 8-3 所示。打开该数据表的"索引"选项卡，如图 8-4 所示。输入索引名称，设置索引的字段、类型与方法等参数，单击"保存"按钮，创建索引。

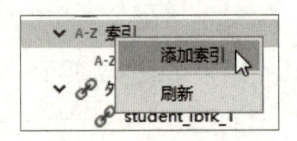

图 8-3　选择"添加索引"命令

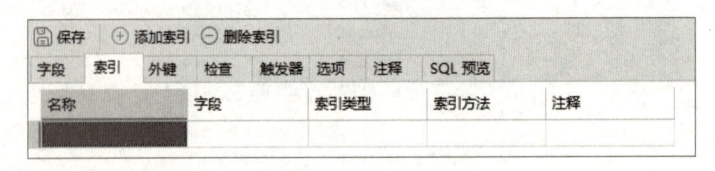

图 8-4　"索引"选项卡

【例 8-8】在 student 表上创建普通索引。

（1）在 school 数据库中的 student 表的"索引"节点上右击，在弹出的快捷菜单中选择"添加索引"命令。

（2）打开 student 表的"索引"选项卡，在"名称"文本框中输入索引名称"Index-nation"，单击"字段"栏中的…按钮，在打开的下拉列表框中勾选"nation"复选框，如图 8-5 所示。单击"确定"按钮。

图 8-5　勾选"nation"复选框

（3）单击"索引类型"中的按钮，打开如图 8-6 所示的下拉列表，选择索引类型为"NORMAL"。

（4）单击"索引方法"中的按钮，打开如图 8-7 所示的下拉列表，选择索引方法为"BTREE"。

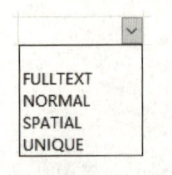

图 8-6　"索引类型"下拉列表　　　　图 8-7　"索引方法"下拉列表

（5）单击"保存"按钮，创建普通索引，如图 8-8 所示。

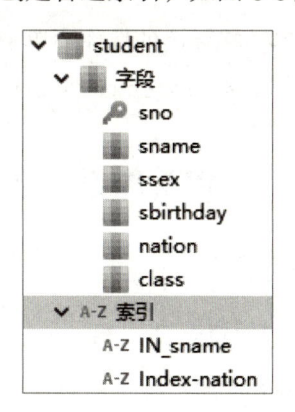

图 8-8　创建普通索引

8.4.2　使用图形化管理工具管理索引

1. 编辑索引

选择要编辑的索引并右击，在弹出的快捷菜单中选择"编辑索引"命令，如图 8-9 所示，打开对应的"索引"选项卡，可以修改索引的名称、字段、类型与方法等，修改完之后，单击"保存"按钮。

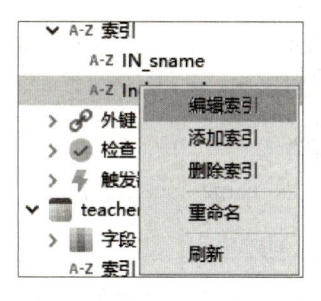

图 8-9　选择"编辑索引"命令

2. 删除索引

选择要删除的索引并右击，在弹出的快捷菜单中选择"删除索引"命令；或者在"索引"选项卡中单击"删除索引"按钮。打开如图 8-10 所示的"确认删除"对话框，勾选"我了解此操作是永久性的且无法撤销"复选框，单击"删除"按钮，删除所选索引。

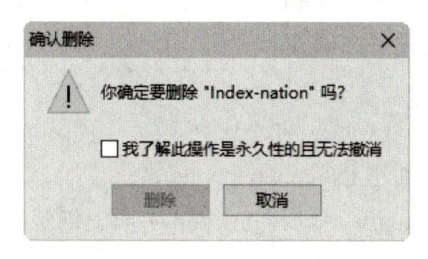

图 8-10　"确认删除"对话框

3. 重命名索引

选择要修改名称的索引并右击，在弹出的快捷菜单中选择"重命名"命令，此时索引名称处于编辑状态，输入新的索引名称，按 Enter 键确认。

项目实训：创建与管理商品销售管理系统数据库 salesmanage 的索引

任务 1：使用 SQL 语句创建索引

1. 使用 CREATE INDEX 语句创建索引

（1）在 customers 表的 customername 字段上创建普通索引。

在 salesmanage 数据库中新建查询，在打开的查询窗口中输入下列语句。

```
CREATE INDEX IN_custo ON customers(customername);
```

单击"运行"按钮▷，创建 IN_custo 索引。

（2）在 customers 表的 phone 字段上创建唯一索引。

在打开的查询窗口中输入下列语句。

```
CREATE UNIQUE INDEX IN_phone ON customers(phone);
```

单击"运行"按钮▷，创建 IN_phone 索引。

（3）在 warehouses 表的 warehousename 字段和 location 字段上创建复合索引。

在打开的查询窗口中输入下列语句。

```
CREATE UNIQUE INDEX IN_name_loca ON warehouses(warehousename,location);
```

单击"运行"按钮▷，创建 IN_name_loca 索引。

2. 使用 ALTER TABLE 语句创建索引

（1）在 suppliers 表的 contactperson 字段上创建普通索引。

在 salesmanage 数据库中新建查询，在打开的查询窗口中输入下列语句。

```
ALTER TABLE suppliers
ADD INDEX IN_cont(contactperson);
```

单击"运行"按钮▷，创建 IN_custo 索引。

（2）在 departments 表的 contactphone 字段上创建唯一索引。

在打开的查询窗口中输入下列语句。

```
ALTER TABLE departments
ADD UNIQUE IN_contactphone (contactphone);
```

单击"运行"按钮▷，创建 IN_contactphone 索引。

（3）在 employees 表的 salary 字段和 position 字段上创建复合索引。

在打开的查询窗口中输入下列语句。

```
ALTER TABLE employees
ADD INDEX (salary,position);
```

单击"运行"按钮▷，创建复合索引。

任务 2：使用 SQL 语句管理索引

1. 查看 customers 表中的索引

（1）在 salesmanage 数据库中新建查询，在打开的查询窗口中输入下列语句。

```
SHOW INDEX FROM customers;
```

（2）单击"运行"按钮▷，运行结果如图 8-11 所示。

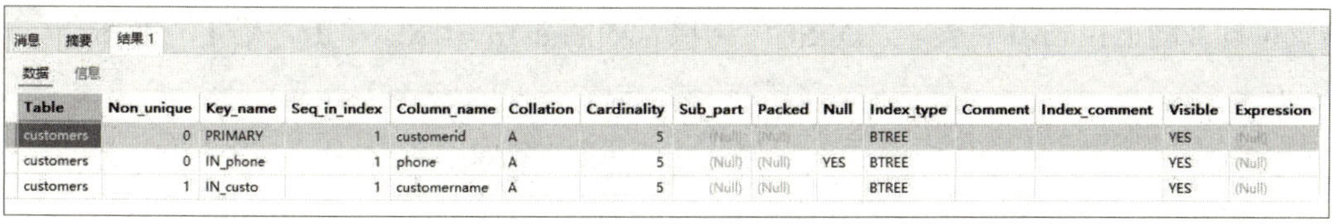

Table	Non_unique	Key_name	Seq_in_index	Column_name	Collation	Cardinality	Sub_part	Packed	Null	Index_type	Comment	Index_comment	Visible	Expression
customers	0	PRIMARY	1	customerid	A	5	(Null)	(Null)		BTREE			YES	(Null)
customers	0	IN_phone	1	phone	A	5	(Null)	(Null)	YES	BTREE			YES	(Null)
customers	1	IN_custo	1	customername	A	5	(Null)	(Null)		BTREE			YES	(Null)

图 8-11　查看 customers 表中的索引

2. 使用 DROP 语句删除 customers 表中的 IN_custo 索引

（1）在打开的查询窗口中输入下列语句。

```
DROP INDEX IN_custo ON customers;
```

（2）单击"运行"按钮▷，删除 IN_custo 索引。

3. 使用 ALTER TABLE 语句删除 warehouses 表中的 IN_name_loca 索引

（1）在打开的查询窗口中输入下列语句。

```
ALTER TABLE warehouses
DROP INDEX IN_name_loca;
```

（2）单击"运行"按钮▷，删除 IN_name_loca 索引。

任务 3：使用图形化管理工具创建与管理索引的操作

1. 在 departments 表的 managername 字段上创建唯一索引

（1）在 salesmanage 数据库中的 departments 表的"索引"节点上右击，在弹出的快捷菜单中选择"添加索引"命令。

（2）打开 departments 表的"索引"选项卡，在"名称"文本框中输入索引名称"IN-managername"。

（3）单击"字段"栏中的按钮，在打开下拉列表框中勾选"managername"复选框，单击"确定"按钮。

（4）单击"索引类型"中的按钮，在打开的下拉列表中选择"UNIQUE"选项。

（5）单击"索引方法"中的按钮，在打开的下拉列表中选择"BTREE"选项，如图 8-12 所示。

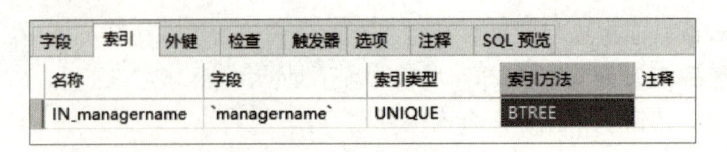

图 8-12　设置索引参数

（6）单击"保存"按钮📁，创建唯一索引。

2. 更改 IN_managername 索引中字段的排序顺序

（1）选择 IN_managername 索引并右击，在打开的快捷菜单中选择"编辑索引"命令，打开"索引"选项卡。

（2）单击"字段"栏中的...按钮，在打开下拉列表框中单击"排序顺序"栏中的☑按钮，在打开的下拉列表中选择"DESC"选项，如图 8-13 所示，单击"确定"按钮。

图 8-13　选择"DESC"选项

（3）单击"保存"按钮📁，完成索引的更改。

3. 删除 IN_managername 索引

（1）选择 IN_managername 索引并右击，在弹出的快捷菜单中选择"删除索引"命令，或者在"索引"选项卡中单击"删除索引"按钮⊖。

（2）打开"确认删除"对话框，勾选"我了解此操作是永久性的且无法撤销"复选框，单击"删除"按钮，删除 IN_managername 索引。

单元小结

本单元首先详细地介绍了数据库索引的相关知识，包括索引的概念、类型、优点/缺点，以及创建与管理索引的方法。其次介绍了索引在提高数据检索速度中的重要性，并介绍了普通索引、唯一索引、主键索引、组合索引和全文索引等不同类型的索引。再次介绍了使用 CREATE INDEX 语句和 ALTER TABLE 语句创建索引的方法，以及使用 SHOW INDEX 语句和 DROP INDEX 语句查看与删除索引的方法。还介绍了使用图形化管理工具创建与管理索引的方法。最后通过项目实训，介绍了在商品销售管理系统数据库中实际创建与管理索引的方法，包括使用 SQL 语句和图形化管理工具的操作。

理论练习

一、选择题

1. 索引是（   ）。
   A．一种存储数据的物理结构
   B．一种提高数据库查询速度的存储结构
   C．数据库中用于存储图片的字段
   D．数据库中用于存储大量文本的字段

2. （   ）可以确保索引列不包含重复的值。
   A．普通索引　　　　　　　　B．唯一索引
   C．主键索引　　　　　　　　D．组合索引

3. 创建唯一索引的关键字是（   ）。
   A．PRIMARY　　　　　　　　B．UNIQUE
   C．KEY　　　　　　　　　　D．INDEX

4. （   ）可以在空间数据类型的字段上创建。
   A．普通索引　　　　　　　　B．唯一索引
   C．主键索引　　　　　　　　D．空间索引

5. 创建索引时，不需要考虑的因素是（   ）。
   A．查询频率　　　　　　　　B．更新频率
   C．业务需求　　　　　　　　D．数据的颜色

6. 下面不是索引的优点的是（   ）。
   A．提高查询性能　　　　　　B．加速排序
   C．减少磁盘 I/O　　　　　　D．增加存储空间

7. 在 MySQL 中，用于创建索引的语句是（   ）。
   A．CREATE TABLE　　　　　　B．ALTER TABLE
   C．CREATE INDEX　　　　　　D．DROP INDEX

8. 在 MySQL 中，用于查看数据表中索引的语句是（   ）。
   A．SHOW TABLES
   B．DESCRIBE TABLE
   C．SHOW INDEX FROM table_name
   D．EXPLAIN TABLE

9. 在 MySQL 中，用于删除索引的语句是（   ）。
   A．REMOVE INDEX　　　　　　B．DELETE INDEX
   C．DROP INDEX　　　　　　　D．CLEAR INDEX

二、问答题

1. 索引有哪些类型？
2. 索引的优点和缺点分别是什么？
3. 在什么情况下建议使用索引？
4. 如何在 MySQL 中删除索引？
5. 使用图形化管理工具创建索引的基本步骤是什么？

三、应用题

某党史学习教育平台收录了大量革命历史文献资料。为了让广大师生更好地学习党史，传承红色文化，开发团队使用 MySQL 构建了"文献资料检索系统"。随着收录的文献资料不断增加，该系统在文献检索时出现性能瓶颈，现需要通过设计合适的索引来提升数据查询效率。

针对以下查询场景，请设计合适的索引方案并说明理由。
（1）按发表时间范围检索文献。
（2）根据文献标题进行关键词搜索。
（3）按文献分类和年份统计文献数量。
（4）查询最近一个月访问量最高的文献。

企业案例：创建与管理资产管理系统数据库 assertmanage 的索引

1. 在 assets 表的 status 字段上创建普通索引。
2. 在 users 表的 phonenumber 字段上创建唯一索引。
3. 在 maintenancerecords 表的 maintenancetype 字段和 cost 字段上创建复合索引。
4. 查看 assets 表中的索引
5. 删除 users 表中的索引。
6. 使用图形化管理工具在 assets 表的 serialnumber 字段上创建唯一索引。
7. 使用图形化管理工具删除 assets 表中的索引。

单元 9 创建与使用存储过程和存储函数

学习导读

在数据库应用开发中，经常会有同一个功能被多次调用的情况，如果每次实现同一功能都编写代码，就会浪费大量的时间。为了解决这类问题，从 MySQL 5.0 版本开始引入了存储过程和存储函数。存储过程和存储函数允许开发者将一系列完成特定功能的 SQL 语句封装在一起，作为一个预编译的单元存储在数据库中，当需要执行时，客户端只需要向服务器端发出调用存储过程和存储函数的命令，服务器端就可以将预先存储好的这一系列 SQL 语句全部执行，极大地减少了开发者的工作量。

学习目标

知识目标
➢ 了解存储过程的概念。
➢ 熟悉创建、调用、查看、修改与删除存储过程的语法。
➢ 熟悉创建、调用、修改与删除存储函数的语法。
➢ 掌握使用图形化管理工具创建与管理存储过程或存储函数的方法。

能力目标
➢ 能够按需创建、查看、修改与删除存储过程或存储函数。
➢ 能正确使用参数编写存储过程或存储函数并进行调用。
➢ 能够使用图形化管理工具创建与管理存储过程或存储函数。

素养目标
➢ 通过学习存储过程强化逻辑性和系统性思考，培养学生的程序设计思维。
➢ 通过学习存储函数，提高学生解决问题的能力。

知识图谱

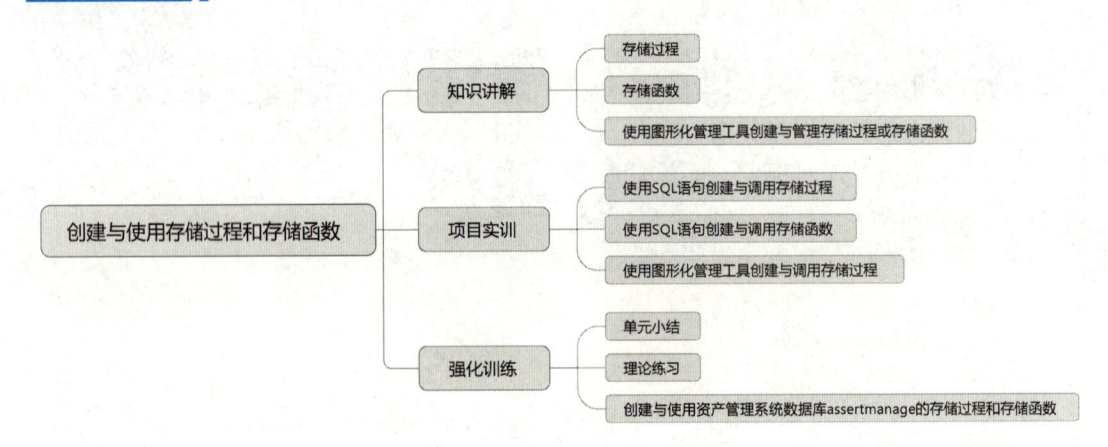

```
                              ┌─ 存储过程
                    ┌─ 知识讲解 ─┼─ 存储函数
                    │          └─ 使用图形化管理工具创建与管理存储过程或存储函数
                    │
                    │          ┌─ 使用SQL语句创建与调用存储过程
创建与使用存储过程和存储函数 ─┼─ 项目实训 ─┼─ 使用SQL语句创建与调用存储函数
                    │          └─ 使用图形化管理工具创建与调用存储过程
                    │
                    │          ┌─ 单元小结
                    └─ 强化训练 ─┼─ 理论练习
                               └─ 创建与使用资产管理系统数据库assertmanage的存储过程和存储函数
```

相关知识

9.1 存储过程

9.1.1 存储过程概述

1. 存储过程的定义

存储过程（Stored Procedure）是在数据库系统中，一组为了完成特定功能的 SQL 语句集，经过第一次编译后调用不需要再次编译，用户通过指定存储过程的名字并给出参数（如果该存储过程带有参数）就可以执行它。

存储过程是数据库中的一个重要对象。存储过程可以包含逻辑控制语句和数据操纵语句，它可以接收参数、输出参数，返回单个或多个结果集或返回值。

2. 存储过程的优点与缺点

1）存储过程的优点

（1）执行速度快。

在创建存储过程时，就已经通过了语法检查和性能优化。在调用存储过程时无须每次编译，能极大地提高数据库的处理速度。

（2）允许模块化设计。

只需创建一次存储过程并将其存储在数据库中，以后便可在程序中多次调用该过程，并可以独立于程序源代码而单独修改。

（3）提高了系统安全性。

通过设置存储过程的权限，可以避免非授权用户对数据的访问，保证数据的安全。

（4）减少网络流量。

在客户端调用存储过程时，传送的只是该调用语句，而不需要在网络中发送数百行代码，能极大地减少网络流量。

2）存储过程的缺点

（1）可移植性差。

存储过程不能跨数据库移植。例如，在 MySQL、Oracle 和 SQL Server 里编写的存储过程，在换成其他数据库时都需要重新编写。

（2）调试困难。

只有少数数据库管理系统支持存储过程的调试。对于复杂的存储过程来说，开发和维护都不容易。虽然也有一些第三方工具可以对存储过程进行调试，但是要收费。

（3）存储过程的版本管理很困难。

当数据表索引发生变化时，可能会导致存储过程失效。我们在开发软件时往往需要进行版本管理，但是存储过程本身没有版本控制，因此版本迭代更新时很麻烦。

（4）不适合高并发的场景。

高并发的场景需要减少数据库的压力，有时数据库会采用分库分表的方式，而且对可扩展性要求很高。在这种情况下，存储过程会变得难以维护，增加了数据库的压力，显然就不适用了。

9.1.2 创建存储过程

创建存储过程的基本语法格式如下。

```
CREATE PROCEDURE 过程名(参数)
BEGIN
    过程体(一组合法有效的 SQL 语句)
END
```

说明：

- 当有多个参数时，中间用逗号隔开。存储过程可以有 0 个、1 个或多个参数。
- 参数的格式为：[IN|OUT|INOUT] 参数名 类型。其中，[IN|OUT|INOUT]表示参数的输入/输出类型。IN 表示输入参数，是默认值；OUT 表示输出参数；INOUT 表示既可以是输入参数也可以是输出参数。
- BEGIN…END：表示存储过程的开始符号和结束符号；如果过程体只有一句话，则 BEGIN…END 可以省略
- 可以使用 DELIMITER 命令将 MySQL 语句的结束符号修改为其他符号。语法格式为：DELIMITER 结束符号。

【例 9-1】创建一个不带参数的存储过程。

（1）在 school 数据库中新建查询，在打开的查询窗口中输入下列语句。

```
CREATE PROCEDURE sp_student()
BEGIN
```

```
SELECT * FROM student;
END;
```

（2）单击"运行"按钮 ▷，创建 sp_student 存储过程。

9.1.3 调用存储过程

在 MySQL 中，使用 CALL 语句可以调用已经定义好的存储过程，基本语法格式如下。

```
CALL 过程名([参数[...]]);
```

【例 9-2】调用存储过程来查询学生信息。

（1）在 school 数据库中新建查询，在打开的查询窗口中输入下列语句。

```
CALL sp_student();
```

（2）单击"运行"按钮 ▷，运行结果如图 9-1 所示。

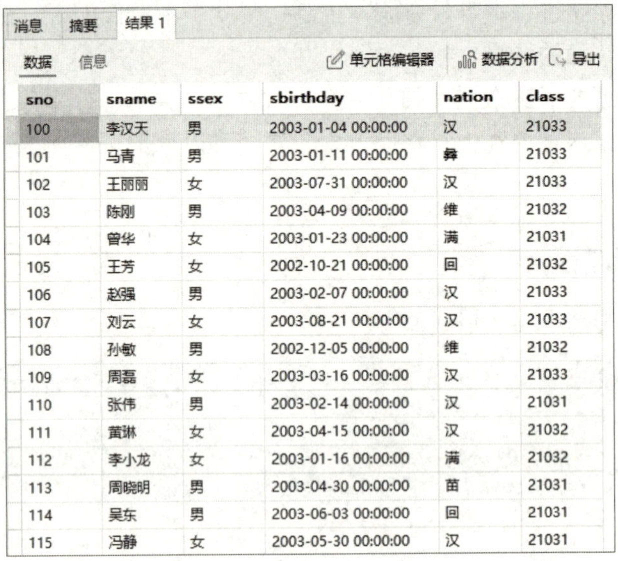

sno	sname	ssex	sbirthday	nation	class
100	李汉天	男	2003-01-04 00:00:00	汉	21033
101	马青	男	2003-01-11 00:00:00	彝	21033
102	王丽丽	女	2003-07-31 00:00:00	汉	21033
103	陈刚	男	2003-04-09 00:00:00	维	21032
104	曾华	女	2003-01-23 00:00:00	满	21031
105	王芳	女	2002-10-21 00:00:00	回	21032
106	赵强	男	2003-02-07 00:00:00	汉	21033
107	刘云	女	2003-08-21 00:00:00	汉	21033
108	孙敏	男	2002-12-05 00:00:00	维	21032
109	周磊	女	2003-03-16 00:00:00	汉	21033
110	张伟	男	2003-02-14 00:00:00	汉	21031
111	黄琳	女	2003-04-15 00:00:00	汉	21032
112	李小龙	女	2003-01-16 00:00:00	满	21032
113	周晓明	男	2003-04-30 00:00:00	苗	21031
114	吴东	男	2003-06-03 00:00:00	回	21031
115	冯静	女	2003-05-30 00:00:00	汉	21031

图 9-1 调用存储过程来查询学生信息

【例 9-3】创建一个带输入参数的存储过程，并从 score 表中查询学生编号为"120"的学生的各科成绩。

（1）创建存储过程。

在 school 数据库中新建查询，在打开的查询窗口中输入下列语句。

```
CREATE PROCEDURE sp1_score(IN type VARCHAR(10))
BEGIN
SELECT * FROM score WHERE type= sno;
END;
```

单击"运行"按钮 ▷，创建 sp1_score 存储过程。

（2）调用存储过程。

在打开的查询窗口中输入下列语句。

```
CALL sp1_score('120');
```
单击"运行"按钮 ▷，运行结果如图 9-2 所示。

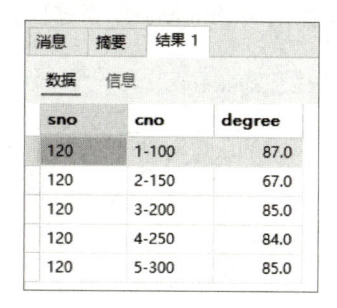

图 9-2　查询学生编号为"120"的学生的各科成绩

【例 9-4】创建一个带输入参数和输出参数的存储过程，并统计 21032 班的学生总人数。
（1）创建存储过程。
在 school 数据库中新建查询，在打开的查询窗口中输入下列语句。

```
CREATE PROCEDURE p_count(IN id char(10),OUT n INT)
BEGIN
SELECT count(*) INTO n FROM student WHERE class = id;
END;
```

单击"运行"按钮 ▷，创建 p_count 存储过程。
（2）调用存储过程。
在打开的查询窗口中输入下列语句。

```
CALL p_count('21032',@t);
SELECT @t AS'21032 班的总人数';
```

单击"运行"按钮 ▷，运行结果如图 9-3 所示。

图 9-3　统计 21032 班的学生总人数

9.1.4　查看存储过程

创建好存储过程后，用户可以使用 SHOW STATUS 语句查看存储过程的状态，也可以使用 SHOW CREATE 语句查看存储过程的定义。

1. 查看存储过程的状态

在 MySQL 中，使用 SHOW STATUS 语句可以查看存储过程的状态，基本语法格式如下。

```
SHOW PROCEDURE STATUS
```

[LIKE '过程名'|WHERE 表达式];

【例 9-5】查看 sp_student 存储过程的状态。
（1）在 school 数据库中新建查询，在打开的查询窗口中输入下列语句。

SHOW PROCEDURE STATUS LIKE 'sp_student';

（2）单击"运行"按钮▷，运行结果如图 9-4 所示。

图 9-4　查看 sp_student 存储过程的状态

【例 9-6】查看名称中含有"count"的存储过程的状态。
（1）在 school 数据库中新建查询，在打开的查询窗口中输入下列语句。

SHOW PROCEDURE STATUS LIKE '%count%';

（2）单击"运行"按钮▷，运行结果如图 9-5 所示。

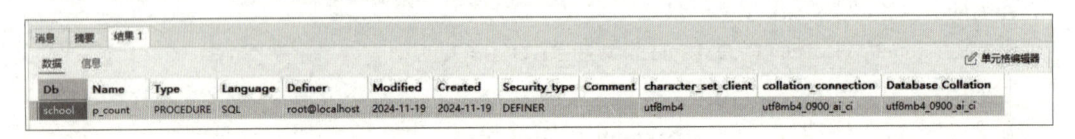

图 9-5　查看名称中含有"count"的存储过程的状态

2. 查看存储过程的定义

在 MySQL 中，使用 SHOW CREATE 语句可以查看存储过程的定义，基本语法格式如下。

SHOW CREATE PROCEDURE 过程名;

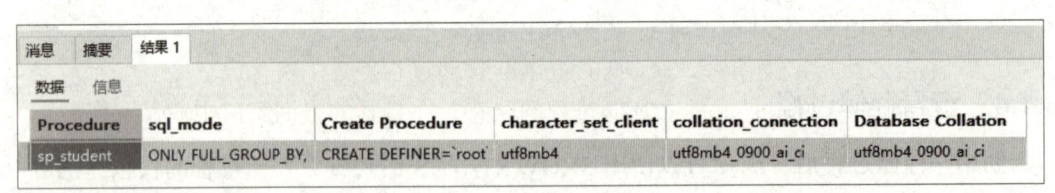

【例 9-7】查看 sp_student 存储过程的定义。
（1）在 school 数据库中新建查询，在打开的查询窗口中输入下列语句。

SHOW CREATE PROCEDURE sp_student;

（2）单击"运行"按钮▷，运行结果如图 9-6 所示。

图 9-6　查看 sp_student 存储过程的定义

9.1.5　修改存储过程

在实际开发过程中，修改业务需求的情况时有发生，这样就不可避免地需要修改 MySQL 中存储过程的特征。在 MySQL 中，使用 ALTER PROCEDURE 语句可以修改存储过程的某些特征，基本语法格式如下。

```
ALTER PROCEDURE 过程名
    [特征...]
     COMMENT '字符串'
    |LANGUAGE SQL
    |{CONTAINS SQL|NO SQL|READS SQL DATA|MODIFIES SQL DATA}
    |SQL SECURITY {DEFINER|INVOKER}
```

说明：

- COMMENT '字符串'：表示注释信息。
- CONTAINS SQL：表示子程序中包含 SQL 语句，但是不包含读或写数据的语句。
- NO SQL：表示子程序中不包含 SQL 语句。
- READS SQL DATA：表示子程序中包含读数据的语句。
- MODIFIES SQL DATA：表示子程序中包含写数据的语句。
- SQL SECURITY {DEFINER|INVOKER}：指明谁有权限来执行存储过程。DEFINER 表示只有定义者才能够执行，INVOKER 表示调用者可以执行。

提示：

ALTER PROCEDURE 语句用于修改存储过程的某些特征，如果修改存储过程的内容，则可以先删除该存储过程，再重新创建。

修改存储过程的内容可以通过先删除原存储过程，再以相同的名称创建新的存储过程的方式来实现。

修改存储过程的名称可以通过先删除原存储过程，再以不同的名称创建新的存储过程的方式来实现。

【例 9-8】修改 sp_student 存储过程，将读/写权限修改为 MODIFIES SQL DATA，并指明调用者可以执行。

（1）在 school 数据库中新建查询，在打开的查询窗口中输入下列语句。

```
ALTER PROCEDURE sp_student
MODIFIES SQL DATA
SQL SECURITY INVOKER;
```

（2）单击"运行"按钮▷，修改 sp_student 存储过程。

（3）查看修改后的 sp_student 存储过程的状态，在打开的查询窗口中输入下列语句。

```
SHOW PROCEDURE STATUS LIKE 'sp_student';
```

（4）单击"运行"按钮▷，运行结果如图 9-7 所示。

Db	Name	Type	Language	Definer	Modified	Created	Security_type	Comment	character_set_client	collation_connection	Database Collation
school	sp_student	PROCEDURE	SQL	root@localhost	2024-11-19	2024-11-19	INVOKER		utf8mb4	utf8mb4_0900_ai_ci	utf8mb4_0900_ai_ci

图 9-7 查看修改后的 sp_student 存储过程的状态

【例9-9】修改 p_count 存储过程,将读/写权限修改为 READS SQL DATA,并添加注释信息。

(1)在 school 数据库中新建查询,在打开的查询窗口中输入下列语句。

```
ALTER PROCEDURE p_count
READS SQL DATA
COMMENT 'count student';
```

(2)单击"运行"按钮▷,修改 p_count 存储过程。

(3)查看修改后的 p_count 存储过程的定义,在打开的查询窗口中输入下列语句。

```
SHOW CREATE PROCEDURE p_count;
```

(4)单击"运行"按钮▷,运行结果如图9-8所示。

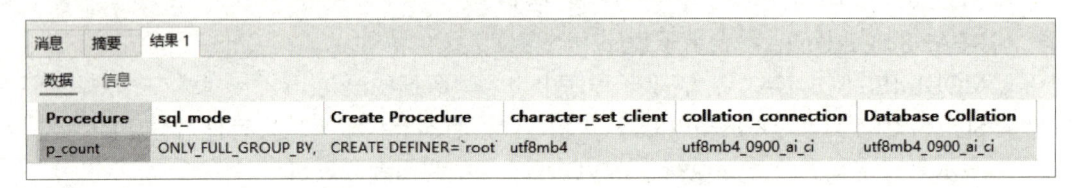

Procedure	sql_mode	Create Procedure	character_set_client	collation_connection	Database Collation
p_count	ONLY_FULL_GROUP_BY,	CREATE DEFINER=`root`	utf8mb4	utf8mb4_0900_ai_ci	utf8mb4_0900_ai_ci

图9-8 查看修改后的 p_count 存储过程的定义

9.1.6 删除存储过程

存储过程被创建后,保存在数据库服务器上,直至被删除。删除一个存储过程比较简单,和删除数据表一样。

在 MySQL 中,使用 DROP PROCEDURE 语句可以删除数据库中已创建的存储过程,基本语法格式如下。

```
DROP PROCEDURE [IF EXISTS] 过程名;
```

说明:

- 过程名:表示存储过程的名称,一次只能删除一个存储过程。
- IF EXISTS:用于防止因删除不存在的存储过程而引发的错误。

存储过程的名称的后面既没有参数列表,也没有括号。在删除之前,必须确认该存储过程没有任何依赖关系,否则会导致其他与之关联的存储过程无法运行。

【例9-10】删除 sp_student 存储过程。

(1)在 school 数据库中新建查询,在打开的查询窗口中输入下列语句。

```
DROP PROCEDURE sp_student;
```

(2)单击"运行"按钮▷,删除 sp_student 存储过程。

(3)查看 sp_student 存储过程是否存在。在打开的查询窗口中输入下列语句。

```
SHOW PROCEDURE STATUS LIKE 'sp_student';
```

(4)单击"运行"按钮▷,运行结果如图9-9所示。

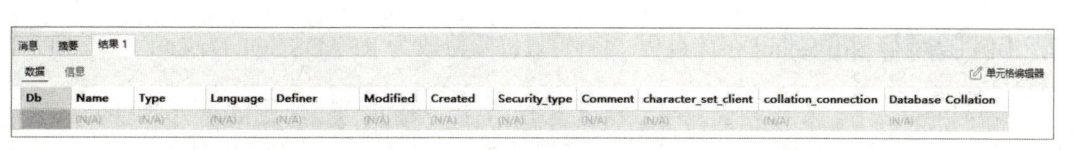

图 9-9　查看 sp_student 存储过程是否存在

9.2 存储函数

9.2.1 存储函数概述

存储函数是直接存储在数据库中的一段可执行 SQL 代码，它可以接收输入参数并返回结果集或单个值。这种机制不仅使得数据处理逻辑更加紧凑和高效，而且由于其位于数据库层面，可以减少客户端与服务器之间的数据传输负担，从而提高系统性能。

存储函数与存储过程的区别如下。

（1）存储函数的限制比较多（如不能用临时表，只能用表变量），而存储过程的限制较少；存储过程的实现功能要复杂些，而函数的实现功能针对性比较强。

（2）返回值不同。存储函数必须有返回值，且仅返回一个结果值；而存储过程可以没有返回值，但是能返回结果集(out,inout)。

（3）调用时不同。存储函数嵌入在 SQL 语句中使用，可以在 SELECT 存储函数名(变量值)；而存储过程通过 CALL 语句调用 CALL 存储过程名。

（4）参数不同。存储函数的参数类型类似于 IN 参数，没有类似于 OUT 和 INOUT 的参数；而存储过程的参数类型有 3 种：IN、OUT 和 INOUT。

9.2.2 创建存储函数

存储函数和存储过程一样，都是在数据库中定义一些 SQL 语句的集合。存储函数可以通过 RETURNS 语句返回函数值，主要用于计算并返回一个值；而存储过程没有直接返回值，主要用于执行操作。

创建、调用存储函数

在 MySQL 中，使用 CREATE FUNCTION 语句可以创建存储函数，基本语法格式如下。

```
CREATE FUNCTION   函数名([参数名  数据类型  [, …]]) RETURNS 返回类型
BEGIN
    过程体
END
```

说明：

- RETURNS 子句声明返回值类型也只能在存储函数中使用，且一个存储函数必须包含一个 RETURNS 语句。
- 过程体可以用 BEGIN…END 来表示 SQL 语句的开始和结束，如果过程体只有一条语句，则可以省略 BEGIN…END。

9.2.3 调用存储函数

在 MySQL 中，存储函数的使用方法与 MySQL 内部函数的使用方法是一样的。换言之，用户自己定义的存储函数与 MySQL 内部函数是一个性质的。两者的区别是，存储函数是用户自己定义的，而内部函数是 MySQL 开发者定义的。调用存储函数的基本语法格式如下。

```
SELECT 函数名([ 参数[,...]]);
```

【例 9-11】创建存储函数，实现根据学生编号，查询学生所在的班级。

（1）创建存储函数。

在 school 数据库中新建查询，在打开的查询窗口中输入下列语句。

```
CREATE FUNCTION func_sno(in_sno char(5))
RETURNS VARCHAR(10)
DETERMINISTIC
BEGIN
    DECLARE out_class VARCHAR(10);
    SELECT class INTO out_class FROM student
    WHERE sno=in_sno;
    RETURN out_class;
END;
```

单击"运行"按钮▷，创建 func_sno 存储函数。

（2）调用存储函数。

在打开的查询窗口中输入下列语句。

```
SELECT func_sno('105');
```

单击"运行"按钮▷，运行结果如图 9-10 所示。

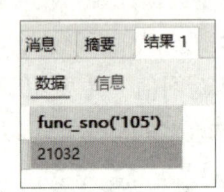

图 9-10 查询学生所在的班级

9.2.4 修改存储函数

在 MySQL 中，使用 ALTER FUNCTION 语句可以修改存储过程的某些特征，基本语法格式如下。

```
ALTER FUNCTION 函数名
  [特征...]
    COMMENT '字符串'
   |LANGUAGE SQL
```

|{CONTAINS SQL|NO SQL|READS SQL DATA|MODIFIES SQL DATA}
|SQL SECURITY {DEFINER|INVOKER}

9.2.5 删除存储函数

在 MySQL 中，使用 DROP FUNCTION 语句可以删除数据库中已创建的存储函数，基本语法格式如下。

DROP FUNCTION [IF EXISTS] 函数名;

9.3 使用图形化管理工具创建与管理存储过程或存储函数

9.3.1 创建存储过程或存储函数

选择要创建存储过程的数据库，单击工具栏中的"函数"按钮 f(x)，打开如图 9-11 所示的"对象"窗口，可以查看数据库中的存储过程或存储函数。

图 9-11 "对象"窗口

单击"新建函数"按钮 ⊕，打开"函数向导"对话框，创建存储过程或存储函数。

选取要修改的存储过程或存储函数，单击"设计函数"按钮 ✎，打开对应的"存储过程"或"存储函数"窗口，可以修改存储过程或存储函数的定义语句。

选取要删除的存储过程或存储函数，单击"删除函数"按钮，打开"确认删除"对话框，勾选"我了解此操作是永久性的且无法撤销"复选框，单击"确定"按钮，删除所选取的存储过程或存储函数。

选取要运行的存储过程或存储函数，单击"运行函数"按钮 ▷，运行所选取的存储过程或存储函数。

【例 9-12】创建一个带输入参数的存储过程，并从 student 表中查询学生编号为"120"的学生信息。

（1）选择 school 数据库，单击工具栏中的"函数"按钮 f(x)，在打开的"对象"窗口中单击"新建函数"按钮 ⊕。

（2）打开"函数向导"对话框，在"请选择你要创建的例程类型"界面中选中"过程"单选按钮，输入存储过程名称为"sp_student"，如图 9-12 所示。

提示：

如果在图 9-12 中直接单击"完成"按钮，则创建无参数的存储过程。

（3）单击"下一步"按钮，打开"请输入这个例程的参数"界面，单击"模式"对应栏

中的 按钮，在打开的下拉菜单中选择"IN"选项，如图 9-13 所示，输入参数名称为"in_sno"，单击"类型"对应栏中的 按钮，在打开的下拉菜单中选择"char"选项，如图 9-14 所示，输入长度为"5"，如图 9-15 所示。

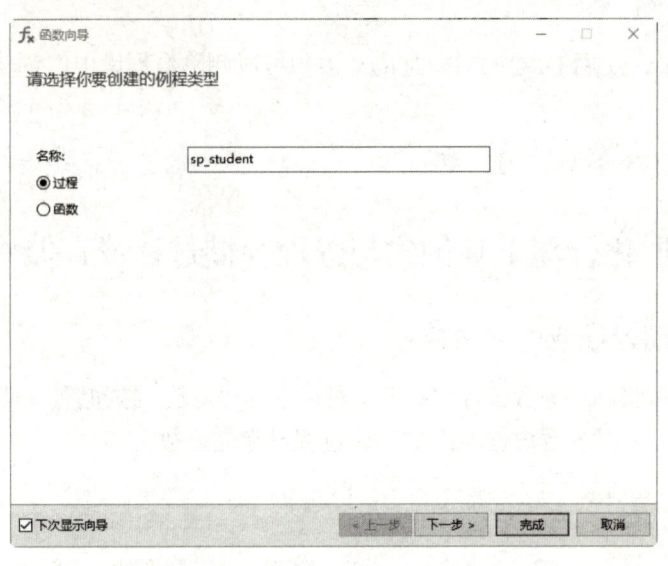

图 9-12 输入存储过程名称为"sp_student"

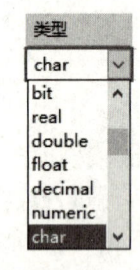

图 9-13 选择"IN"选项　　　　　　　　图 9-14 选择"char"选项

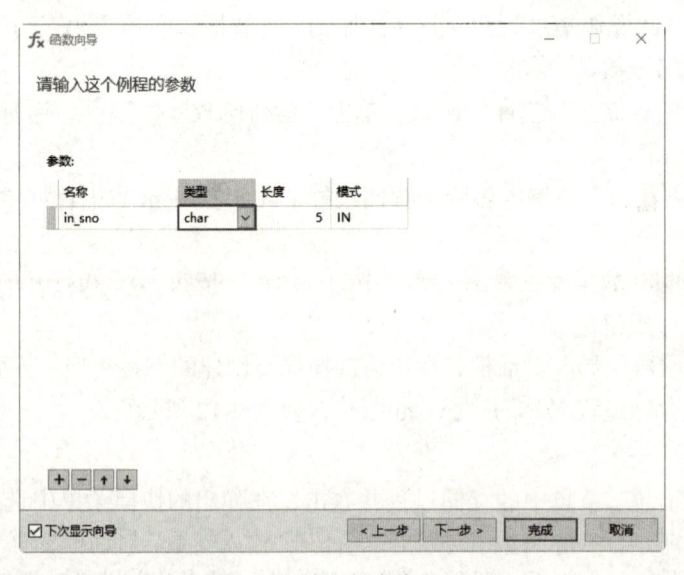

图 9-15 输入长度为"5"

（4）单击"完成"按钮，打开如图 9-16 所示的存储过程的"定义"界面，输入存储过程的定义语句，如图 9-17 所示。

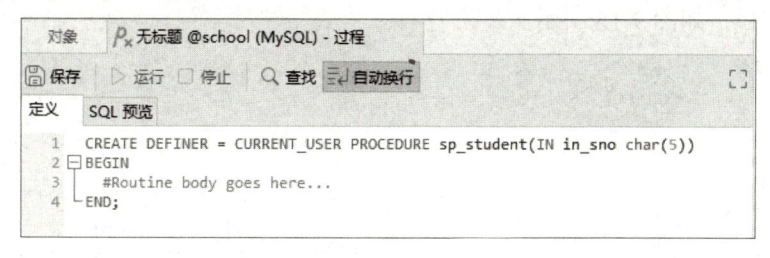

图 9-16　存储过程的"定义"界面

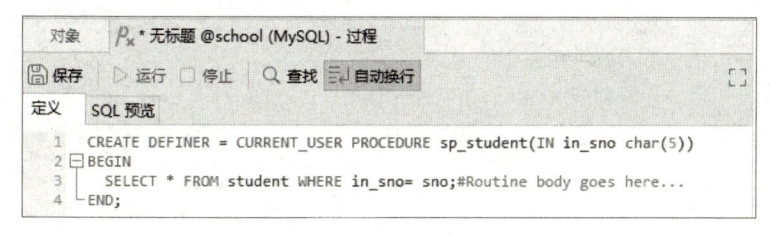

图 9-17　输入存储过程的定义语句

（5）单击"保存"按钮，保存 sp_student 存储过程，即可创建 sp_student 存储过程，如图 9-18 所示。

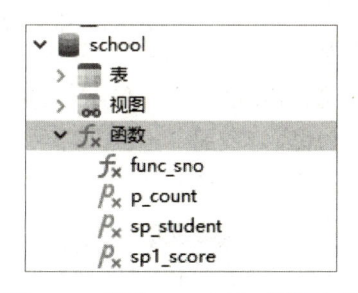

图 9-18　创建 sp_student 存储过程

注意：

如果在保存过程中打开如图 9-19 所示的错误提示信息对话框，是因为创建存储过程时并没有提供参数大小（如 VARCHAR 类型），需要输入参数大小，否则保存失败。

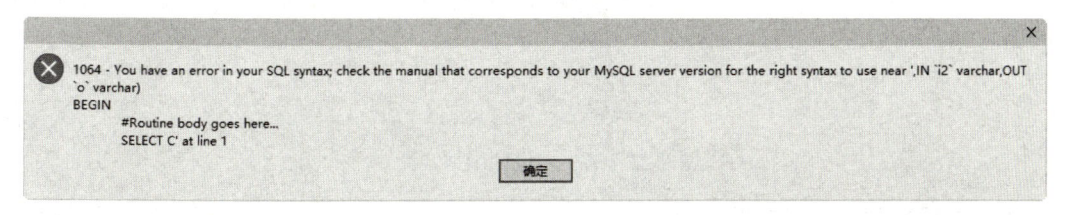

图 9-19　错误提示信息对话框

（6）选取"函数"节点中的存储过程并右击，在弹出的快捷菜单中选择"运行函数"命令，如图 9-20 所示，单击"运行"按钮▷，打开"输入参数"对话框，输入参数为"120"，如图 9-21 所示，单击"确定"按钮，调用存储过程，运行结果如图 9-22 所示。

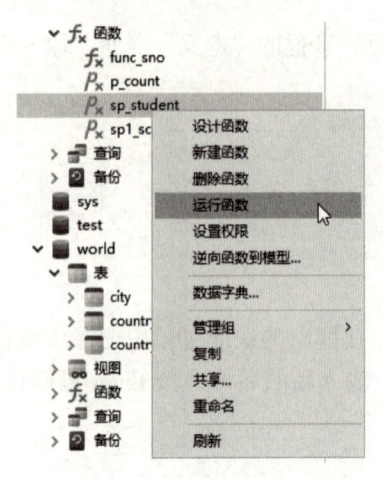

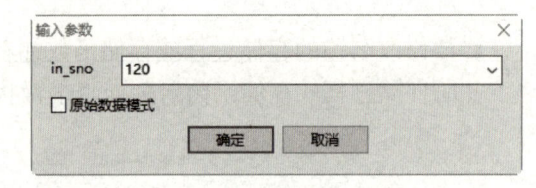

图 9-20　选择"运行函数"命令　　　　　图 9-21　输入参数

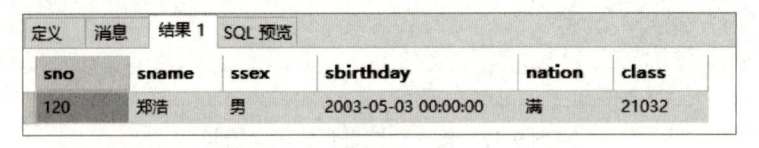

图 9-22　查询学生编号为"120"的学生信息

9.3.2　管理存储过程或存储函数

1. 编辑存储过程或存储函数

选择要编辑的存储过程或存储函数并右击，在弹出的快捷菜单中选择"设计函数"命令，如图 9-23 所示，打开对应过程或函数的"定义"选项卡，可以修改存储过程或存储函数的定义语句，修改完后，单击"保存"按钮 。

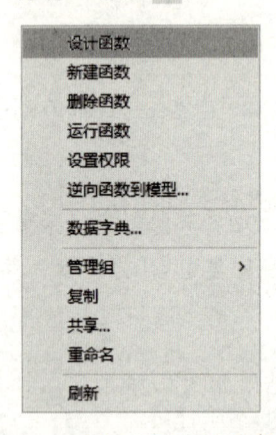

图 9-23　选中"设计函数"命令

2. 删除存储过程或存储函数

选择要删除的存储过程或存储函数并右击，在弹出的快捷菜单中选择"删除函数"命令，打开如图 9-24 所示的"确认删除"对话框，勾选"我了解此操作是永久性的且无法撤销"复选框，单击"删除"按钮，删除所选择的存储过程或存储函数。

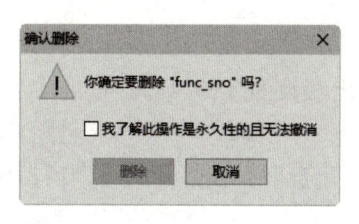

图 9-24 "确认删除"对话框

3. 重命名存储过程或存储函数

选择要修改名称的存储过程或存储函数并右击，在弹出的快捷菜单中选择"重命名"命令，此时存储过程或存储函数名称处于编辑状态，输入新的名称，按 Enter 键确认。

项目实训：创建与使用商品销售管理系统数据库 salesmanage 的存储过程和存储函数

任务 1：使用 SQL 语句创建与调用存储过程

1. 查询订单信息

创建一个带输入参数的存储过程，查询客户编号为"0002"的订单信息。

（1）创建存储过程。

在 salesmanage 数据库中新建查询，在打开的查询窗口中输入下列语句。

```sql
CREATE PROCEDURE sp_co(
    IN p_customerid CHAR(5)
)
BEGIN
    SELECT orderid, receivableamount, deliveryaddress, receivername
    FROM orders
    WHERE customerid = p_customerid;
END;
```

单击"运行"按钮 ▷，创建 sp_co 存储过程。

（2）调用存储过程。

在打开的查询窗口中输入下列语句。

```sql
CALL sp_co('0002');
```

单击"运行"按钮 ▷，运行结果如图 9-25 所示。

图 9-25 查询客户编号为"0002"的订单信息

2. 查询库存量

创建一个带输入参数和输出参数的存储过程，查询产品编号为"B002"的库存量。

（1）创建存储过程。

在 salesmanage 数据库中新建查询，在打开的查询窗口中输入下列语句。

```sql
CREATE PROCEDURE p_count(
    IN p_productid char(5),
    OUT o_totaldstock INT
)
BEGIN
    SELECT SUM(stockquantity) INTO o_totaldstock
    FROM stockdetails
    WHERE productid = p_productid;
END;
```

单击"运行"按钮▷，创建 p_count 存储过程。

（2）调用存储过程。

在打开的查询窗口中输入下列语句。

```sql
CALL p_count('B002',@totaldstock);
SELECT @totaldstock;
```

单击"运行"按钮▷，运行结果如图 9-26 所示。

图 9-26　查询产品编号为"B002"的库存量

3. 返回更新后的收货人信息

创建一个带 INOUT 参数的存储过程，将订单编号为"20240307"的收货人的姓名修改为"王宏"，并返回更新后的收货人信息。

（1）创建存储过程。

在 salesmanage 数据库中新建查询，在打开的查询窗口中输入下列语句。

```sql
CREATE PROCEDURE p_rec(
    INOUT p_orderid char(10),
    IN p_newreceivername VARCHAR(255),
    OUT o_updatereceivername VARCHAR(255)
)
BEGIN
    UPDATE orders
    SET receivername= p_newreceivername
    WHERE orderid= p_orderid;
```

```
        SELECT receivername INTO o_updatereceivername
        FROM orders
        WHERE orderid= p_orderid;
END;
```

单击"运行"按钮▷，创建 p_rec 存储过程。

（2）调用存储过程。

在打开的查询窗口中输入下列语句。

```
SET @orderid='20240307';
CALL p_rec(@orderid,'王宏',@updatereceivername);
SELECT @updatereceivername;
```

单击"运行"按钮▷，运行结果如图 9-27 所示。

图 9-27　返回更新后的收货人信息

任务 2：使用 SQL 语句创建与调用存储函数

1. 查询订单总金额

创建一个存储函数，用于计算某个客户的订单总金额。

（1）创建存储函数。

在 salesmanage 数据库中新建查询，在打开的查询窗口中输入下列语句。

```
CREATE FUNCTION fun_co(p_customerid CHAR(5))
RETURNS DECIMAL(10,2)
DETERMINISTIC
BEGIN
    DECLARE out_totalamount DECIMAL(10,2);
    SELECT SUM(receivableamount) INTO out_totalamount
    FROM orders
    WHERE customerid = p_customerid;
    RETURN out_totalamount;
END;
```

单击"运行"按钮▷，创建 fun_co 存储函数。

（2）调用存储函数，查询客户编号为"0004"的订单总金额。

在打开的查询窗口中输入下列语句。

```
SELECT fun_co('0004');
```

单击"运行"按钮▷，运行结果如图 9-28 所示。

图 9-28 查询客户编号为"0004"的订单总金额

2. 查询库存量

在 salesmanage 数据库中新建查询,创建一个存储函数,用于获取某个产品的库存量。

(1)创建存储函数。

在打开的查询窗口中输入下列语句。

```sql
CREATE FUNCTION fun_stok(p_productid char(10))
RETURNS INT
DETERMINISTIC
BEGIN
    DECLARE out_stockquantity INT;
    SELECT stockquantity INTO out_stockquantity
    FROM stockdetails
    WHERE productid = p_productid;
    RETURN out_stockquantity;
END;
```

单击"运行"按钮▷,创建 fun_stok 存储函数。

(2)调用存储函数,查询产品编号为"A002"的库存量。

在打开的查询窗口中输入下列语句。

```sql
SELECT fun_stok('A002');
```

单击"运行"按钮▷,运行结果如图 9-29 所示。

图 9-29 查询产品编号为"A002"的库存量

任务 3:使用图形化管理工具创建与调用存储过程

创建一个存储过程,用于插入新的客户信息。

1. 创建存储过程

(1)选择 salesmanage 数据库的"函数"节点并右击,在弹出的快捷菜单中选择"新建函数"命令。

(2)打开"函数向导"对话框,在"请选择你要创建的例程类型"界面中选中"过程"

单选按钮,输入存储过程名称为"AddNewcustomer",如图 9-30 所示。

图 9-30 输入存储过程名称为"AddNewcustomer"

(3)单击"下一步"按钮,打开"请输入这个例程的参数"界面,输入参数名称为"p_customerid",选择参数类型为"int",选择模式为"IN"。

(4)单击 + 按钮,继续添加参数,如图 9-31 所示,单击"完成"按钮。

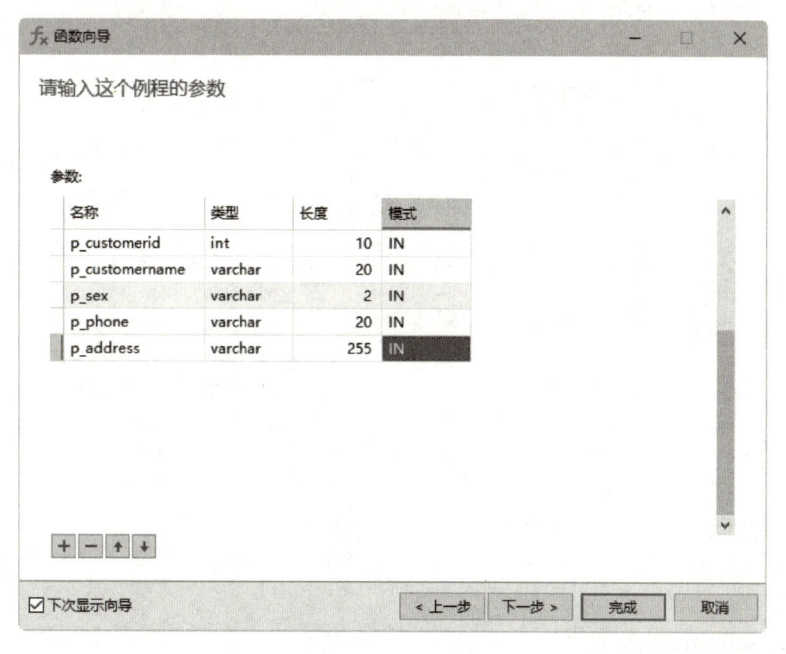

图 9-31 添加参数

(5)进入存储过程的"定义"界面,输入存储过程的定义语句,如图 9-32 所示。

```
1  CREATE DEFINER=`root`@`localhost` PROCEDURE `AddNewcustomer`(IN p_customerid char(10)
   , IN p_customername varchar(20), IN p_sex varchar(2), IN p_phone varchar(20), IN
   p_address varchar(255))
2  BEGIN
3      INSERT INTO customers (customerid, customername, sex, phone, address)
4      VALUES (p_customerid, p_customername, p_sex, p_phone, p_address); #Routine body
   goes here...
5  END
```

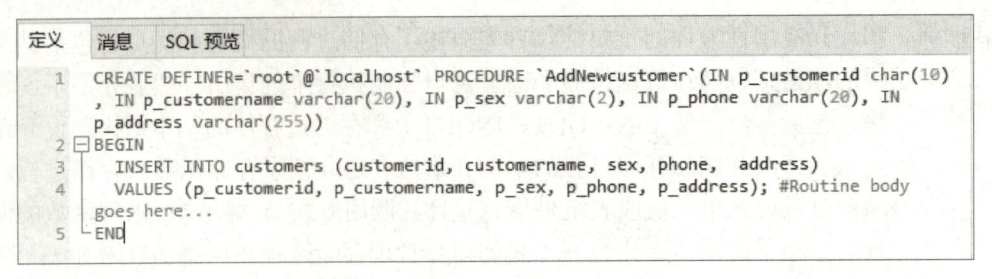

图 9-32　输入存储过程的定义语句

（6）单击"保存"按钮，保存存储过程。

2. 调用存储过程

（1）选取"函数"节点中的存储过程并右击，在弹出的快捷菜单中选择"运行函数"命令。

（2）打开"输入参数"对话框，输入参数，如图 9-33 所示，单击"确定"按钮，调用存储过程。

（3）打开 customers 表，从该图中可以看见 customers 表中添加了一条新的客户信息，如图 9-34 所示。

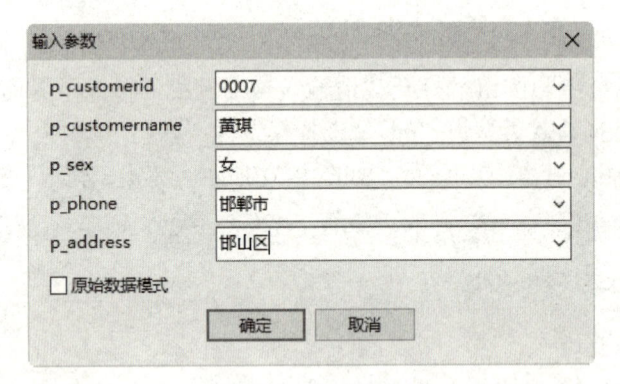

图 9-33　输入参数

customerid char(10)	customername varchar(20)	sex varchar(2)	phone varchar(20)	address varchar(255)
0001	张磊	男	138-0013-8000	北京市朝阳区
0002	李霞	女	139-0014-8001	上海市浦东新区
0003	王峰	男	137-0015-8002	广州市天河区
0004	赵柳	女	136-0016-8003	深圳市南山区
0005	孙琦	男	135-0017-8004	杭州市西湖区
0007	黄琪	女	132-1575-5896	邯郸市邯山区

图 9-34　添加了一条新的客户信息

单元小结

本单元详细地介绍了存储过程和存储函数的创建与使用的方法，强调了它们在提升数据处理效率和代码复用性方面的重要性。首先概述了存储过程的概念和优点，包括其封装复杂商业逻辑的能力，以及在数据检验和商业逻辑强制执行中的作用。然后介绍了创建存储过程的语法，包括参数类型（IN、OUT、INOUT）和存储过程体的基本结构；也介绍了如何调用、查看、修改和删除存储过程的示例和语法；还介绍了存储函数与存储过程的区别，即存储函数可以返回单个值或表结果集，并且其调用方式与 MySQL 内部函数的调用方式类似。最后介绍了使用图形化管理工具创建与管理存储过程和存储函数的方法，包括通过图形界面添加参数、创建存储过程或存储函数和调用存储过程或存储函数。

理论练习

一、选择题

1. 下面关于存储过程和存储函数的主要区别的描述正确的是（　　）。
   A．存储过程可以返回值，存储函数不能
   B．存储函数可以返回值，存储过程不能
   C．存储过程和存储函数都可以返回值
   D．存储过程和存储函数都只能返回单个值

2. 下面用于创建 sp_name 存储过程的语句是（　　）。
   A．CREATE TABLE PROCEDURE sp_name
   B．CREATE PROCEDURE sp_name
   C．CREATE FUNCTION sp_name
   D．CREATE SP sp_name

3. 下面用于调用 sp_name 存储过程的语句是（　　）。
   A．CALL sp_name   B．RUN sp_name
   C．EXECUTE sp_name   D．START sp_name

4. 下面不属于存储过程的优点的是（　　）。
   A．使用存储过程可以封装复杂的商业逻辑
   B．使用存储过程可以减少网络传输的数据量
   C．使用存储过程可以提高操作的安全性和一致性
   D．使用存储过程可以增加数据库的存储空间

5. 在存储过程的参数类型中，表示输入参数的是（　　）。
   A．IN   B．OUT
   C．INOUT   D．RETURN

6. 下面用于查看 sp_name 存储过程状态的语句是（　　）。
   A．SHOW PROCEDURE STATUS LIKE 'sp_name'
   B．SHOW PROCEDURES sp_name
   C．DESCRIBE PROCEDURE sp_name
   D．EXPLAIN PROCEDURE sp_name

7. 下面用于修改 sp_name 存储过程的语句是（　　）。
   A. ALTER PROCEDURE sp_name
   B. MODIFY PROCEDURE sp_name
   C. CHANGE PROCEDURE sp_name
   D. UPDATE PROCEDURE sp_name
8. 下面用于删除 sp_name 存储过程的语句是（　　）。
   A. DROP PROCEDURE sp_name
   B. REMOVE PROCEDURE sp_name
   C. DELETE PROCEDURE sp_name
   D. ERASE PROCEDURE sp_name
9. 在创建存储函数的基本语法中，用于指定返回值的类型的关键字是（　　）。
   A. RETURNS　　　　　　　　B. RETURN
   C. OUTPUT　　　　　　　　 D. OUT

二、问答题

1. 存储过程和存储函数在数据库应用开发中的作用是什么？
2. 存储过程有哪些参数类型，它们分别代表什么？
3. 如何查看存储过程的定义？
4. 如何删除存储过程？
5. 存储函数和存储过程在使用上有什么区别？

三、应用题

为了培养学生诚实守信、遵守规则的品德，以及引导学生养成文明借阅、按时归还的良好习惯，某高校图书馆使用 MySQL 数据库系统开发了"信用积分管理系统"。每个学生初始信用积分为 100 分，该系统通过存储过程自动管理学生的信用积分，引导学生自觉遵守图书借阅规则。

数据表结构如下。

```
-- 学生信息表
CREATE TABLE reader_info (
    reader_id VARCHAR(20) PRIMARY KEY, -- 学生 ID
    name VARCHAR(50), -- 学生姓名
    credit_score INT DEFAULT 100, -- 信用积分
    update_time DATETIME -- 更新时间
);
-- 积分变动记录表
CREATE TABLE credit_log (
    log_id INT PRIMARY KEY AUTO_INCREMENT, -- 日志 ID
    reader_id VARCHAR(20), -- 学生 ID
    change_type VARCHAR(20), -- 变更类型
    score_change INT, -- 分数变化
    create_time DATETIME, -- 记录时间
```

> description VARCHAR(100), -- 变更说明
> FOREIGN KEY (reader_id) REFERENCES reader_info(reader_id)
>);

1. 设计一个存储过程 UpdateUserCredit（输入参数为 reader_id、is_overdue、is_lost，分别代表学生编号、是否逾期归还、是否丢失）用于更新学生的信用积分。规则如下。

（1）如果按时归还书籍，则每次增加 5 分信用积分。
（2）如果逾期归还书籍，则每次扣除 10 分信用积分。
（3）如果图书丢失未赔偿，则直接将信用积分设置为 0 分。

2. 调用 UpdateUserCredit 存储过程可能会遇到哪些异常情况？如何处理这些异常？

企业案例：创建与使用资产管理系统数据库 assertmanage 的存储过程和存储函数

1. 创建一个不带参数的存储过程，查询所有资产信息。
2. 创建一个带输入参数和输出参数的存储过程，查询资产编号为"A001"的资产名称和资产类型。
3. 创建一个带输入参数和输出参数的存储过程，查询借用编号为"B001"的资产的借用状态和借用日期。
4. 使用图形化管理工具创建一个不带参数的存储过程，查询用户信息。
5. 使用图形化管理工具创建一个不带参数的存储过程，查询资产编号为"A002"的资产的购买日期、购买价格和当前价值。
6. 创建存储函数，查询资产编号为"A003"的资产的购买日期、购买价格和当前价值。

单元 10　创建与使用触发器和事务处理

学习导读

在数据库编程的高级应用中，触发器和事务处理是确保数据完整性、一致性和高效操作的关键技术。触发器作为事件驱动的机制，能够在数据变动时自动执行预定义的操作，为数据的约束和审计提供了强有力的支持。事务处理通过确保一系列操作要么全部成功要么全部失败，保证了数据库操作的原子性和可靠性。

学习目标

▶ 知识目标

- 了解触发器和事务处理的概念。
- 熟悉创建、查看、修改与删除触发器的语法。
- 熟悉启动、提交、回滚事务的语法。
- 掌握使用图形化管理工具创建与使用触发器的方法。

▶ 能力目标

- 能够创建、查看、修改与删除触发器。
- 能够进行事务处理。
- 能够使用图形化管理工具创建与使用触发器。

▶ 素养目标

- 通过学习触发器，提升学生的逻辑分析能力和问题预防意识。
- 通过学习事务处理，提升学生的风险管理和决策能力，理解事务的 ACID 属性。

单元 10　创建与使用触发器和事务处理

知识图谱

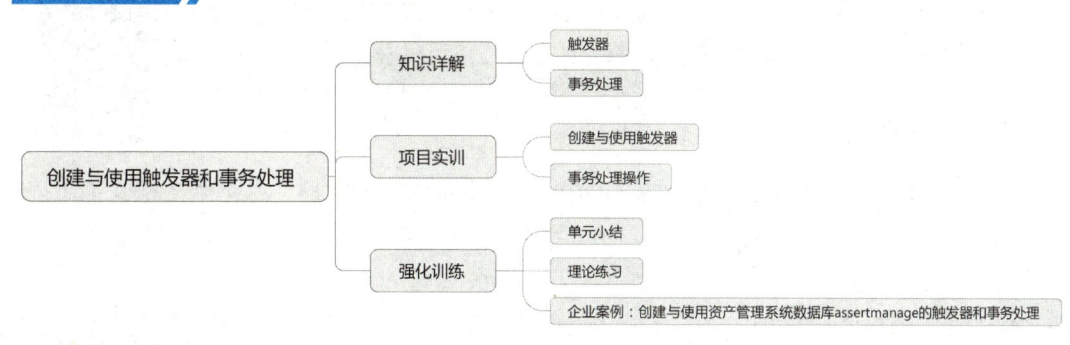

- 创建与使用触发器和事务处理
  - 知识详解
    - 触发器
    - 事务处理
  - 项目实训
    - 创建与使用触发器
    - 事务处理操作
  - 强化训练
    - 单元小结
    - 理论练习
    - 企业案例：创建与使用资产管理系统数据库assertmanage的触发器和事务处理

相关知识

10.1 触发器

触发器的主要作用是确保数据的完整性和一致性，通过在数据修改前后执行预定义的逻辑来维护复杂的业务规则。例如，当某个数据表中的数据发生变化时，触发器可以自动计算相关的统计数据、检查约束条件或同步更新其他相关表。

10.1.1 触发器概述

MySQL 的触发器和存储过程一样，都是嵌入 MySQL 中的一段程序，是 MySQL 管理数据的有力工具。不同的是，存储过程要使用 CALL 语句来调用，而触发器则不需要使用 CALL 语句来调用，也不需要手动启动，主要通过对数据表的相关操作来触发、激活，从而实现执行。

在使用 INSERT、UPDATE 或 DELETE 语句对数据表或视图进行修改时触发器会被自动执行。触发器可以查询其他数据表，并可以包含复杂的 SQL 语句。一个数据表可以有多个触发器。

触发器具有以下优点。

（1）触发器可以通过数据库中的相关数据表实现级联更改。但是，通过级联引用完整性约束可以更有效地执行这些更改。

（2）触发器可以强制设置比用 CHECK 约束定义的约束更为复杂的约束。与 CHECK 约束不同，触发器可以引用其他数据表中的列。例如，触发器可以将对另一个数据表执行 SELECT 语句得到的结果与插入或更新的数据进行比较，以及执行其他操作，如修改数据或显示用户定义的错误信息。

（3）触发器也可以评估数据修改前后的数据表状态，并根据其差异采取对策。

（4）一个数据表中的多个同类触发器（INSERT、UPDATE 或 DELETE）允许采取多个不同的对策，以响应同一个修改语句。

触发器具有以下缺点。

（1）使用触发器实现的业务逻辑在出现问题时很难进行定位，特别是在涉及多个触发器的情况下，会使后期维护变得困难。

（2）大量使用触发器容易打乱代码结构，增加了程序的复杂性。

（3）如果需要变动的数据量较大时，触发器的执行效率就会非常低。

10.1.2 创建触发器

在 MySQL 中，使用 CREATE TRIGGER 语句可以创建触发器，基本语法格式如下。

```
CREATE TRIGGER 触发器名称
{BEFORE|AFTER}
{INSERT|UPDATE|DELETE}
ON 表名
FOR EACH ROW
BEGIN

END;
```

说明：

- 触发器名称：可以自定义，并具有唯一性，见名知意。
- BEFORE|AFTER：表示触发器的类型，分别表示发生前/发生后执行。
- INSERT|UPDATE|DELETE：表示触发器的事件类型，分别表示插入、更新、删除操作。
- ON 表名：为触发器所在的表名。
- FOR EACH ROW：表示触发器的作用范围，即每一行记录都会触发该触发器。
- BEGIN…END：触发器执行的操作，可以是一条或多条 SQL 语句。

1. INSERT 触发器

插入某一行时触发 INSERT 触发器。

使用 INSERT 触发器需要注意以下几点。

- 在 INSERT 触发器代码内可以引用一个名称为 NEW（不区分大小写字母）的虚拟表来访问被插入的行。
- 在 BEFORE INSERT 触发器中，NEW 虚拟表中的值也可以被更新，即允许更改被插入的值（只要具有对应的操作权限）。
- 对于 AUTO_INCREMENT 列，NEW 虚拟表在 INSERT 触发器被执行之前包含的值是 0，在 INSERT 触发器被执行之后将包含新的自动生成值。

2. UPDATE 触发器

当数据表更新数据时，UPDATE 触发器会被执行。在一般情况下，UPDATE 触发器常用于检查修改后的数据是否满足要求。

使用 UPDATE 触发器需要注意以下几点。

- 在 UPDATE 触发器代码内可以引用一个名称为 NEW（不区分大小写字母）的虚拟表来访问更新的值。

- 在 UPDATE 触发器代码内可以引用一个名称为 OLD（不区分大小写字母）的虚拟表来访问 UPDATE 语句执行前的值。
- 在 BEFORE UPDATE 触发器中，NEW 虚拟表中的值可能也被更新，即允许更改将要用于 UPDATE 语句中的值（只要具有对应的操作权限）。
- OLD 虚拟表中的值全部是只读的，不能被更新。

> **提示：**

假设触发器每次执行花费时间为 1s，那么使用触发器在数据表中添加 500 条数据就需要触发 500 次触发器，触发器执行的时间要花费 500s，而使用 INSERT 语句在数据表中添加 500 条数据花费的时间是 1s，所以使用触发器添加数据的效率就降低了。

尽量少使用触发器，如果想要使用，则要谨慎。触发器是针对每一行记录的，对于添加、删除、修改数据非常频繁的数据表不要使用触发器，因为它非常消耗内存资源。

3. DELETE 触发器

DELETE 触发器是在 DELETE 语句执行之前或之后响应的触发器。

使用 DELETE 触发器需要注意以下几点。

- 在 DELETE 触发器代码内可以引用一个名称为 OLD（不区分大小写字母）的虚拟表来访问被删除的行。
- OLD 虚拟表中的值全部是只读的，不能被删除。

【例 10-1】对 teacher 表中的数据进行增加、修改、删除时，将操作记录到 oper_log 日志表中。

（1）创建 oper_log 日志表。在 school 数据库中新建查询，在打开的查询窗口中输入下列语句。

```
DROP TABLE IF EXISTS oper_log;
CREATE TABLE oper_log (
    id BIGINT PRIMARY KEY auto_increment,
    table_name VARCHAR ( 100 ) NOT NULL COMMENT '操作的哪个数据表',
    oper_type VARCHAR ( 100 ) NOT NULL COMMENT '操作类型包括 insert delete update',
    oper_time DATETIME NOT NULL COMMENT '操作时间',
    oper_id BIGINT NOT NULL COMMENT '操作的哪行记录的 id',
    oper_desc TEXT COMMENT '操作描述'
);
```

单击"运行"按钮 ▷，运行结果如图 10-1 所示。

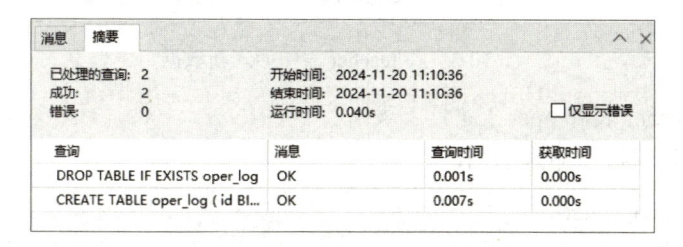

图 10-1 创建 oper_log 日志表

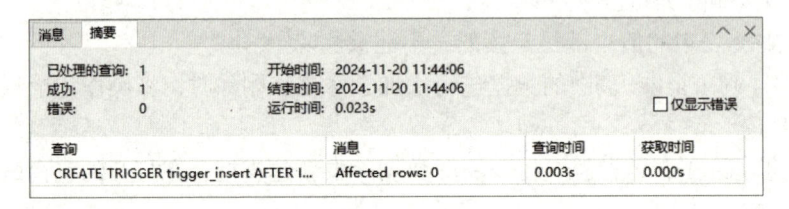

（2）创建 trigger_insert 触发器，用于在 teacher 表中插入数据时记录日志。
在打开的查询窗口中输入下列语句。

```sql
CREATE TRIGGER trigger_insert
AFTER INSERT ON teacher
FOR EACH ROW
BEGIN
    INSERT INTO oper_log ( id, table_name, oper_type, oper_time, oper_id, oper_desc )
    VALUES
    (
        NULL,
        'teacher',
        'insert',
        now(),
        new.tno,
        CONCAT('插入数据：tno=', new.tno,',tname=', new.tname,',tsex=', new.tsex,',tbirthday=', new.tbirthday,',prof=', new.prof,',depart=', new.depart));
    END;
```

单击"运行"按钮▷，运行结果如图 10-2 所示。

图 10-2　创建 trigger_insert 触发器

（3）在 teacher 表中插入新数据。
在打开的查询窗口中输入下列语句。

```sql
INSERT INTO teacher VALUES('805','万芳','女', '1982-04-08', '讲师', '计算机系');
```

单击"运行"按钮▷，运行结果如图 10-3 所示。

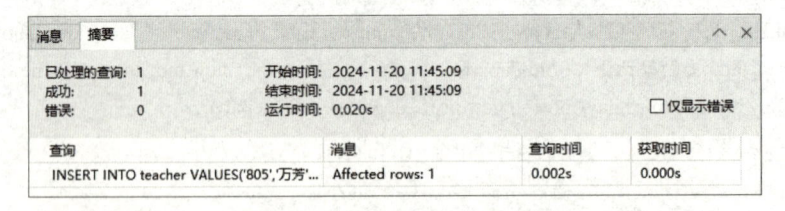

图 10-3　在 teacher 表中插入新数据

（4）查看 teacher 表和 oper_log 日志表。
在打开的查询窗口中输入下列语句。

```sql
SELECT * FROM teacher;
SELECT * FROM oper_log;
```

单击"运行"按钮▷，运行结果如图 10-4、图 10-5 所示。

图 10-4　查看 teacher 表（1）

图 10-5　查看 oper_log 日志表（1）

（5）创建 trigger_update 触发器，用于在修改 teacher 表中的数据时记录日志。

在打开的查询窗口中输入下列语句。

```
CREATE TRIGGER trigger_update
AFTER UPDATE ON teacher
FOR EACH ROW
BEGIN
    INSERT INTO oper_log ( id, table_name, oper_type, oper_time, oper_id, oper_desc )
    VALUES
    (
        NULL,
        'teacher',
        'update',
        now(),
        new.tno,
        concat(' 更 新 前 ： tno=', old.tno,',tname=', old.tname,',tsex=', old.tsex,',tbirthday=', old.tbirthday,',prof=', old.prof,',depart=', old.depart,', 更 新 后 ： tno=', new.tno,',tname=', new.tname,',tsex=', new.tsex,',tbirthday=', new. tbirthday,',prof=', new.prof,',depart=', new.depart));
    END;
```

单击"运行"按钮▷，运行结果如图 10-6 所示。

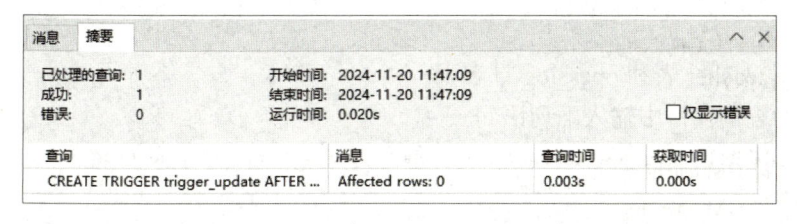

图 10-6　创建 trigger_update 触发器

（6）修改 teacher 表中的数据。在打开的查询窗口中输入下列语句。

```
UPDATE teacher SET depart = '计算机科学与技术系' WHERE tno = '805';
```

单击"运行"按钮▷，运行结果如图 10-7 所示。

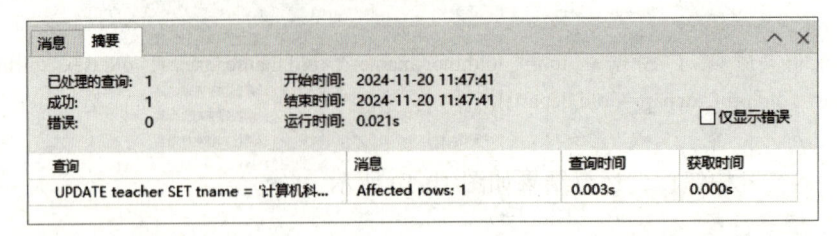

图 10-7　修改 teacher 表中的数据

（7）查看 teacher 表和 oper_log 日志表，在打开的查询窗口中输入下列语句。

```
SELECT * FROM teacher;
SELECT * FROM oper_log;
```

单击"运行"按钮▷，运行结果如图 10-8、图 10-9 所示。

图 10-8　查看 teacher 表（2）

图 10-9　查看 oper_log 日志表（2）

假如此时更新多条记录，那么 oper_log 日志表就会增加多条记录。

（8）创建 trigger_delete 触发器，用于在删除 teacher 表中的数据时记录日志。在打开的查询窗口中输入下列语句。

```
CREATE TRIGGER trigger_delete
AFTER DELETE ON teacher
FOR EACH ROW
BEGIN
    INSERT INTO oper_log ( id, table_name, oper_type, oper_time, oper_id, oper_desc )
    VALUES
    (
```

```
        NULL,
        'teacher',
        'delete',
        now(),
        old.tno,
    concat(' 删除了数据：tno=', old.tno,',tname=', old.tname,',tsex=', old.tsex,',tbirthday=', old.tbirthday,',prof=', old.prof,',depart=', old.depart));
    END;
```

单击"运行"按钮▷，运行结果如图 10-10 所示。

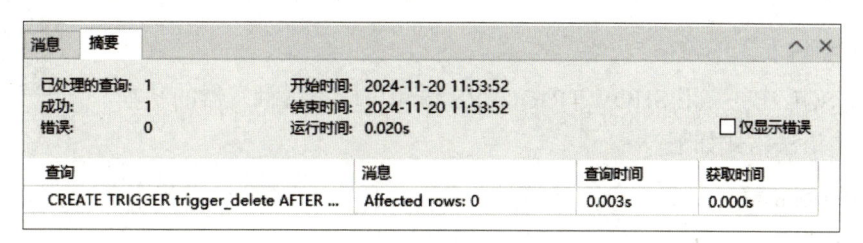

图 10-10　创建 trigger_delete 触发器

（9）删除 teacher 表中的数据，在打开的查询窗口中输入下列语句。

```
DELETE FROM teacher WHERE tno ='805';
```

单击"运行"按钮▷，运行结果如图 10-11 所示。

图 10-11　删除 teacher 中的数据

（10）查看 teacher 表和 oper_log 日志表，在打开的查询窗口中输入下列语句。

```
SELECT * FROM teacher;
SELECT * FROM oper_log;
```

单击"运行"按钮▷，运行结果如图 10-12、图 10-13 所示。

tno	tname	tsex	tbirthday	prof	depart
800	李斌	男	1986-11-24 00:00:00.000	讲师	计算机科学与技术系
801	王芳	女	1979-05-29 00:00:00.000	副教授	计算机科学与技术系
802	刘杰	男	1973-04-10 00:00:00.000	教授	计算机科学与技术系
803	张伟	男	1981-10-02 00:00:00.000	讲师	计算机科学与技术系
804	孙丽	女	1975-10-27 00:00:00.000	教授	计算机科学与技术系

图 10-12　查看 teacher 表（3）

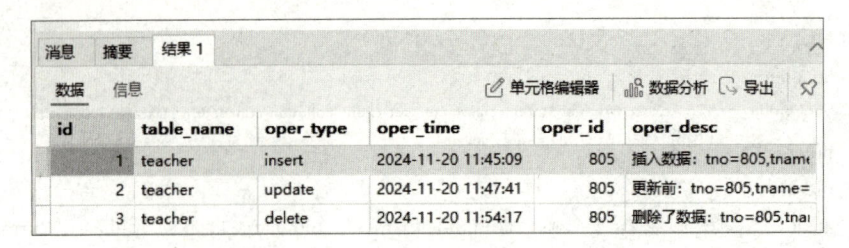

图 10-13　查看 oper_log 日志表（3）

10.1.3　查看触发器

1. 查看触发器的信息

在 MySQL 中，使用 SHOW TRIGGERS 语句可以查看触发器的基本信息，基本语法格式如下。

```
SHOW TRIGGERS
```

说明：

使用 SHOW TRIGGERS 语句可以查看当前数据库中的触发器或模式匹配的触发器的信息。

【例 10-2】查看 school 数据库中的触发器的信息。

（1）在 school 数据库中新建查询，在打开的查询窗口中输入下列语句。

```
SHOW TRIGGERS;
```

（2）单击"运行"按钮 ▷，运行结果如图 10-14 所示。

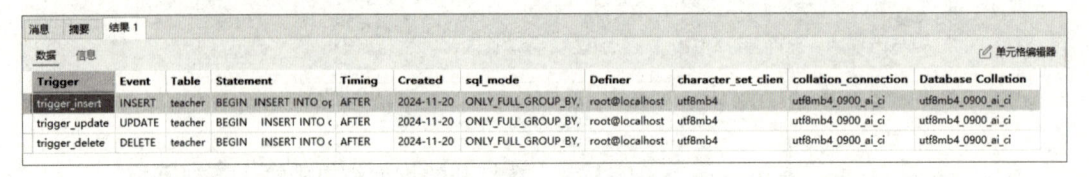

图 10-14　查看 shool 数据库中的触发器的信息

2. 查看触发器的定义

在 MySQL 中，使用 SHOW CREATE TRIGGER 语句可以查看指定触发器的定义，基本语法格式如下。

```
SHOW CREATE TRIGGER 触发器名称
```

【例 10-3】查看 school 数据库中的 trigger_insert 触发器的定义。

（1）在 school 数据库中新建查询，在打开的查询窗口中输入下列语句。

```
SHOW CREATE TRIGGER trigger_insert;
```

（2）单击"运行"按钮 ▷，运行结果如图 10-15 所示。

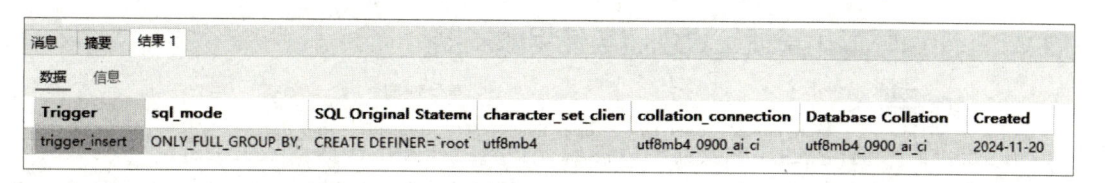

图 10-15　查看 school 数据库中的 trigger_insert 触发器的定义

3. 在 triggers 表中查看触发器的信息

在 MySQL 中，所有触发器的信息都被存储在 information_schema 数据库的 triggers 表中，使用 SELECT 语句可以查看触发器的信息，基本语法格式如下。

SELECT * FROM information_schema.triggers
[WHERE trigger_name='触发器名称']

【例 10-4】在 triggers 表中查看 trigger_insert 触发器的信息。

（1）在 test 数据库上右击，在弹出的快捷菜单中选择"新建查询"命令。

（2）在 test 数据库中新建查询，在打开的查询窗口中输入下列语句。

SELECT * FROM information_schema.triggers
WHERE trigger_name='trigger_insert';

（3）单击"运行"按钮▷，运行结果如图 10-16 所示（由于页面限制，这里只截取了局部图）。

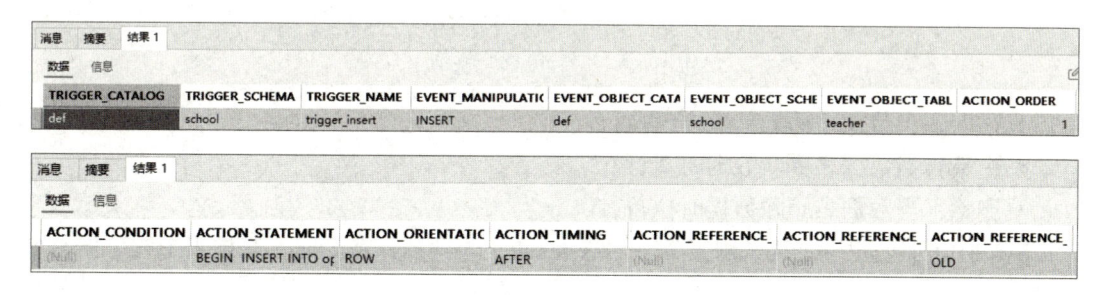

图 10-16　在 triggers 表中查看 trigger_insert 触发器的信息

10.1.4　修改与删除触发器

修改触发器可以通过先删除原触发器，再以相同的名称创建新的触发器来实现。

删除触发器的基本语法格式如下。

DROP TRIGGER [IF EXISTS] [数据库名]触发器名称;

注意：

在删除一个数据表的同时，也会自动删除该数据表上的触发器。另外，触发器不能更新或覆盖，想要修改一个触发器，必须先删除原触发器，再以相同的名称创建新的触发器来实现。

10.1.5 使用图形化管理工具创建与使用触发器

1. 创建触发器

在数据库中选择要创建触发器的数据表并右击，在弹出的快捷菜单中选择"设计表"命令，切换到"触发器"选项卡，如图 10-17 所示。输入触发器的名称、选择触发模式、设置触发类型。在"定义"界面中输入触发器的定义语句，即可创建触发器。

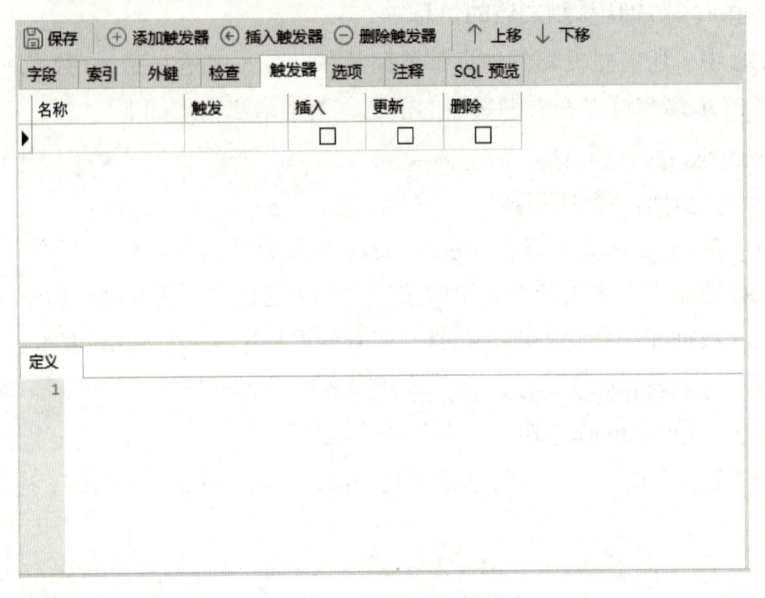

图 10-17 "触发器"选项卡

- 插入：当数据表插入新数据时执行。
- 更新：当数据表更新数据时执行。
- 删除：当数据表删除数据时执行。

【例 10-5】创建一个插入触发器，当在 teacher 表中插入数据时，测试表中的数据也会增加。

（1）在 school 数据库中创建一个 new_student 表，其表结构如图 10-18 所示。

图 10-18 new_student 表的结构

（2）在 school 数据库的"student"→"触发器"节点上右击，在弹出的快捷菜单中选择"添加触发器"命令，切换到"触发器"选项卡。

（3）输入触发器名称"trigger"，单击"触发"对应栏中的 按钮，在打开下拉菜单中选择"AFTER"选项，如图 10-19 所示，勾选"插入"复选框，如图 10-20 所示。

图 10-19 选择"AFTER"选项

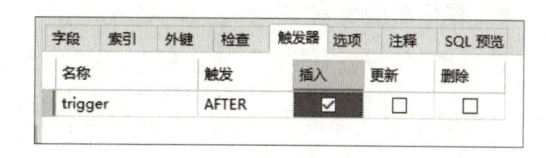

图 10-20 勾选"插入"复选框

（4）在"定义"界面中输入下列语句。

```
begin
insert into new_student(sno,sname,class)
values(new.sno,new.sname,new.class);
end;
```

（5）单击"保存"按钮 📄，创建 trigger 触发器。

（6）打开 student 表，单击"添加记录"按钮 ➕，输入数据，单击"应用更改"按钮 ✔，完成数据的输入，如图 10-21 所示。

图 10-21 在 student 表中添加数据

（7）打开 new_student 表，此时 new_student 表中添加了相同数据，如图 10-22 所示。

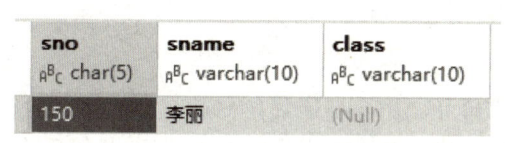

图 10-22 new_student 表

2. 编辑触发器

选择要编辑的触发器并右击，在弹出的快捷菜单中选择"编辑触发器"命令，如图 10-23 所示，打开对应的"触发器"选项卡，可以修改触发器的名称、模式和类型，修改完之后，单击"保存"按钮 📄。

3. 删除触发器

选择要删除的触发器并右击，在弹出的快捷菜单中选择"删除触发器"命令；或者在"索引"选项卡中单击"删除触发器"按钮 ➖。打开如图 10-24 所示的"确认删除"对话框，勾选"我了解此操作是永久性的且无法撤销"复选框，单击"删除"按钮，删除所选择的触发器。

图 10-23 选择"编辑触发器"命令

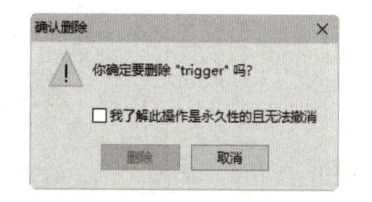

图 10-24 "确认删除"对话框

4. 重命名触发器

选择要修改名称的触发器并右击，在弹出的快捷菜单中选择"重命名"命令，此时触发器名称处于编辑状态，输入新的名称，按 Enter 键确认。

10.2 事务处理

事务处理（Transaction Management）主要用于操作量大且复杂度高的数据场景。例如，在人员管理系统中删除一个人员，不仅要删除个人基本资料，还要删除与其相关的信箱、文章等信息，这些操作构成了一个事务。

10.2.1 事务处理概述

事务处理作为一种关键的数据库技术，提供了一种机制来保证一系列操作要么全部成功，要么全部失败，从而维护数据库的 ACID 特性。通过使用事务，开发者可以确保即使在系统发生错误或故障的情况下，数据库也能保持一致的状态，避免数据损坏或丢失。

1. 事务特性

一个逻辑工作单元必须有 4 个属性，称为"ACID 属性"，只有这样才能成为一个事务。ACID 属性包括原子性、一致性、隔离性、持久性。下面对其进行详细介绍。

事务特性与分类

（1）原子性（Atomicity）。

事务必须是原子工作单元。由事务所做的修改，要么全都执行，要么全都不执行。如果事务在执行过程中发生错误，则会回滚（Rollback）到事务开始前的状态，就像这个事务从来没有执行过一样。

（2）一致性（Consistency）。

在事务完成时，必须使所有的数据都保持一致状态。在相关数据库中，所有规则都必须应用于事务的修改，以保持所有数据的完整性。在事务结束时，所有的内部数据结构（如B-树索引或双向链表）都必须是正确的。

（3）隔离性（Isolation）。

由并发事务所做的修改必须与任何其他并发事务所做的修改隔离。事务查看数据所处的状态时，要么是另一并发事务修改它之前的状态，要么是另一事务修改它之后的状态，事务不会查看处于中间状态的数据，这称为"可串行性"。因为它能够重新装载起始数据，并且重播一系列事务，以使数据修改结束时的状态与原始事务执行时的状态相同。MySQL提供了不同级别的事务隔离级别，包括读未提交（Read Uncommitted）、读已提交（Read Committed）、可重复读（Repeatable Read）和串行化（Serializable）。

（4）持久性（Durability）。

事务完成之后对系统的影响是永久性的。即使出现系统故障，该修改也将一直保持。这通常通过数据库的恢复管理和日志记录来实现，以确保在任何情况下都能保持数据的持久性。

2. 事务分类

从事务理论的角度来看，可以把事务分为以下几种类型。

扁平事务（Flat Transactions）：这是最基本的事务类型，它表示一个简单的事务单元，通常由一系列的数据库操作组成，这些操作要么全部成功，要么全部失败，具有原子性。事务从开始到结束都在同一级别，没有额外的控制结构。如果所有操作成功完成，则事务提交；如果任何一个操作失败，则整个事务回滚。

带有保存点的扁平事务（Flat Transactions with Savepoints）：在扁平事务的基础上引入了保存点的概念。保存点是事务中的一个标记，允许在事务执行过程中部分提交或回滚。可以通过设置保存点来实现更灵活的事务控制。

链事务（Chained Transactions）：链事务允许一个事务的提交触发另一个事务的开始。这种类型的事务通常用于需要按顺序执行的一系列操作，其中每个操作都依赖于前一个操作的结果。

嵌套事务（Nested Transactions）：嵌套事务是指一个事务可以包含其他事务，形成嵌套的层次结构。内部事务可以独立于外部事务提交或回滚，但它们的提交或回滚可能会受到外部事务的影响。

分布式事务（Distributed Transactions）：分布式事务涉及多个独立的数据库或系统之间的事务处理。在分布式环境中，确保事务的原子性、一致性、隔离性和持久性是一项挑战，因此需要使用特殊的机制来处理分布式事务。

10.2.2 事务执行

事务执行可以通过 BEGIN、START TRANSACTION、COMMIT、ROLLBACK 等语句来完成。

事务执行的过程如图 10-25 所示。

图 10-25 事务执行的过程

1. 启动事务

启动事务的基本语法格式如下。

BEGIN;

或

START TRANSACTION;

说明：

这两条语句显式地标记一个事务的起始点。

2. 提交事务

如果没有遇到错误，则可以使用 COMMIT 语句成功结束事务。该事务中的所有数据修改在数据库中都将永久有效。事务占用的资源将被释放。

提交事务的基本语法格式如下。

COMMIT;

说明：

一旦执行了该语句，将不能回滚事务。只有在所有修改都准备好提交给数据库时，才执行这一操作。

3. 回滚事务

如果事务中出现错误，或者用户决定取消事务，则可以回滚该事务。

回滚事务的基本语法格式如下。

ROLLBACK;

说明：

ROLLBACK 语句表示撤销事务，即在事务执行的过程中发生了某种故障，事务不能继续执行，系统将事务中对数据库的所有已完成的操作全部撤销，回滚到事务开始时的状态。

【例 10-6】首先启动一个事务并在 teacher 表中插入一个记录，然后回滚该事务。

（1）启动事务并插入记录，回滚该事务。

在 school 数据库中新建查询，在打开的查询窗口中输入下列语句。

BEGIN;
INSERT INTO teacher
VALUES('805','万芳','女','1982-04-08','讲师','计算机科学与技术系');
ROLLBACK;

单击"运行"按钮▷，运行结果如图 10-26 所示。

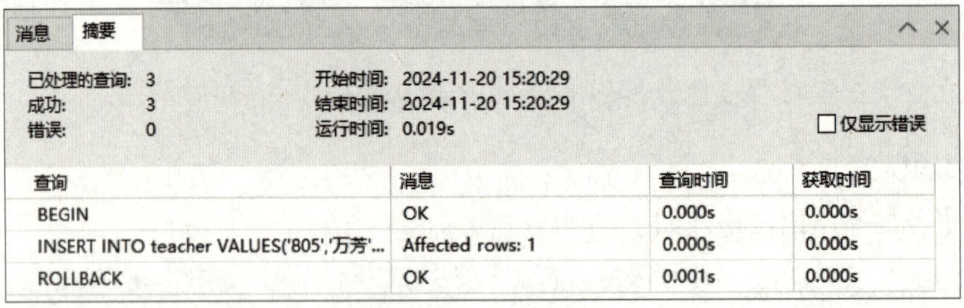

图 10-26 回滚事务（1）

（2）查询 teacher 表。

在打开的查询窗口中输入下列语句。

SELECT * FROM teacher;

单击"运行"按钮▷，运行结果如图 10-27 所示。

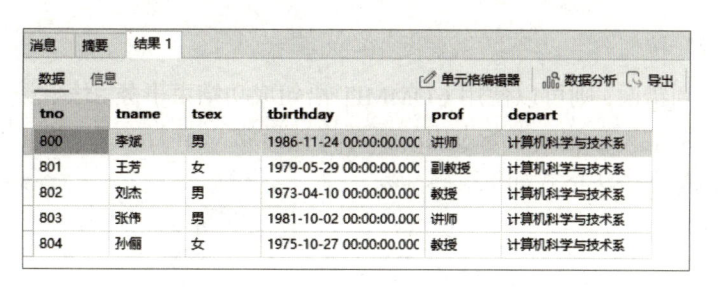

图 10-27　查询 teacher 表（1）

从图 10-27 显示的结果中发现，由于回滚了事务，因此 teacher 表中没有插入记录。

4. 在事务内设置保存点

MySQL 提出了一个保存点的概念，就是在事务对应的数据库语句中打几个点，在调用 ROLLBACK 语句时可以指定回滚到哪个点，而不是回滚到最初的原点。

（1）定义保存点。

定义保存点的基本语法格式如下。

SAVEPOINT 保存点名称；

说明：

一个事务中可以有多个事务保存点。

（2）回滚到保存点。

回滚到保存点的基本语法格式如下。

ROLLBACK [WORK] TO [SAVEPOINT] 保存点名称；

说明：

如果 ROLLBACK 语句后面不跟随保存点名称，则直接回滚到事务执行之前的状态。

（3）删除某个保存点。

删除某个保存点的基本语法格式如下。

RELEASE SAVEPOINT 保存点名称；

【例 10-7】首先启动一个事务并在 teacher 表中插入记录，然后设置保存点，最后回滚该事务。

（1）启动事务、设置保存点、回滚该事务。

在 school 数据库中新建查询，在打开的查询窗口中输入下列语句。

```
START TRANSACTION;
INSERT INTO teacher
VALUES('805','万芳','女','1982-04-08','讲师','计算机科学与技术系');
SAVEPOINT savepoint_1;
INSERT INTO teacher
VALUES('806','张立人','男','1978-10-15','副教授','计算机科学与技术系');
ROLLBACK TO savepoint_1;
COMMIT;
```

单击"运行"按钮 ▷，运行结果如图 10-28 所示。

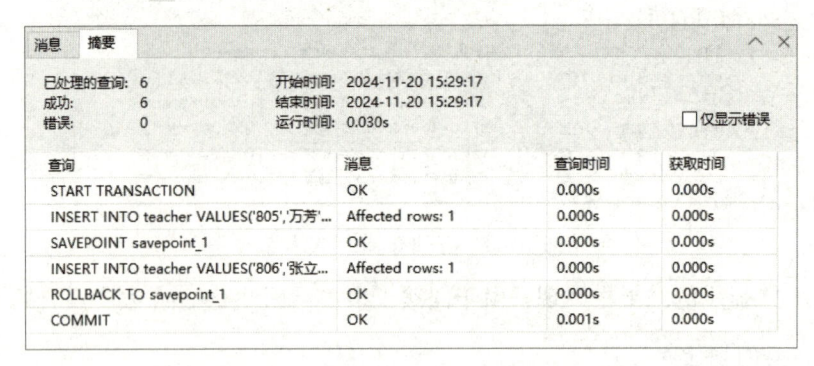

图 10-28　回滚事务（2）

（2）查询 teacher 表。

在打开的查询窗口中输入下列语句。

SELECT * FROM teacher;

单击"运行"按钮 ▷，运行结果如图 10-29 所示。

图 10-29　查询 teacher 表（2）

从图 10-29 显示的结果中发现，由于在事务内设置保存点，使用 ROLLBACK 语句只回滚到该保存点为止，因此只插入保存点前的一条记录。

项目实训：创建与使用商品销售管理系统数据库 salesmanage 的触发器和事务处理

任务 1：创建与使用触发器

1. 自动更新记录

创建一个 trg_log_employee 触发器，当在 employees 表中更新员工信息时，自动将记录更改到一个新的日志表中。

（1）创建 employee_log 日志表。

在 salesmanage 数据库中新建查询，在打开的查询窗口中输入下列语句。

CREATE TABLE employee_log (

```
    changeid INT AUTO_INCREMENT PRIMARY KEY,
    employeeid CHAR(10),
    changedate DATETIME,
    oldname VARCHAR(20),
    newname VARCHAR(20),
    oldphone VARCHAR(20),
    newphone VARCHAR(20)
);
```

单击"运行"按钮▷，创建 employee_log 日志表。

（2）创建 trg_log_employee 触发器。

在打开的查询窗口中输入下列语句。

```
CREATE TRIGGER trg_log_employee
AFTER UPDATE ON employees
FOR EACH ROW
BEGIN
    INSERT INTO employee_log (employeeid, changedate, oldname, newname, oldphone, newphone)
    VALUES (OLD.employeeid, NOW(), OLD.employeename, NEW.employeename, OLD.phonenumber, NEW.phonenumber);
END;
```

单击"运行"按钮▷，创建 trg_log_employee 触发器。

（3）更新 employees 表中的数据。

在打开的查询窗口中输入下列语句。

```
UPDATE employees
SET employeename = '王梅', phonenumber = '138-0000-8889'
WHERE employeeid = '04001';
```

单击"运行"按钮▷，更新 employees 表中的数据。

（4）查询 employee_log 日志表。

在打开的查询窗口中输入下列语句。

```
SELECT * FROM employee_log;
```

单击"运行"按钮▷，运行结果如图 10-30 所示。

图 10-30　查询 employee_log 日志表

2. 自动删除记录

创建一个 department_delete 触发器，当在 departments 表中删除部门时，需要自动删除与该部门相关联的所有职工信息。

（1）创建 department_delete 触发器。
在 salesmanage 数据库中新建查询，在打开的查询窗口中输入下列语句。

```
CREATE TRIGGER department_delete
AFTER DELETE ON departments
FOR EACH ROW
BEGIN
DELETE FROM employees WHERE departmentid = OLD.departmentid;
END;
```

单击"运行"按钮▷，创建 department_delete 触发器。

提示：

如果触发器的数据表创建了外键约束，在删除数据表中的数据之前，需要使外键约束不起作用，在打开的查询窗口中输入下列语句。

```
SET FOREIGN_KEY_CHECKS=0;
```

（2）删除 departments 表中部门编号为"04"的职工信息。
在打开的查询窗口中输入下列语句。

```
DELETE FROM departments WHERE departmentid = '04';
```

单击"运行"按钮▷，删除 departments 表中的数据。
（3）查询删除 employees 表中部门编号为"04"的职工信息。
在打开的查询窗口中输入下列语句。

```
SELECT * FROM employees;
```

单击"运行"按钮▷，运行结果如图 10-31 所示。

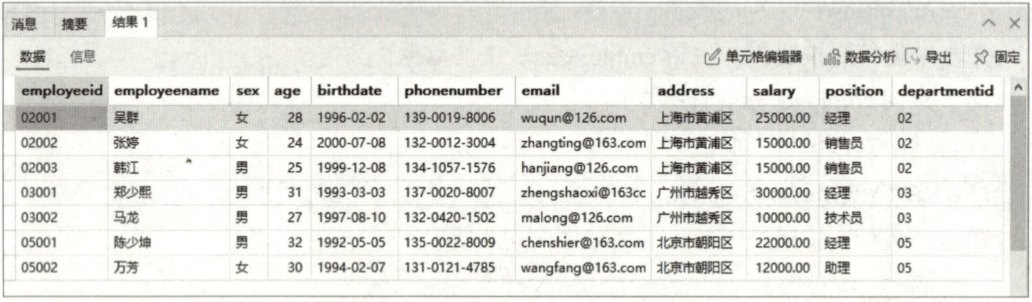

employeeid	employeename	sex	age	birthday	phonenumber	email	address	salary	position	departmentid
02001	吴群	女	28	1996-02-02	139-0019-8006	wuqun@126.com	上海市黄浦区	25000.00	经理	02
02002	张婷	女	24	2000-07-08	132-0012-3004	zhangting@163.com	上海市黄浦区	15000.00	销售员	02
02003	韩江	男	25	1999-12-08	134-1057-1576	hanjiang@126.com	上海市黄浦区	15000.00	销售员	02
03001	郑少熙	男	31	1993-03-03	137-0020-8007	zhengshaoxi@163cc	广州市越秀区	30000.00	经理	03
03002	马龙	男	27	1997-08-10	132-0420-1502	malong@126.com	广州市越秀区	10000.00	技术员	03
05001	陈少坤	男	32	1992-05-05	135-0022-8009	chenshier@163.com	北京市朝阳区	22000.00	经理	05
05002	万芳	女	30	1994-02-07	131-0121-4785	wangfang@163.com	北京市朝阳区	12000.00	助理	05

图 10-31　查询 employees 表

从图 10-31 中可以看出，所有部门编号为"04"的职工信息已经被全部删除。

任务 2：事务处理操作

首先启动一个事务并删除 customers 表中的记录，然后设置保存点，最后回滚该事务。
（1）启动事务、设置保存点、回滚该事务。
在 salesmanage 数据库中新建查询，在打开的查询窗口中输入下列语句。

```
BEGIN;
DELETE FROM customers WHERE customerid='0007';
SAVEPOINT savepoint_1;
INSERT INTO teacher
VALUES('0010','张立人','男','130-1000-1005','北京市海淀区');
ROLLBACK TO savepoint_1;
COMMIT;
```

单击“运行”按钮▷，回滚该事务。

（2）查询 customers 表。

在打开的查询窗口中输入下列语句。

```
SELECT * FROM customers;
```

单击“运行”按钮▷，运行结果如图 10-32 所示。

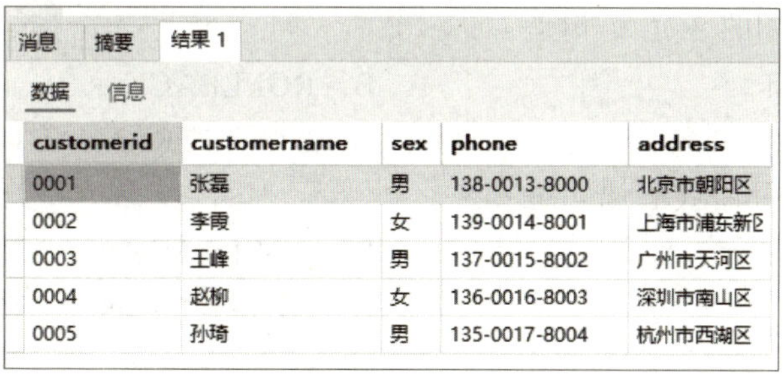

customerid	customername	sex	phone	address
0001	张磊	男	138-0013-8000	北京市朝阳区
0002	李霞	女	139-0014-8001	上海市浦东新区
0003	王峰	男	137-0015-8002	广州市天河区
0004	赵柳	女	136-0016-8003	深圳市南山区
0005	孙琦	男	135-0017-8004	杭州市西湖区

图 10-32　查询 customers 表

从图 10-32 显示的结果中发现，由于在事务内设置了保存点，使用 ROLLBACK 语句只回滚到该保存点为止，因此只删除了保存点前的一条记录，而插入的记录在保存点之后，所以 customers 表中没有插入记录。

单元小结

本单元首先介绍了触发器和事务处理的概念、作用及在数据库中的应用。然后介绍了触发器的创建、查看、修改与删除方法，并举例说明如何在数据变动时记录操作日志。最后介绍了启动事务、提交事务和回滚事务的 SQL 语句，并解释了如何使用保存点来控制事务的回滚范围。

理论练习

一、选择题

1．触发器的主要作用是（　　）。

A．提高查询速度　　B．确保数据的完整性和一致性

C．存储复杂的 SQL 语句　　D．优化数据库性能

2. 触发器自动执行的情况是（　　）。
   A．手动调用　　　　　　　　　　B．数据库启动
   C．数据表的相关操作　　　　　　D．定时任务
3. 在 MySQL 中，用于创建触发器的语句是（　　）。
   A．CREATE PROCEDURE　　　　　B．CREATE FUNCTION
   C．CREATE TRIGGER　　　　　　D．CREATE EVENT
4. 触发器可以被触发的操作是（　　）。
   A．BEFORE INSERT　　　　　　　B．AFTER UPDATE
   C．BEFORE DELETE　　　　　　　D．所有以上选项
5. 触发器可以与（　　）关联。
   A．临时表　　　　　　　　　　　B．视图
   C．永久性表　　　　　　　　　　D．任何类型的表
6. 提交事务使用的 SQL 语句是（　　）。
   A．COMMIT　　　　　　　　　　B．ROLLBACK
   C．BEGIN　　　　　　　　　　　D．START TRANSACTION
7. 回滚事务使用的 SQL 语句是（　　）。
   A．COMMIT　　　　　　　　　　B．ROLLBACK
   C．BEGIN　　　　　　　　　　　D．START TRANSACTION

二、问答题

1. 触发器有哪些优点？
2. 触发器有哪些缺点？
3. 如何查看数据库中的触发器信息？
4. 如何删除触发器？
5. 事务处理中保存点的概念是什么？

三、应用题

某城市"阳光助学"公益项目为困难学生提供助学金资助。为确保资助过程公开透明、资金使用规范有序，项目组使用 MySQL 开发了"助学金管理系统"。该系统需要确保每笔助学金发放都经过严格审核，并实时统计资助情况，同时保证助学金发放过程的安全性和完整性。

数据表结构如下。

```
-- 学生信息表
CREATE TABLE student_info (
    student_id VARCHAR(20) PRIMARY KEY, -- 学生 ID
    name VARCHAR(50), -- 学生姓名
    grade VARCHAR(20), -- 年级
    family_status VARCHAR(200), -- 家庭情况
    verify_status CHAR(1) -- 审核状态：0 未审核、1 已审核、2 已发放
);
```

```sql
-- 资助记录表
CREATE TABLE funding_records (
    record_id INT PRIMARY KEY AUTO_INCREMENT, -- 记录 ID
    student_id VARCHAR(20), -- 学生 ID
    amount DECIMAL(10,2), -- 助学金的金额
    grant_time DATETIME, -- 发放时间
    operator VARCHAR(50), -- 操作人员
    FOREIGN KEY (student_id) REFERENCES student_info(student_id)
);
-- 资助统计表
CREATE TABLE funding_statistics (
    stat_id INT PRIMARY KEY AUTO_INCREMENT, -- 统计 ID
    total_amount DECIMAL(10,2), -- 累计发放助学金的金额
    total_students INT, -- 累计资助学生人数
    update_time DATETIME -- 更新时间
);
```

1．请编写触发器，实现以下功能。

（1）当在 funding_records 表中插入新的资助记录时，自动更新 funding_statistics 表的统计数据。

（2）当资助记录插入成功后，将对应学生的 verify_status 更新为"2"（已发放）。

2．请编写一个完整的事务处理过程，实现助学金发放功能，要求如下。

（1）检查学生审核状态必须为"1"（已审核）。

（2）插入资助记录。

（3）确保过程的原子性，如果任何步骤失败，则回滚整个操作。

3．在该场景中使用触发器和事务的必要性是什么？

企业案例：创建与使用资产管理系统数据库 assertmanage 的触发器和事务处理

1．创建一个触发器，当在 users 表中删除用户记录时，需要自动删除与该用户的所有借用记录。

2．首先启动一个事务并在 users 表中插入一个记录，然后回滚该事务。

3．首先启动一个事务并删除 assets 表中的记录，然后设置保存点，最后回滚该事务。

单元 11　维护与管理数据库

学习导读

在确保数据库长期稳定运行和高效性能的过程中，维护与管理是不可或缺的环节。这包括定期的备份与恢复策略制定、监控数据库性能指标以便及时发现潜在问题、优化查询和索引以便提高响应速度，以及实施安全措施保护数据以防未授权访问。

学习目标

知识目标

- 熟悉用户管理和权限管理的各种语法。
- 熟悉数据库备份和还原的语法。
- 熟悉数据导出和导入的语法。
- 掌握使用图形化管理工具进行用户权限管理、数据库的备份和还原、数据导出和导入的方法。

能力目标

- 能够创建用户并合理分配用户权限。
- 能够做好日常的数据备份，在服务器发生故障时能恢复数据。
- 能够使用图形化管理进行用户权限管理、数据库的备份和还原、数据的导出和导入。

素养目标

- 通过学习用户和权限管理，培养学生的数据安全意识，强调在用户和权限管理中保护信息的重要性。
- 通过学习数据库的备份和还原，培养学生对数据安全和数据恢复的认识，强调数据备份的重要性。
- 通过学习数据的导出和导入，培养学生的数据迁移能力，并让学生在数据迁移时遵守数据保护法规，注重数据隐私。

单元 11　维护与管理数据库

> 知识图谱

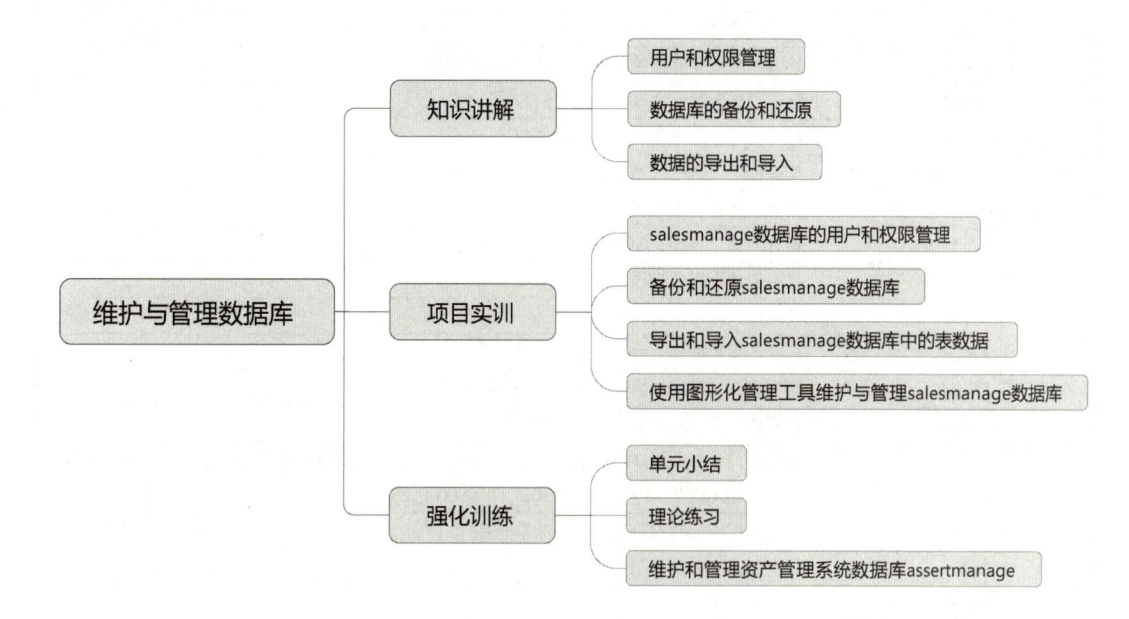

```
                            ┌─ 用户和权限管理
                  ┌ 知识讲解 ┼─ 数据库的备份和还原
                  │         └─ 数据的导出和导入
                  │
                  │         ┌─ salesmanage数据库的用户和权限管理
维护与管理数据库 ─┼ 项目实训 ┼─ 备份和还原salesmanage数据库
                  │         ├─ 导出和导入salesmanage数据库中的表数据
                  │         └─ 使用图形化管理工具维护与管理salesmanage数据库
                  │
                  │         ┌─ 单元小结
                  └ 强化训练 ┼─ 理论练习
                            └─ 维护和管理资产管理系统数据库assertmanage
```

> 相关知识

11.1　用户和权限管理

用户和权限管理是确保数据安全、保护敏感信息不被未授权访问的关键机制。通过为用户分配不同的角色和权限，管理员可以精细地控制每个用户或用户组能够执行的操作范围，如读取、写入、修改或删除特定数据集的能力。

11.1.1　用户权限管理概述

1. 用户权限

在安装 MySQL 时会默认创建一个名称为 root 的用户，该用户拥有超级权限，可以控制整个 MySQL 服务器。

使用 root 账号登录 MySQL 服务器后，可以创建新的用户并给新用户分配权限。从数据库安全性考虑，针对不同的用户应该分配不同的数据库操作权限。例如，对仅提供查询的用户来说可以只分配 Select 权限（Select 权限允许用户查询数据库），而不应该分配 Insert 和 Update 权限（Insert 和 Update 权限都允许用户修改数据库）。

从数据库安全性上考虑，应该为系统的不同用户提供不同的数据库访问权限。

MySQL 的用户权限如表 11-1 所示。

表 11-1　MySQL 的用户权限

权限名称	权限说明
All/All Privileges	具有全局或全数据库对象级别的所有权限
Alter	具有修改表结构的权限，但必须要求有 Create 和 Insert 权限配合
Alter Routine	具有修改或删除存储过程、存储函数的权限
Create	具有创建新的数据库和数据表的权限
Create Routine	具有创建存储过程、存储函数的权限
Create Tablespace	具有创建、修改、删除表空间和日志组的权限
Create Temporary Tables	具有创建临时表的权限
Create User	具有创建、修改、删除、重命名用户的权限
Create View	具有创建视图的权限
Delete	具有删除行数据的权限
Drop	具有删除数据库、数据表、视图的权限
Event	具有查询、创建、修改、删除 MySQL 事件的权限
Execute	具有执行存储过程和存储函数的权限
File	具有在 MySQL 可以访问的目录进行读/写磁盘文件操作的权限，如执行 LOAD DATA INFILE、SELECT、INTO OUTFILE、LOAD FILE 等命令
Grant Option	具有授权或回收给其他用户给予的权限
Index	具有创建和删除索引的权限
Insert	具有在数据表中插入数据的权限
Lock Tables	具有对拥有 Select 权限的数据表进行锁定的权限，以防止其他链接对此数据表进行读或写
Process	具有查看 MySQL 中的进程信息的权限，如执行 SHOW PROCESSLIST、MYSQLADMIN PROCESSLIST、SHOW ENGINE 等命令
References	具有创建外键的权限
Reload	指明重新将权限表加载到系统内存中的权限
Replication Client	具有用户查看当前所有服务器的状态的权限，如执行 SHOW MASTER STATUS、SHOW SLAVE STATUS、SHOW BINARY LOGS 等命令
Replication Slave	具有 slave 主机通过此用户连接 master 以便建立主从复制关系的权限
Select	具有从数据表中查看数据的权限
Show Databases	具有通过执行 SHOW DATABASES 命令查看所有的数据库名的权限
Show View	具有通过执行 SHOW CREATE VIEW 命令查看视图的定义的权限
Shutdown	具有关闭数据库实例的权限，如执行 MYSQLADMIN SHUTDOWN
Super	具有执行一系列数据库管理命令的权限，包括 KILL 强制关闭某个连接命令、CHANGE MASTER TO 创建复制关系命令，以及 CREATE/ALTER/DROP SERVER 等命令
Trigger	具有创建、删除、执行、显示触发器的权限
Update	具有修改数据表中数据的权限
Usage	具有创建一个用户之后的默认权限，本身代表无权限

2．系统权限表

在 MySQL 中，系统权限表是用于存储用户权限信息的表，包括 user、db、tables_priv、columns_priv、procs_priv 和 proxies_priv 等表。

（1）user 表：user 表包含用户的全局权限信息，包括是否允许用户在所有数据库上执行 SELECT、INSERT、UPDATE 等操作。

（2）db 表：db 表用于存储用户对特定数据库的访问权限，包括是否可以对该数据库进行 SELECT、INSERT 等操作。

（3）tables_priv 表：tables_priv 表用于指定用户对特定表的权限，包括 SELECT、INSERT、UPDATE、DELETE 等操作。

（4）columns_priv 表：columns_priv 表定义了用户对特定列的访问权限，可以精确控制对数据表中每一列的访问。

（5）procs_priv 表：procs_priv 表记录了用户对存储过程和存储函数的权限，包括是否允许执行与修改存储过程和存储函数。

（6）proxies_priv 表：从 MySQL 5.7 版本开始，proxies_priv 表用于管理代理用户的权限，类似于角色管理，允许批量进行用户权限的分配。

11.1.2 用户管理

1. 创建用户

创建用户的基本语法格式如下。

```
CREATE USER 用户名@主机 [IDENTIFIED BY [PASSWORD] '密码']
[,用户名 [IDENTIFIED BY[PASSWORD] '密码']];
```

说明：

- 用户名@主机：指定创建用户账号。@主机表示限制登录服务的主机，可以是 IP 地址、IP 地址段、域名和 %，% 为省略主机的默认值，表示可以在任何地方远程登录。
- IDENTIFIED BY：用于指定用户密码，如果该用户不设置密码，则可以省略此句。

【例 11-1】创建一个用户名为 xiaoli、密码为 123456 的用户。

在"命令列界面"窗口中执行以下语句。

```
CREATE USER 'xiaoli'@'localhost' IDENTIFIED BY '123456';
```

运行结果如图 11-1 所示。

```
mysql> CREATE USER 'xiaoli'@'localhost' IDENTIFIED BY '123456';
Query OK, 0 rows affected (0.01 sec)
```

图 11-1　创建用户 xiaoli

2. 查看用户权限

使用 SHOW GRANTS FOR 语句可以查看用户的权限，基本语法格式如下。

```
SHOW GRANTS FOR '用户名'@'主机';
```

【例 11-2】查看用户 xiaoli 的权限。

在"命令列界面"窗口中执行以下语句。

```
SHOW GRANTS FOR 'xiaoli'@'localhost';
```

运行结果如图 11-2 所示。

```
mysql> SHOW GRANTS FOR 'xiaoli'@'localhost';
+---------------------------------------------+
| Grants for xiaoli@localhost                 |
+---------------------------------------------+
| GRANT USAGE ON *.* TO `xiaoli`@`localhost`  |
+---------------------------------------------+
1 row in set (0.02 sec)
```

图 11-2　查看用户 xiaoli 的权限

说明：

USAGE ON *.*：表示该用户对任何数据库和任何数据表都没有权限。

3. 修改用户

使用 RENAME USER 语句可以修改一个或多个已经存在的用户账号名称，基本语法格式如下。

RENAME USER 新用户名@主机 TO 旧用户名@主机;

说明：

- 旧用户名：表示系统中已经存在的用户账号名称。
- 新用户名：表示新的用户账号名称。

使用 RENAME USER 语句时应该注意以下几点。

- RENAME USER 语句用于对原有的 MySQL 数据库用户进行重命名。
- 如果系统中旧用户不存在或新用户已存在，则该语句执行时会出现错误。
- 使用 RENAME USER 语句必须拥有 MySQL 数据库的 Update 权限或全局 Create User 权限。

【例 11-3】将用户名 xiaoli 修改为 xiaoliu。

在"命令列界面"窗口中执行以下语句。

RENAME USER 'xiaoli'@'localhost' TO 'xiaoliu'@'localhost';

结果如图 11-3 所示。

```
mysql> RENAME USER 'xiaoli'@'localhost' TO 'xiaoliu'@'localhost';
Query OK, 0 rows affected (0.00 sec)
```

图 11-3　将用户名 xiaoli 修改为 xiaoliu

4. 修改用户密码

（1）使用 SET PASSWORD FOR 语句修改用户密码。

使用 root 用户登录 MySQL 服务器后，使用 SET PASSWORD FOR 语句可以修改普通用户的密码，基本语法格式如下。

SET PASSWORD FOR 用户名@主机='新密码';

说明：

- 用户名：表示普通用户名，如果省略 FOR 用户名，则表示修改当前用户密码。

（2）使用 UPDATE 语句修改用户密码。

使用 UPDATE 语句修改 MySQL 数据库中 user 表的 authentication_string 字段，从而修改普通用户的密码，基本语法格式如下。

UPDATE mysql.user SET authentication_string='新密码' WHERE 用户名='用户名称' AND 主机='主机名称';

5. 删除用户

使用 DROP USER 语句可以删除用户，基本语法格式如下。

DROP USER 用户名 1@主机[,用户名 2@主机,...]

使用 DROP USER 语句应该注意以下几点。

- DROP USER 语句可以用于删除一个或多个用户，并撤销其权限。
- 使用 DROP USER 语句，必须拥有 MySQL 数据库的 Delete 权限或全局 Create User 权限。
- 在使用 DROP USER 语句时，如果没有明确地给出账户的主机名，则该主机名默认为%。

11.1.3 权限管理

1. 授予权限

使用 GRANT 语句可以为已经创建的用户进行授权，基本语法格式如下。

GRANT 权限类型 ON 数据库名.表名
TO 用户名@主机 [WITH GRANT OPION]

说明：

- 权限类型：表示 Select、Update 等权限。如果是 All Privileges，则表示所有权限。
- ON：用来指定权限针对哪些数据库和数据表。
- 数据库名.表名：表示用户权限所作用的数据表。如果是*.*，则表示所有数据库中的所有数据表。
- TO：表示将权限赋予某个用户。
- WITH GRANT OPION：表示该用户可以将自己拥有的权限授权给其他用户。经常有人在创建操作用户时不指定 WITH GRANT OPTION 选项，从而导致后来该用户不能使用 GRANT 命令创建用户或给其他用户授权。

【例 11-4】创建一个用户名为 test、密码为 123456 的用户，并对该用户的所有数据库和数据表授予 Select 与 Update 权限。

在"命令列界面"窗口中执行以下语句。

CREATE USER 'test'@'localhost' IDENTIFIED BY '123456';
GRANT SELECT,UPDATE ON *.* TO 'test'@'localhost';

运行结果如图 11-4 所示。

```
mysql> CREATE USER 'test'@'localhost' IDENTIFIED BY '123456';
GRANT SELECT,UPDATE ON *.* TO 'test'@'localhost';
Query OK, 0 rows affected (0.01 sec)

Query OK, 0 rows affected (0.00 sec)
```

图 11-4　创建一个用户并对该用户的所有数据库和数据表授予权限

2. 查看授权信息

使用 SHOW GRANTS 语句可以查看用户的授权信息，基本语法格式如下。

SHOW GRANTS FOR 用户名@主机;

【例 11-5】查看用户 test 的授权信息。

在"命令列界面"窗口中执行以下语句。

SHOW GRANTS FOR 'test'@'localhost';

运行结果如图 11-5 所示。

```
mysql> SHOW GRANTS FOR 'test'@'localhost';
+----------------------------------------------------------+
| Grants for test@localhost                                |
+----------------------------------------------------------+
| GRANT SELECT, UPDATE ON *.* TO `test`@`localhost`        |
+----------------------------------------------------------+
1 row in set (0.02 sec)
```

图 11-5　查看用户 test 的授权信息

3. 增加用户权限

在 MySQL 数据库中，使用 GRANT 语句不仅可以为用户授权，还可以为用户增加权限，其语法格式见"1. 授予权限"。

4. 回收用户权限

使用 REVOKE 语句可以回收用户权限，基本语法格式如下。

REVOKE priv_type ON 数据库名.表名
FROM 用户名@主机;

11.1.4　使用图形化管理工具进行用户权限管理

1. 使用图形化管理工具进行用户管理

单击工具栏中的"用户"按钮，打开用户"对象"窗口，如图 11-6 所示。

名称	SSL 类型	每小时...	每小时...	每小时...	最大用...	超级用户
mysql.infoschem...		0	0	0	0	否
mysql.session@l...		0	0	0	0	是
mysql.sys@local...		0	0	0	0	否
root@localhost		0	0	0	0	是
test@localhost		0	0	0	0	否
xiaoliu@localhost		0	0	0	0	否

图 11-6　用户"对象"窗口

（1）创建用户。

使用图形化管理工具也可以编辑用户的权限及属性，包括用户名、密码、每小时最大连接数、每小时最大查询次数等。

单击"新建用户"按钮⊕，打开"用户"窗口，如图 11-7 所示，包括"常规"、"高级"、"成员属于"、"成员"、"服务器权限"、"权限"和"SQL 预览"选项卡。下面介绍部分选项卡。

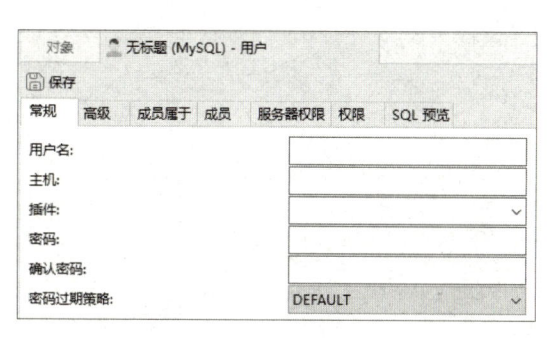

图 11-7　"用户"窗口

- "常规"选项卡：用来设置需要创建的用户名、主机、密码和确认密码。主机可以被设置为"localhost"或"%"。如果设置为"localhost"，则创建的用户只能在本地访问数据库；如果设置为"%"，则创建的用户既可以在本地，也可以远程访问数据库。
- "高级"选项卡（见图 11-8）：用来设置对数据库的访问限制，主要有"每小时最大查询数"、"每小时最大更新数"和"每小时最大连接数"等。这些内容可以根据实际需要进行设置，也可以不设置。

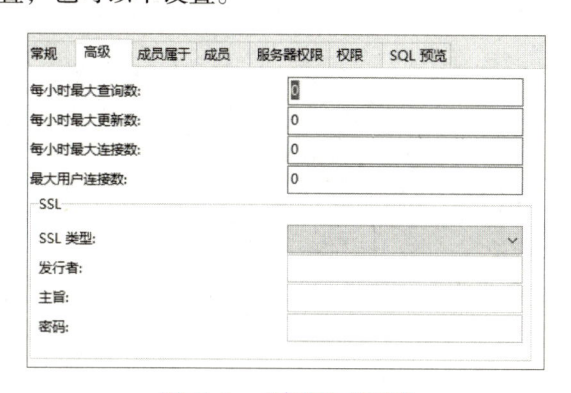

图 11-8　"高级"选项卡

- "服务器权限"选项卡（见图 11-9）：用来设置新建用户对 MySQL 服务器的访问权限。例如，在 MySQL 服务器中查询数据（Select）、插入数据（Insert）、更新数据（Update）、创建数据库（Create）、删除数据库（Drop）等权限。一般来说，如果创建的是普通用户，则只选择查询数据、插入数据、更新数据的权限即可。
- "权限"选项卡（见图 11-10）：用来设置对某一数据库的访问权限，"服务器权限"设置针对的是该服务器下所有数据库的访问权限。如果不想要用户访问所有的数据库，而只访问指定的数据库，则需要在"权限"选项卡中设置具体的数据库访问权限。

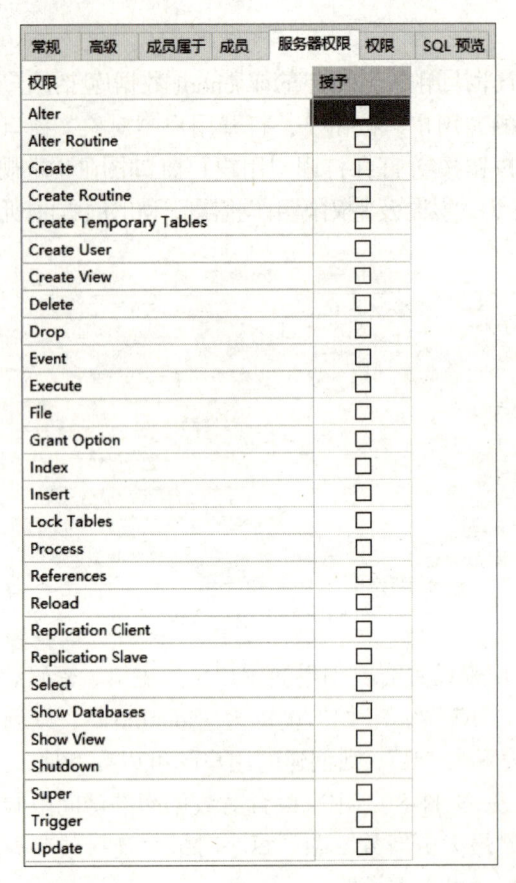

图 11-9 "服务器权限"选项卡

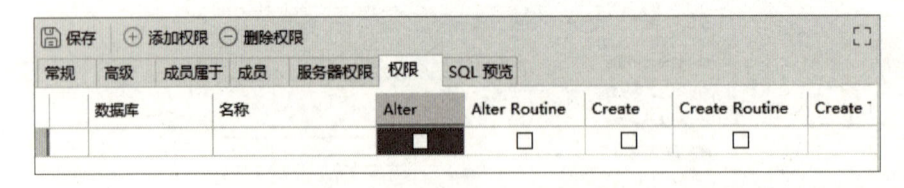

图 11-10 "权限"选项卡

- "SQL 预览"选项卡：用来查看根据前面设置生成的 MySQL 命令。

用户信息填写完和用户权限设置完之后，单击"保存"按钮，系统根据设置内容创建一个新的用户。

(2) 修改用户。

如果需要修改已有用户的密码，则可以在用户列表中选中该用户，单击"编辑用户"按钮；或者在选中的用户上右击，在弹出的快捷菜单中选择"编辑用户"命令，可以修改用户的密码、权限。

(3) 删除用户。

在用户列表中选中需要删除的用户，并单击"删除用户"按钮；或者在选中的用户上右击，在弹出的快捷菜单中选择"删除用户"命令，打开"确认删除"对话框，提示是否删除该用户，确认无误，勾选"我了解此操作是永久的且无法撤销"复选框，单击"删除"

按钮，删除所选用户。

【例 11-6】创建一个学生用户，只能查询 school 数据库。

（1）单击工具栏中的"用户"按钮，打开用户"对象"窗口。

（2）单击"新建用户"按钮⊕，打开"用户"窗口，在"常规"选项卡中设置用户名为"student"，主机地址为"%"及密码等用户信息，如图 11-11 所示。

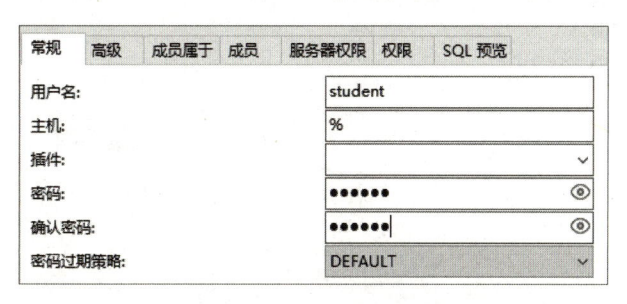

图 11-11　设置用户信息

（3）切换到"服务器权限"选项卡，勾选"Select"复选框，即可设置服务器权限，如图 11-12 所示。

图 11-12　设置服务器权限

（4）切换到"权限"选项卡，单击"添加权限"按钮⊕，打开"添加权限"对话框，先勾选"school"复选框，再勾选"Select"复选框，如图 11-13 所示，单击"确定"按钮，添加权限。

（5）单击"保存"按钮，系统根据设置内容创建 student 用户，如图 11-14 所示。

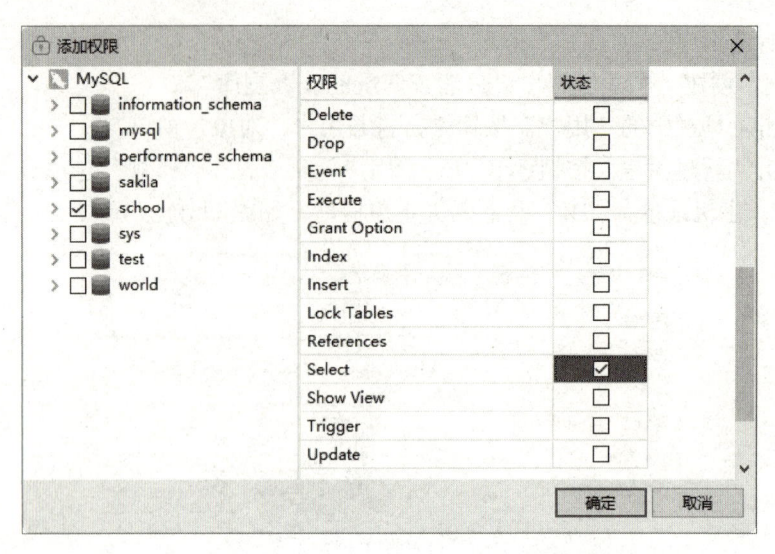

图 11-13 设置"添加权限"对话框

图 11-14 创建 student 用户

2. 使用图形化管理工具进行权限管理

在用户"对象"窗口中单击"权限管理员"按钮 🔒，打开如图 11-15 所示的"权限管理员"窗口，在该窗口中可以对已有的用户添加权限或删除权限。

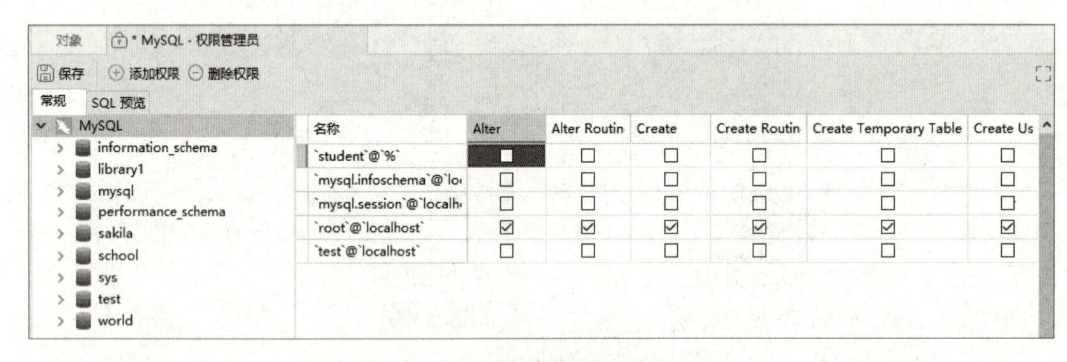

图 11-15 "权限管理员"窗口

（1）添加权限。

在"权限管理员"窗口中，勾选对应的复选框，可以将该权限添加到对应的用户。也可以单击"添加权限"按钮 ⊕，打开如图 11-16 所示的"添加权限"对话框，先选择用户，再在授予列中勾选对应的复选框，单击"确定"按钮，也可以将所选权限授予用户。

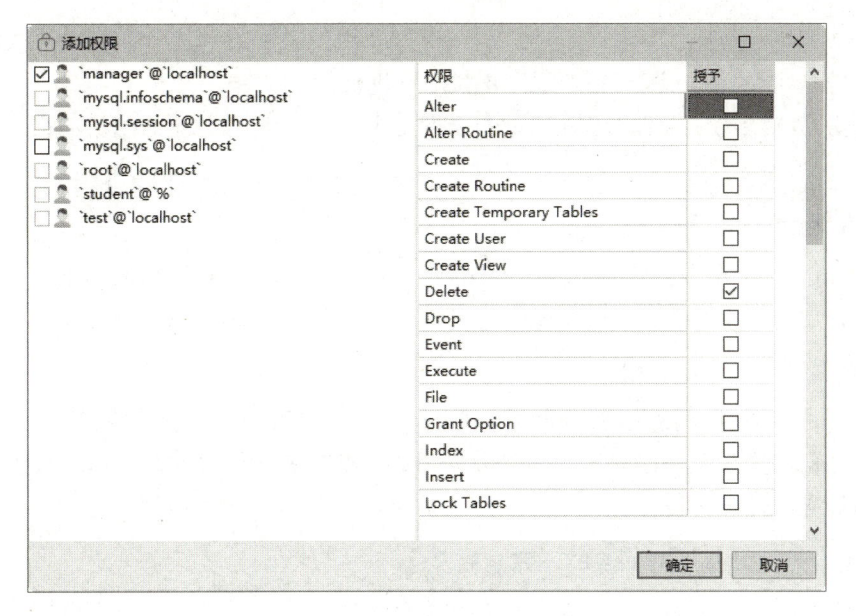

图 11-16 "添加权限"对话框

（2）删除权限。

在列表中选中需要删除权限的用户，单击"删除权限"按钮○，删除所选用户的权限。

11.2 数据库的备份和还原

计算机用户对一些重要文件、资料定期进行备份是一种良好的习惯。同样，管理员和用户对数据库进行备份和还原（或恢复）依然是一项重要且不可缺少的工作。因为在一个复杂的大型数据库中，造成数据丢失的原因有很多，如用户可能对数据库进行误操作或恶意操作、物理磁盘的数据冲突、外界突发事件的影响等，这些都有可能造成数据损失甚至是系统崩溃。这时就需要根据以前的数据库备份开展符合需求的还原和重建工作。

11.2.1 数据库备份类型

1. 物理备份和逻辑备份

物理备份是将 MySQL 中的数据存储目录复制并保存到安全的存储位置，以确保数据库出现启动故障后能够快速恢复，一般对数据库存储目录进行压缩备份存储，生成"*.tar.gz"文件。如果数据库存储目录不小心被删除了，就可以把备份的数据文件重新解压缩复制到数据库存储目录下，进行重新启动。

逻辑备份是备份数据库的逻辑信息，如创建的数据库、数据表及数据表中的内容。逻辑备份可以把数据转移到另外的物理机上，也可以修改数据表中的数据或结构，一般生成"*.sql"文件。

2. 热备份、冷备份和暖备份

热备份是在 MySQL 服务器处于运行状态下进行的，此时，客户端可以获得服务器的数据信息。

冷备份是在 MySQL 服务器处于停止状态下进行的。

暖备份是 MySQL 服务器中的数据库虽然在运行中，但是数据访问被加锁了，无法进行修改。

3. 本地备份和远程备份

本地备份是在同一台 MySQL 服务器端运行的主机上备份客户端操作执行。

远程备份是在不同 MySQL 服务器端运行的主机上备份客户端操作执行。

4. 全量备份和增量备份

全量备份包括对 MySQL 服务器某一时间点上的所有数据进行备份。

增量备份由经过某一段时间改变的数据组成。增量备份通过使用开启了日志记录生成的二进制日志文件进行备份。

5. 完全恢复和基于时间点的不完全恢复

完全恢复是使用全量备份的文件恢复所有的数据，完全恢复后也可以使用日志文件进行不完全恢复，把数据库恢复到某一时间点的状态。

基于时间点的不完全恢复是将数据库恢复到某一时间点的状态。它基于二进制日志文件，并且通常先进行完全恢复，再进行基于时间点的不完全恢复，根据时间点得到了重做的操作，把服务器恢复到期望的状态。

11.2.2 数据库的备份

备份不仅提供了一种恢复手段，以应对意外删除、硬件故障、软件错误或恶意攻击等情况，还支持灾难恢复计划，确保业务连续性。

1. 使用 mysqldump 命令备份

mysqldump 是 MySQL 自带的逻辑备份工具，其备份原理是：通过协议连接到 MySQL 后，先将需要备份的数据查询出来，再将该数据转换为对应的 INSERT 语句，当需要还原这些数据时，只要执行这些 INSERT 语句即可。

mysqldump 并不是一条 SQL 语句，而是一个命令行工具，所以需要在操作系统终端（命令提示符或 PowerShell）中执行该命令。

（1）备份一个数据库的基本语法格式如下。

```
mysqldump -u 用户名 -p 数据库名 表名1 表名2 ...>[路径/] 备份文件名.sql
```

说明：

- 数据库名：表示要备份的数据库的名称。
- 表名：表示要备份的表的名称，如果省略要备份的表的名称，则表示备份整个数据库。
- \>：表示备份的方向。
- 路径/：表示备份文件的路径。如果不指定备份文件的路径，则文件会默认保存在当前系统用户的目录下。

【例 11-7】 备份 school 数据库，并查看数据库备份文件中的内容。

（2）备份 school 数据库。在"管理员：命令提示符"窗口中执行以下语句。

```
mysqldump -u root -p school>D:sch_bak.sql
```

运行结果如图 11-17 所示。

```
C:\Users\Administrator>mysqldump -u root -p school>D:sch_bak.sql
Enter password: ******
```

图 11-17　备份 school 数据库

（3）使用记事本查看生成的数据库备份文件中的内容，如图 11-18 所示。

图 11-18　查看数据库备份文件中的内容

说明：

通过图 11-18 可以看到，数据库备份文件的开头记录了 MySQL 的版本号、备份的主机名和数据库的名称。文件中以"--"开头的内容都是 SQL 的注释，以"/*!40101"开头的内容是与 MySQL 有关的注释。40101 是 MySQL 数据库的版本号，如果 MySQL 的版本比 4.1.1 高，则/*!40101 和*/之间的内容被当作 SQL 命令来执行；如果 MySQL 的版本比 4.1.1 低，则/*!40101 和*/之间的内容被当作注释。

（4）备份多个数据库的基本语法格式如下。

mysqldump -u 用户名 -p -databases 数据库名1 数据库名2 ...>[路径/]备份文件名.sql

（5）备份所有数据库的基本语法格式如下。

mysqldump -u 用户名 -p -all-databases>[路径/]备份文件名.sql

2. 直接复制整个数据库目录

直接复制 MySQL 中的数据库目录是最简单、速度最快的备份方法。但是在复制数据库目录之前，要先停止服务器，这样才可以保证在复制期间数据库中的数据不会发生变化。如果在复制数据库目录的过程中还有数据写入，就会造成数据不一致。这种情况在开发环境中允许发生，但是在生产环境中很难允许备份服务器。

11.2.3 数据库的还原

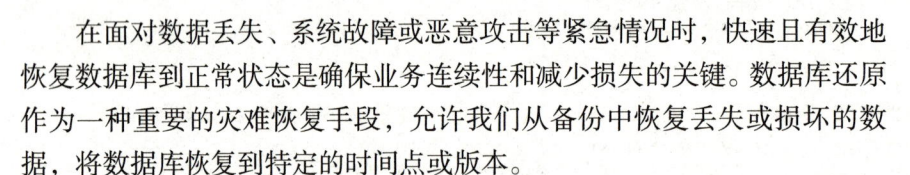

在面对数据丢失、系统故障或恶意攻击等紧急情况时，快速且有效地恢复数据库到正常状态是确保业务连续性和减少损失的关键。数据库还原作为一种重要的灾难恢复手段，允许我们从备份中恢复丢失或损坏的数据，将数据库恢复到特定的时间点或版本。

1. 使用 mysql 命令还原数据库

使用 mysql 命令还原数据库的基本语法格式如下。

mysql -u root -p [数据库名]<[路径/]备份文件.sql

说明：

数据库名是可选参数。如果".sql"备份文件为使用 mysqldump 命令创建的包含创建数据库语句的文件，则执行时不需要指定数据库名。如果指定的数据库名不存在，则系统将会报错。

【例 11-8】将 school 数据库还原到 new_school 数据库。

（1）连接 MySQL 服务器，创建 new_school 数据库。在"管理员：命令提示符"窗口中执行以下语句。

CREATE DATABASE IF NOT EXISTS new_school;

运行结果如图 11-19 所示。

```
mysql> CREATE DATABASE IF NOT EXISTS new_school;
Query OK, 1 row affected (0.00 sec)
```

图 11-19　创建 new_school 数据库

（2）退出 MySQL 服务器，打开"管理员：命令提示符"窗口，还原 school 数据库为 new_school 数据库。在"管理员：命令提示符"窗口中执行以下语句。

mysql -u root -p new_school<D:sch_bak.sql

运行结果如图 11-20 所示。

```
C:\Users\Administrator>mysql -u root -p new_school1<D:sch_bak.sql
Enter password: ******
```

图 11-20　还原 school 数据库为 new_school 数据库

2. 使用 SOURCE 命令还原数据库

如果数据库过大，则可以使用 SOURCE 命令还原数据库。使用 SOURCE 命令还原数据库的基本语法格式如下。

SOURCE 备份文件.sql;

【例 11-9】还原 school 数据库为 new_school2 数据库。
（1）创建 new_school2 数据库。在"管理员：命令提示符"窗口中执行以下语句。

CREATE DATABASE IF NOT EXISTS new_school2;

运行结果如图 11-21 所示。

```
mysql> CREATE DATABASE IF NOT EXISTS new_school2;
Query OK, 1 row affected (0.00 sec)
```

图 11-21　创建 new_school2 数据库

（2）还原 school 数据库为 new_school2 数据库。在"管理员：命令提示符"窗口中执行以下语句。

USE new_school2;
SOURCE D:sch_bak.sql;

运行结果如图 11-22 所示。

（3）查看还原后的 new_school2 数据库中的表。在"管理员：命令提示符"窗口中执行以下语句。

SHOW TABLES;

运行结果如图 11-23 所示。

```
mysql> USE new_school2;
Database changed
mysql> SOURCE D:sch_bak.sql;
Query OK, 0 rows affected (0.00 sec)

Query OK, 0 rows affected (0.00 sec)

Query OK, 0 rows affected (0.00 sec)

Query OK, 0 rows affected (0.00 sec)

Query OK, 0 rows affected (0.00 sec)

Query OK, 0 rows affected (0.00 sec)

Query OK, 0 rows affected (0.00 sec)
```

```
mysql> SHOW TABLES;
+----------------------+
| Tables_in_new_school2 |
+----------------------+
| course               |
| new_student          |
| oper_log             |
| score                |
| student              |
| student_score        |
| teacher              |
| teacher_course       |
| v_course             |
| vn_student           |
+----------------------+
10 rows in set (0.00 sec)
```

图 11-22　还原 school 数据库为 new_school2 数据库

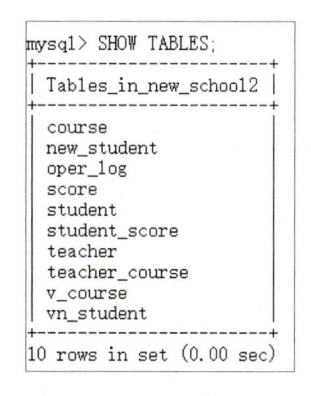

图 11-23　查看还原后的 new_school2 数据库中的表

3. 直接复制数据库目录

当通过直接复制数据库目录的方式还原数据库时，必须保证两个 MySQL 数据库的版本号是相同的。这种方式对于 MyISAM 存储引擎的表可用，对于 InnoDB 存储引擎的表不可用，因为 InnoDB 存储引擎的表的表空间不能直接复制。

11.2.4 使用图形化管理工具进行数据库的备份和还原

使用图形化管理工具备份数据库有两种方式：一种是以".sql"文件保存，另一种是保存为备份。

1. 以"sql"文件保存和还原数据库

选择要保存的数据库并右击，在弹出的快捷菜单中选择"转储 SQL 文件"→"结构和数据"命令，打开"另存为"对话框，将 SQL 文件保存。

选择要还原的数据库并右击，在弹出的快捷菜单中选择"运行 SQL 文件"命令，选择数据库的 SQL 文件并运行，还原数据库。

【例 11-10】通过保存".sql"文件来备份 school 数据库，还原到 school1 数据库。

（1）选择 school 数据库并右击，在弹出的快捷菜单中选择"转储 SQL 文件"→"结构和数据"命令，如图 11-24 所示。

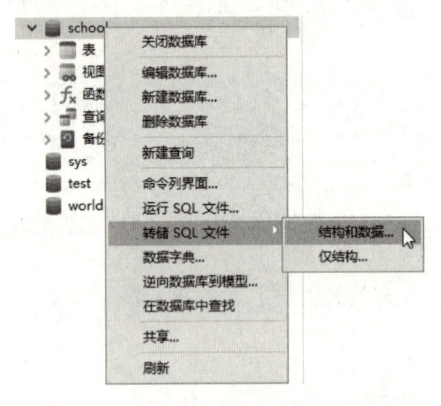

图 11-24 选择"结构和数据"命令

（2）打开"另存为"对话框，设置保存路径，输入文件名为"school.sql"，如图 11-25 所示，单击"保存"按钮，打开"转储 SQL 文件"对话框，如图 11-26 示，单击"关闭"按钮，关闭该对话框。

（3）在 school 数据库上右击，在弹出的快捷菜单中选择"新建数据库"命令，打开"新建数据库"对话框，输入数据库名称为"school1"，选择字符集为"utf8mb4"，排序规则为"utf8mb4_0900_ai_ci"，如图 11-27 所示，单击"确定"按钮，创建 school1 数据库。

（4）双击新建的 school1 数据库，将其打开。在该数据库上右击，在弹出的快捷菜单中选择"运行 SQL 文件"命令，打开"运行 SQL 文件"对话框，单击"文件"文本框右侧的 按钮，打开"打开"对话框，选择已经创建的 school.sql 文件，单击"打开"按钮，返回"运行 SQL 文件"对话框，如图 11-28 所示，单击"开始"按钮，开始还原数据库，如图 11-29 所示。

图 11-25 设置"另存为"对话框

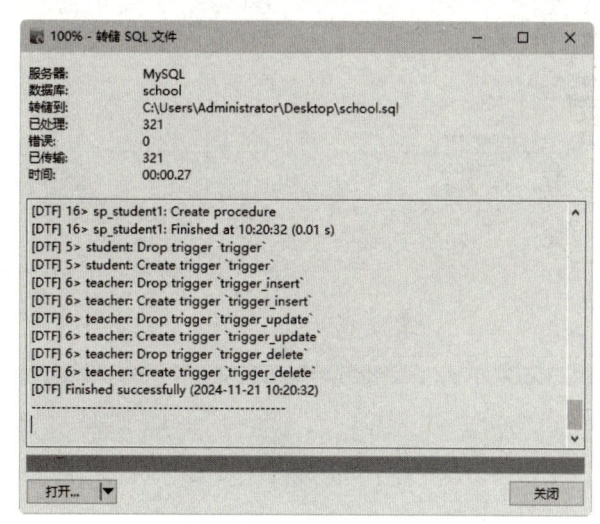

图 11-26 "转储 SQL 文件"对话框

图 11-27 设置"新建数据库"对话框

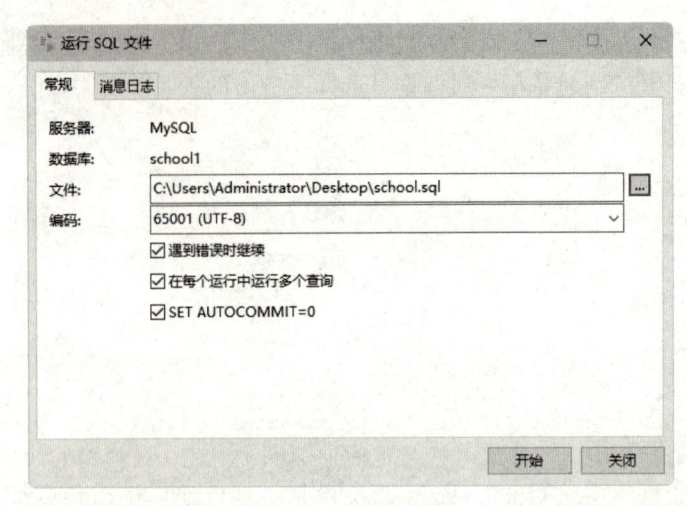

图 11-28 "运行 SQL 文件"对话框

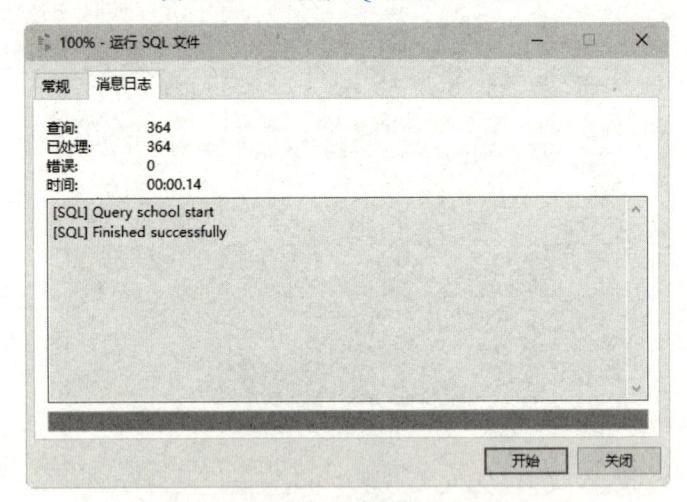

图 11-29 还原数据库

还原后的 school1 数据库如图 11-30 所示。

图 11-30 还原后的 school1 数据库

2. 备份和还原数据库

单击工具栏中的"备份"按钮 ，打开备份"对象"窗口，如图 11-31 所示。

单击"新建备份"按钮⊕；或者在数据库的节点上右击，在弹出的快捷菜单中选择"新建备份"命令，打开"新建备份"对话框，选择要备份的表，单击"备份"按钮，进行数据库的备份操作。

图 11-31　备份"对象"窗口

单击"还原备份"按钮↻；或者在数据库的节点上右击，在弹出的快捷菜单中选择"还原备份"命令，打开"还原备份"对话框，选择要还原的数据表，单击"还原"按钮，进行数据库的还原操作。

【例 11-11】备份和还原 school1 数据库中的数据表。

（1）单击工具栏中的"备份"按钮，打开备份"对象"窗口。

（2）单击"新建备份"按钮⊕；或者在数据库的节点上右击，在弹出的快捷菜单中选择"新建备份"命令（见图 11-32），打开"新建备份"对话框，输入注释为"备份表"，如图 11-33 所示。

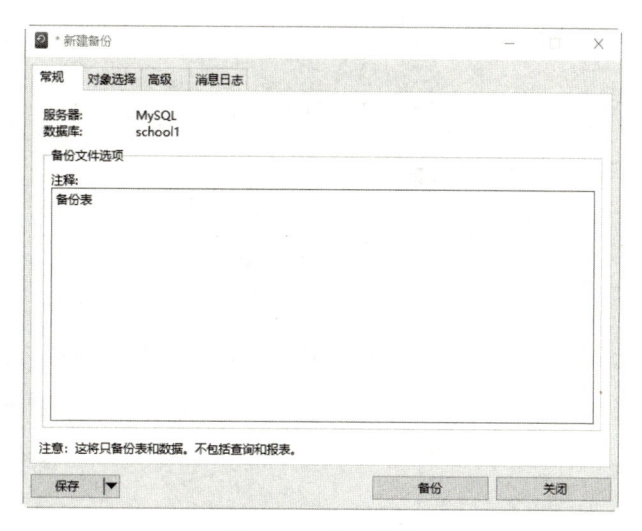

图 11-32　选择"新建备份"命令　　　　图 11-33　输入注释

（3）切换到"对象选择"选项卡，勾选"表"复选框，取消其他复选框的勾选，如图 11-34 所示。

（4）单击"备份"按钮，进行数据库的备份操作，如图 11-35 所示。确认备份完成后，单击"关闭"按钮，打开"确认"对话框，如图 11-36 所示。如果单击"不保存"按钮，则系统按"年月日时分秒"命名方式备份文件；如果单击"保存"按钮，则打开"另存为"对话框，输入配置文件名称为"school1_bak_tb"，如图 11-37 所示，单击"保存"按钮，保存配置文件。

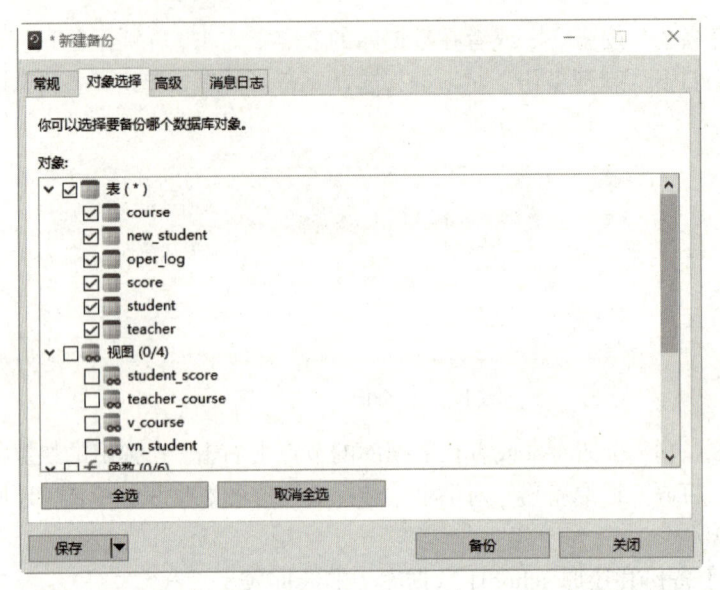

图 11-34　勾选 "表" 复选框

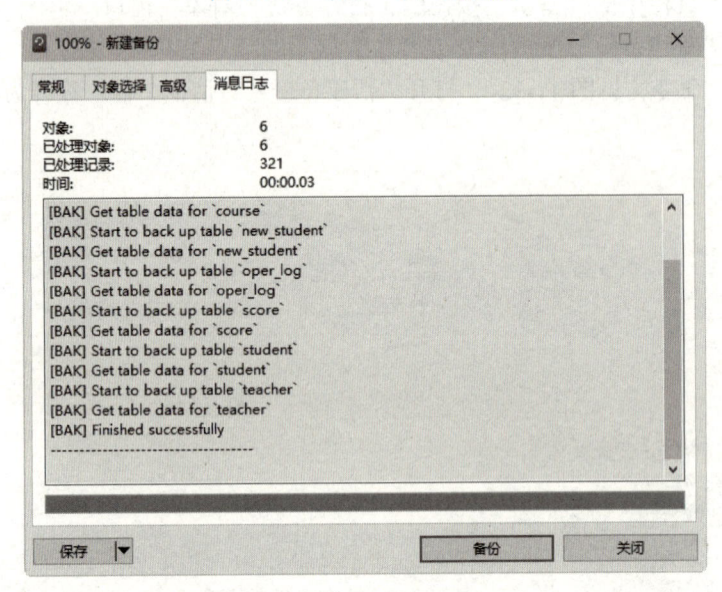

图 11-35　备份数据

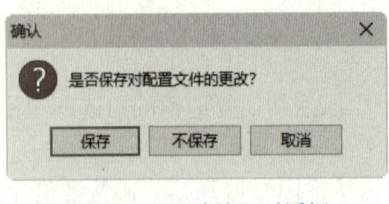

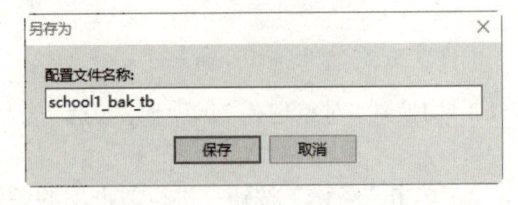

图 11-36　"确认"对话框　　　　图 11-37　输入配置文件名称

（5）选择备份文件并右击，在弹出的快捷菜单中选择"打开所在的文件夹"命令，如图 11-38 所示。可以看到备份文件默认存放在"文档"目录中，每个数据库对应一个单独的文件夹，备份文件的扩展名为".nb3"，如图 11-39 所示。

图 11-38　选择"打开所在的文件夹"命令

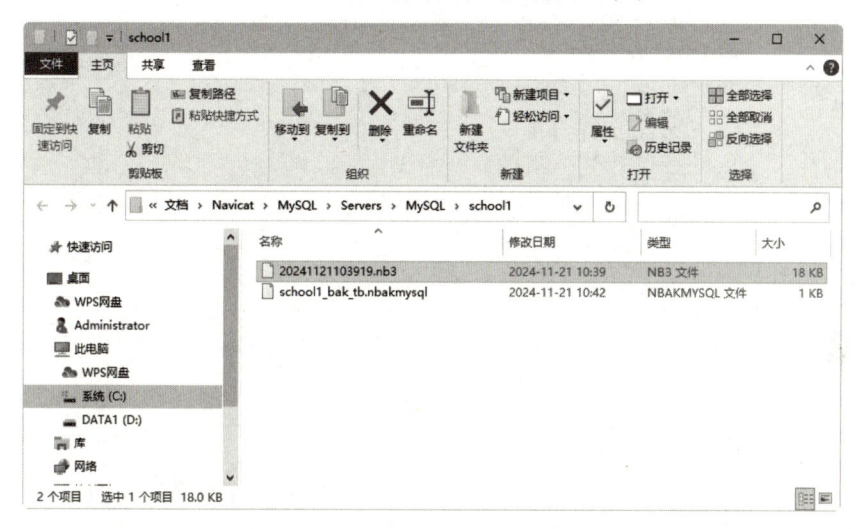

图 11-39　备份文件的存放位置

（6）为了便于演示，这里先将 school1 数据库中的原有数据表都删除。

（7）选择已经做了备份的 school1 数据库，单击工具栏中的"备份"按钮，打开备份"对象"窗口，选择备份文件，单击"还原备份"按钮；或者在数据库节点上右击，在弹出的快捷菜单中选择"还原备份"命令，打开"还原备份"对话框，如图 11-40 所示。

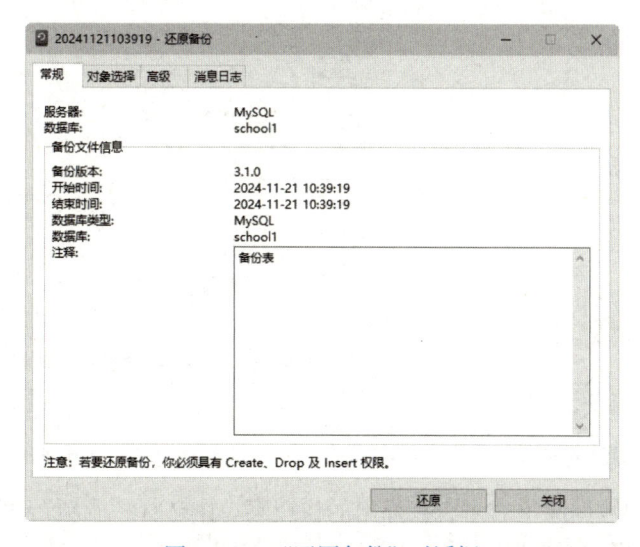

图 11-40　"还原备份"对话框

提示：

还原数据库不会删除增量的数据库对象，也就是说，如果在还原前有新增的数据表，那么还原的时候不会删除这些新增的数据表，还原过程只会删除原有备份的数据表，并恢复数据为备份时间点的数据。

（8）切换到"对象选择"选项卡，选择要还原的数据表，如图 11-41 所示。

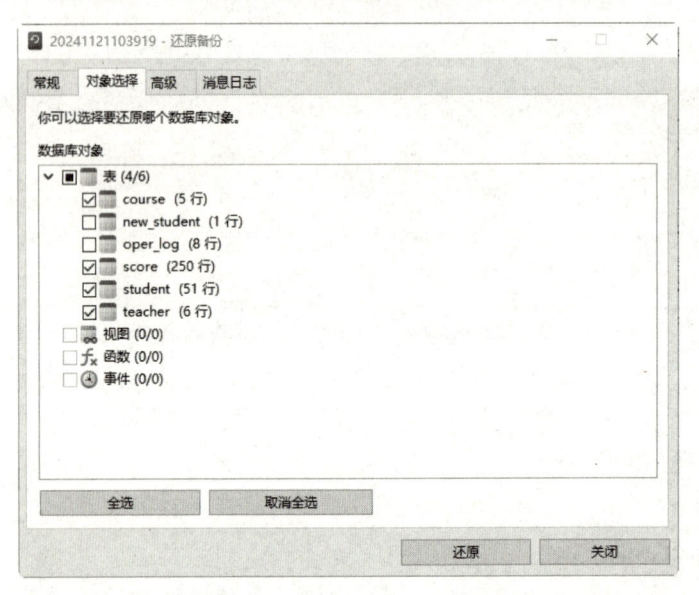

图 11-41　选择要还原的数据表

（9）单击"还原"按钮，打开"确认"对话框，如图 11-42 所示，单击"确定"按钮，开始还原，如图 11-43 所示，还原成功后，单击"关闭"按钮，关闭"还原备份"对话框。

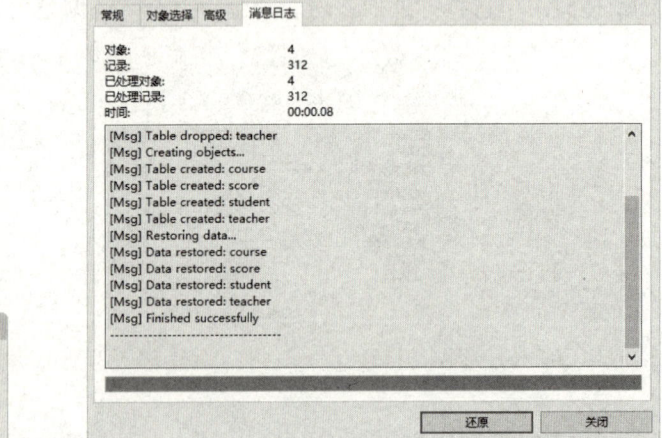

图 11-42　"确认"对话框　　　　　　　图 11-43　还原备份

（10）在还原的数据库上右击，在弹出的快捷菜单中选择"刷新"命令，查看还原后的 school1 数据库，如图 11-44 所示。

图 11-44　查看还原后的 school1 数据库

11.3　数据的导出和导入

通过对数据表中数据的导出和导入，可以实现在 MySQL 服务器与其他数据库服务器之间移动数据。导出是指将 MySQL 数据表中的数据复制到文本文件中。

11.3.1　导出数据

在 MySQL 中，使用 SELECT...INTO OUTFILE 语句可以将数据表中的数据导出为一个文本文件，基本语法格式如下。

```
SELECT <*|字段列表> FROM 表名 [WHERE 条件]
INTO OUTFILE'文件名'[CHARACTER SET 字符集名]
[FIELDS {<TERMINATED BY|ENCLOSED BY|ESCAPED BY>} 分隔符]
[LINES TERMINATED BY 行结束符];
```

说明：

- 文件名：表示外部存储文件名，该文件被创建到服务器主机上，因此执行账户必须拥有 File 权限。输出的不能是一个已存在的文件。
- CHARACTER SET 字符集名：表示导出数据的编码，默认是当前表编码。
- FIELDS TERMINATED BY：设置字符串为字段之间的分隔符，可以为单个或多个字符，在默认情况下为制表符'\t'。
- FIELDS ENCLOSED BY 分隔符：设置字符来将 CHAR、VARCHAR 和 TEXT 等字符型字段括起来。
- FIELDS ESCAPED BY 分隔符：设置如何写入或读取特殊字符，只能为单个字符，即设置转义字符，默认值为'\'。
- LINES TERMINATED BY 行结束符：设置每行结尾的字符，可以为单个或多个字符，默认值为'\n'。

【例 11-12】导出 library 数据库的 book 表中的记录，并查看导出的数据文件中的内容。
（1）查看 secure_file_priv 参数的值。在"管理员：命令提示符"窗口中执行以下语句。

SHOW variables LIKE '%secure%';

运行结果如图 11-45 所示。

```
mysql> SHOW variables LIKE '%secure%';
+--------------------------+-------------------------------------------------+
| Variable_name            | Value                                           |
+--------------------------+-------------------------------------------------+
| require_secure_transport | OFF                                             |
| secure_file_priv         | C:\ProgramData\MySQL\MySQL Server 8.4\Uploads\  |
+--------------------------+-------------------------------------------------+
2 rows in set, 1 warning (0.00 sec)
```

图 11-45　查看 secure_file_priv 参数的值

说明：

在默认情况下，MySQL 不允许使用导出和导入语句。当 secure_file_priv 参数的值设置为 NULL 时，表示禁止导出操作；当 secure_file_priv 参数的值设置为空字符串时，允许将数据导出到任何目录。

（2）在 MySQL 数据库安装目录中打开 my.ini 配置文件，设置 secure-file-priv=""，如图 11-46 所示，表示不对 MySQL 数据库中数据的导出/导入进行限制，单击"文件"→"保存"命令，保存 my.ini 配置文件。

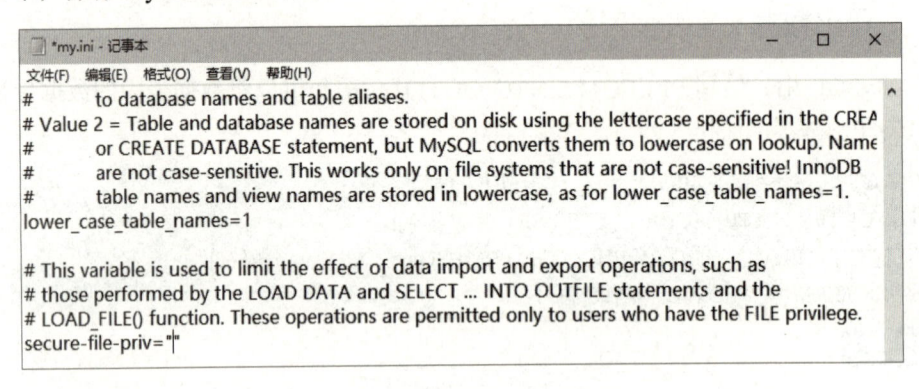

```
                to database names and table aliases.
# Value 2 = Table and database names are stored on disk using the lettercase specified in the CREA
#           or CREATE DATABASE statement, but MySQL converts them to lowercase on lookup. Name
#           are not case-sensitive. This works only on file systems that are not case-sensitive! InnoDB
#           table names and view names are stored in lowercase, as for lower_case_table_names=1.
lower_case_table_names=1

# This variable is used to limit the effect of data import and export operations, such as
# those performed by the LOAD DATA and SELECT ... INTO OUTFILE statements and the
# LOAD_FILE() function. These operations are permitted only to users who have the FILE privilege.
secure-file-priv=""
```

图 11-46　修改 my.ini 配置文件

注意：

修改完 my.ini 配置文件中的参数后，一定要重新启动 MySQL 服务，否则会没有效果。

（3）先重新启动 MySQL 服务，再登录 MySQL 服务器，导出数据。在"管理员：命令提示符"窗口中执行以下语句。

USE school;
SELECT * FROM student INTO OUTFILE'D:/bak/student.txt';

运行结果如图 11-47 所示。

```
mysql> USE school;
Database changed
mysql> SELECT * FROM student INTO OUTFILE'D:/bak/student.txt';
Query OK, 51 rows affected (0.04 sec)
```

图 11-47　导出数据

（4）使用记事本查看导出的 student.txt 数据文件中的内容，如图 11-48 所示。

图 11-48　查看导出的 student.txt 数据文件中的内容

【例 11-13】导出 school 数据库的 course 表中的记录，要求字段之间用"，"分隔，并且每条记录都占一行。

在"管理员：命令提示符"窗口中执行以下语句。

```
USE school;
SELECT * FROM course INTO OUTFILE'D:/bak/course.txt'
FIELDS TERMINATED BY'\,' LINES TERMINATED BY'\r\n';
```

运行结果如图 11-49 所示。

图 11-49　导出 school 数据库的 course 表中的记录

使用记事本查看导出的 course.txt 数据文件中的内容，如图 11-50 所示。

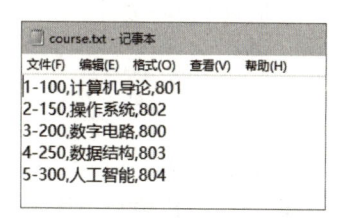

图 11-50　查看导出的 course.txt 数据文件中的内容

说明：

- FIELDS TERMINATED BY'\,'：表示字段之间用"，"分隔。
- LINES TERMINATED BY'\r\n'：表示每行以回车换行符结尾，保证每条记录都占一行。

11.3.2 导入数据

在 MySQL 中，使用 LOAD DATA INFILE 语句可以将数据文件导入数据库，它是 SELECT...INTO OUTFILE 语句的逆操作，基本语法格式如下。

> LOAD DATA INFILE '文件名' INTO TABLE 表名;

11.3.3 使用图形化管理工具导出/导入数据

1. 导出数据

选择要导出数据的数据表并右击，在弹出的快捷菜单中选择"导出向导"命令，如图 11-51 所示；或者打开数据表，单击"导出"按钮，打开"导出向导"对话框，设置导出数据的格式、位置及字段，将数据导出。

图 11-51　选择"导出向导"命令

【例 11-14】将 teacher 表中的所有数据导出为"*.xls"格式。

（1）选择 teacher 表并右击，在弹出的快捷菜单中选择"导出向导"命令；或者打开 teacher 表，单击"导出"按钮，打开"导出向导"对话框，在"向导可以让你指定导出数据的细节。你要使用哪一种导出格式？"界面中选中"Excel 数据库（*.xls）"单选按钮，如图 11-52 所示。

（2）单击"下一步"按钮，进入"你可以选择导出文件并定义一些附加选项。"界面，勾选"teacher"复选框，指定导出文件的放置位置，如图 11-53 所示。

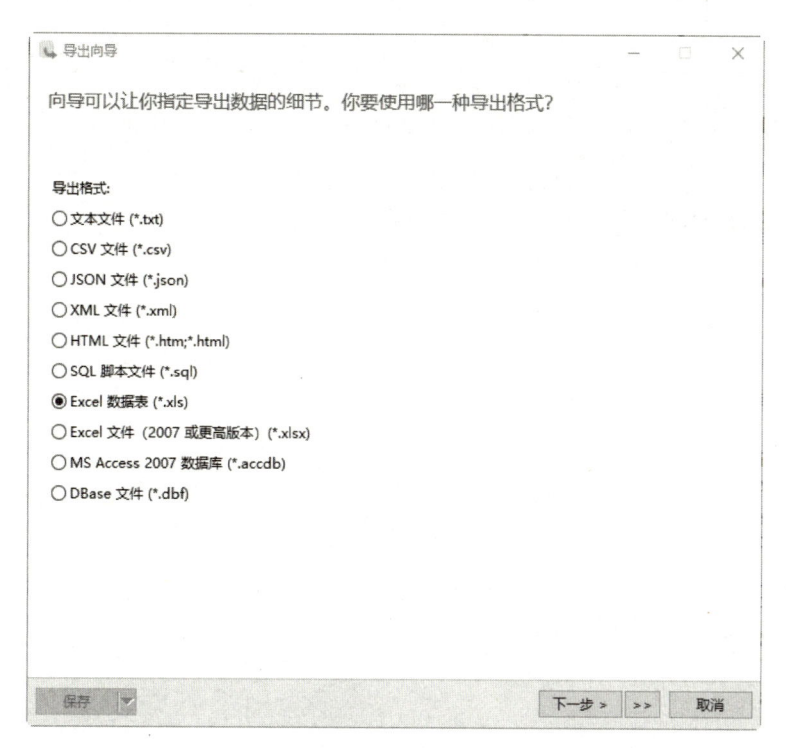

图 11-52　选中"Excel 数据库（*.xls）"单选按钮

图 11-53　指定导出文件的放置位置

（3）单击"下一步"按钮，进入"你可以选择导出哪些列。"界面，勾选"所有字段"复选框，选取全部字段，如图 11-54 所示。

图 11-54　选择要导出的列

（4）单击"下一步"按钮，进入"你可以定义一些附加的选项。"界面，勾选"遇到错误时继续"复选框和"包含列的标题"复选框，其他采用默认设置，如图 11-55 所示。

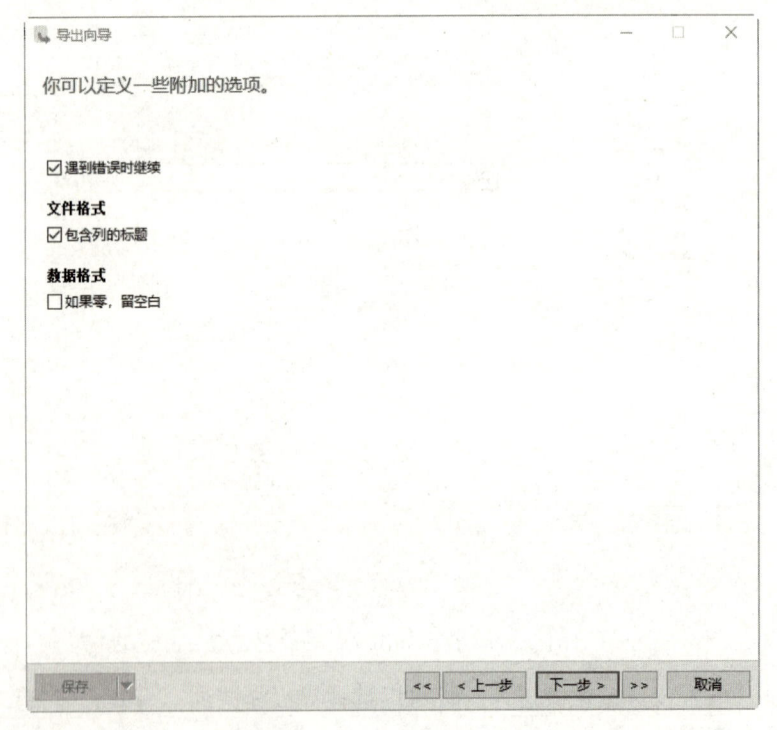

图 11-55　设置导出文件的格式

（5）单击"下一步"按钮，进入"我们已收集向导导出数据时所需的所有信息。点击[开始]按钮开始导出。"界面，单击"开始"按钮，开始导出数据，导出完成后，如图 11-56 所示，单击"关闭"按钮，关闭"导出向导"对话框。

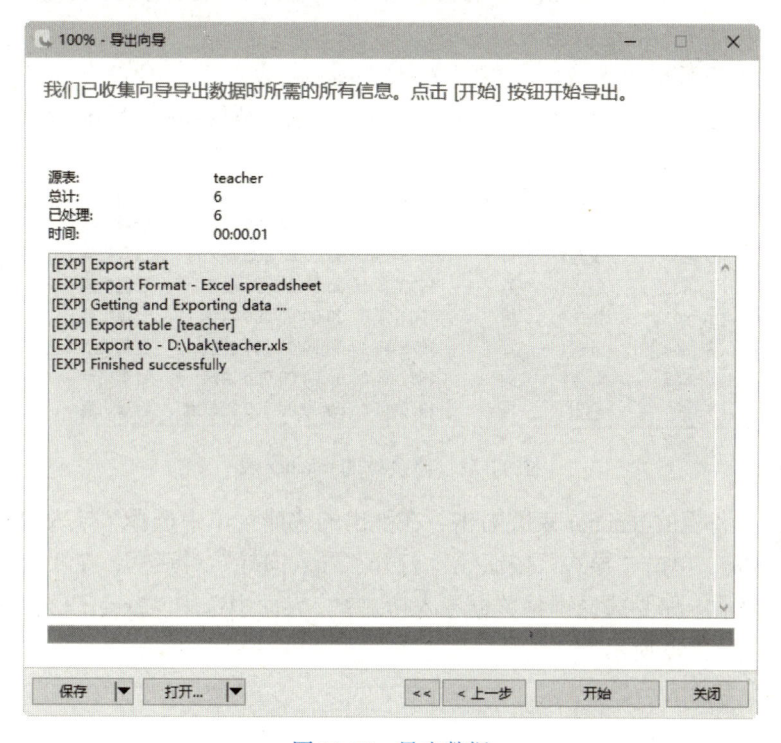

图 11-56　导出数据

（6）打开导出的数据表，查看导出的数据是否正确，如图 11-57 所示。

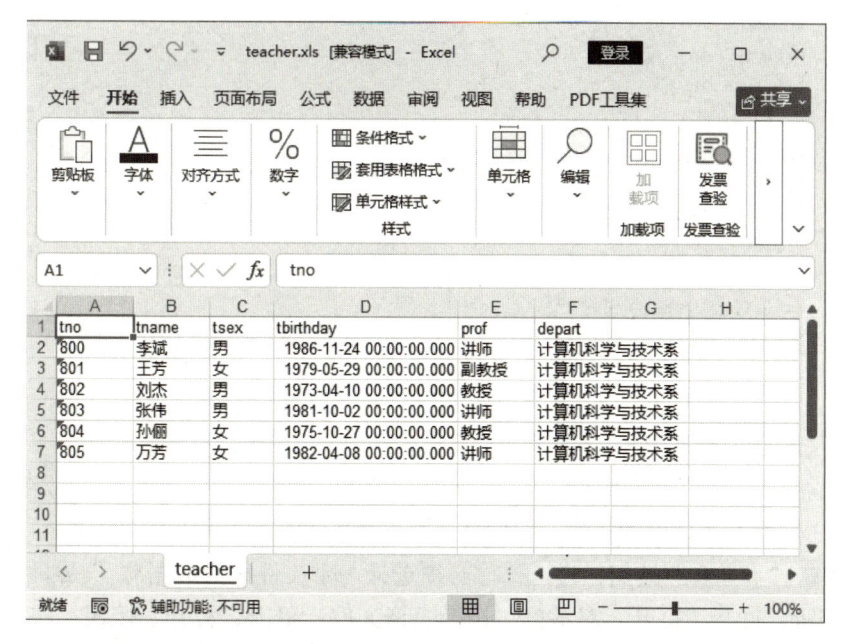

图 11-57　查看导出的数据

2. 导入数据

选择要导入数据的数据表并右击，在弹出的快捷菜单中选择"导入向导"命令；或者打开数据表，单击"导入"按钮，打开"导入向导"对话框，设置导入数据的格式、位置及字段，将数据导入指定数据表。

【例 11-15】将数据导入 school 数据库中的 teacher 表。

（1）对导出的 teacher 表中的数据进行添加和修改，结果如图 11-58 所示。

	A	B	C	D	E	F
1	tno	tname	tsex	tbirthday	prof	depart
2	800	李斌1	男	1986-11-24 00:00:00.000	讲师	计算机系
3	801	王芳1	女	1979-05-29 00:00:00.000	副教授	计算机系
4	802	刘杰1	男	1973-04-10 00:00:00.000	教授	计算机系
5	803	张伟1	男	1981-10-02 00:00:00.000	讲师	计算机系
6	804	孙俪1	女	1975-10-27 00:00:00.000	教授	计算机系
7	805	万芳1	女	1982-04-08 00:00:00.000	讲师	计算机系
8	806	赵胜	男	1978-11-08 00:00:00.000	副教授	计算机系

图 11-58　修改后的 teacher 表

（2）选择要备份的 teacher 表并右击，在弹出的快捷菜单中选择"导入向导"命令；或者打开 teacher 表，单击"导入"按钮。打开"导入向导"对话框，在"这个向导允许你指定如何导入数据。你要选择哪种数据导入格式？"界面中选中"Excel 文件（*.xls;*.xlsx）"单选按钮，如图 11-59 所示。

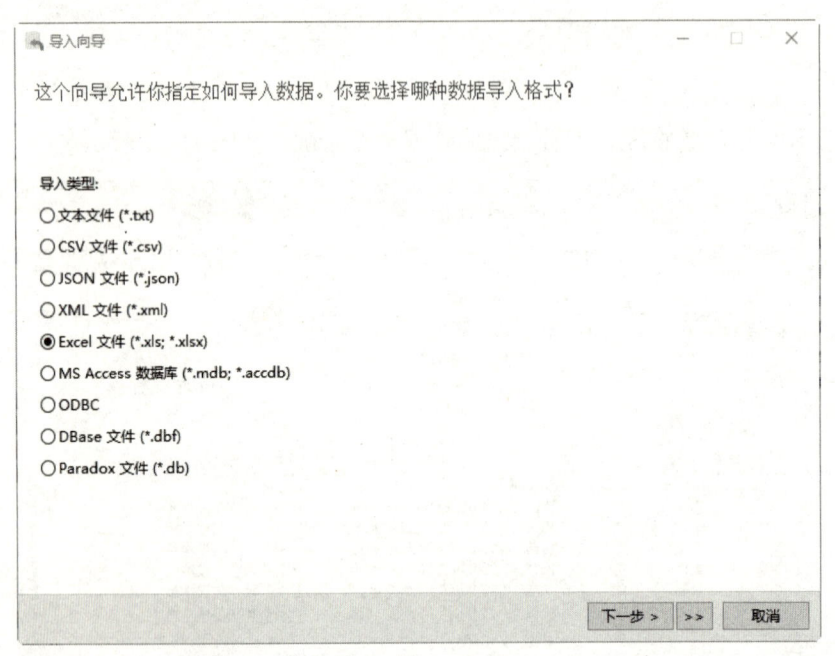

图 11-59　选中"Excel 文件（*.xls;*.xlsx）"单选按钮

（3）单击"下一步"按钮，进入"你必须选择一个文件作为数据源。"界面，单击"添加文件"按钮，打开"打开"对话框，选择表格文件，单击"打开"按钮，添加数据源文件，返回"导入向导"对话框，如图 11-60 所示。

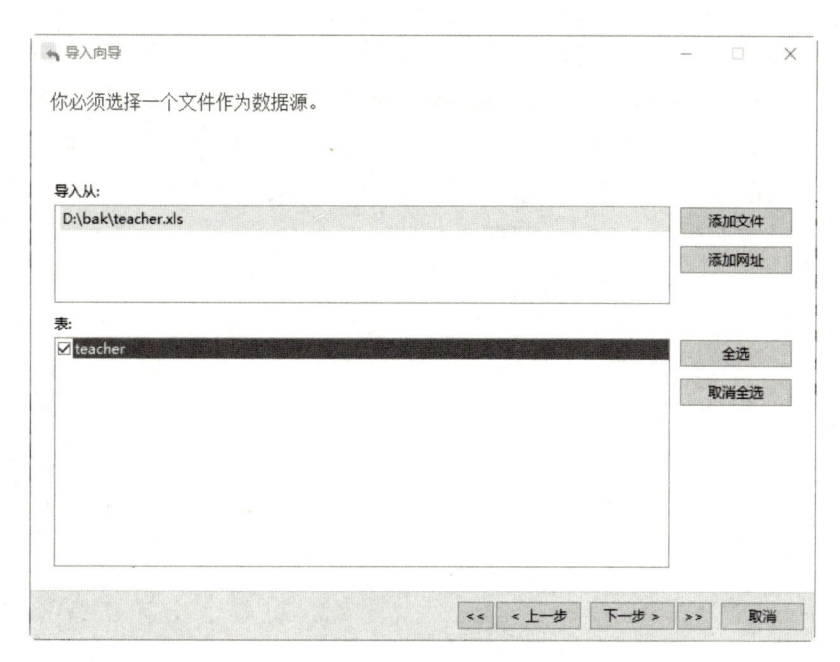

图 11-60　设置数据源

（4）单击"下一步"按钮，进入"你可以为源定义一些附加的选项。"界面，勾选"字段名称行"复选框，在"字段名称行"文本框中输入"1"、"第一个数据行"文本框中输入"2"、"日期排序"下拉列表中选择"YMD"选项、"日期时间排序"下拉列表中选择"日期时间"选项，如图 11-61 所示。

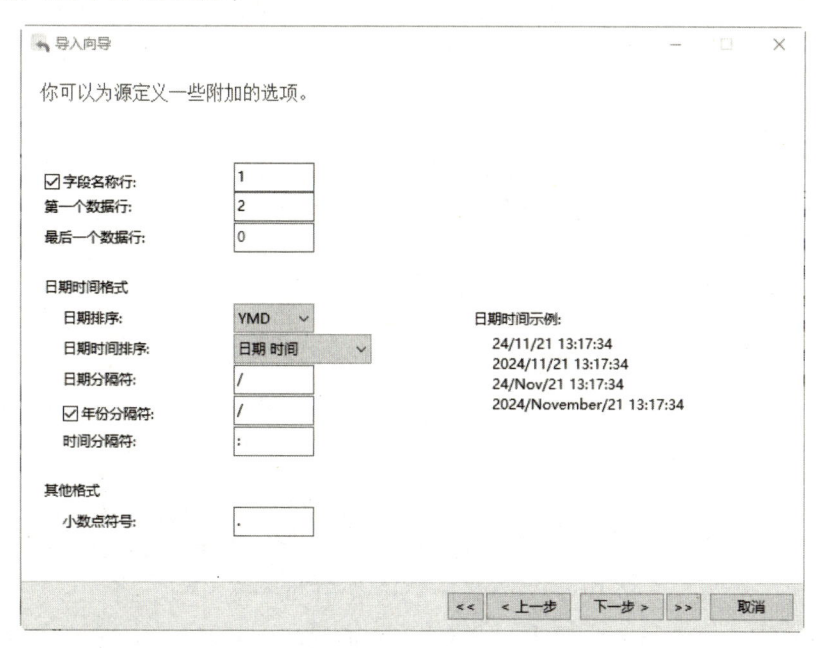

图 11-61　设置附加选项

（5）单击"下一步"按钮，进入"选择目标表。你可选择现有的表，或输入新的表名称。"界面，选择 teacher 表，如图 11-62 所示。

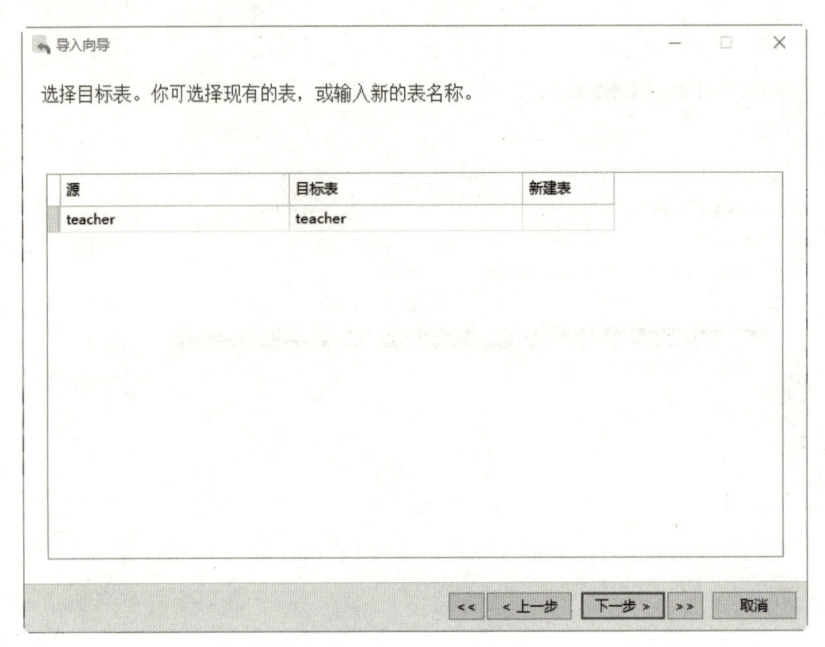

图 11-62　选择目标表

（6）单击"下一步"按钮，进入"你可以定义字段映射。设置映射来指定的源字段和目的字段之间的对应关系。"界面，定义源表与目标表之间的对应关系，如图 11-63 所示。

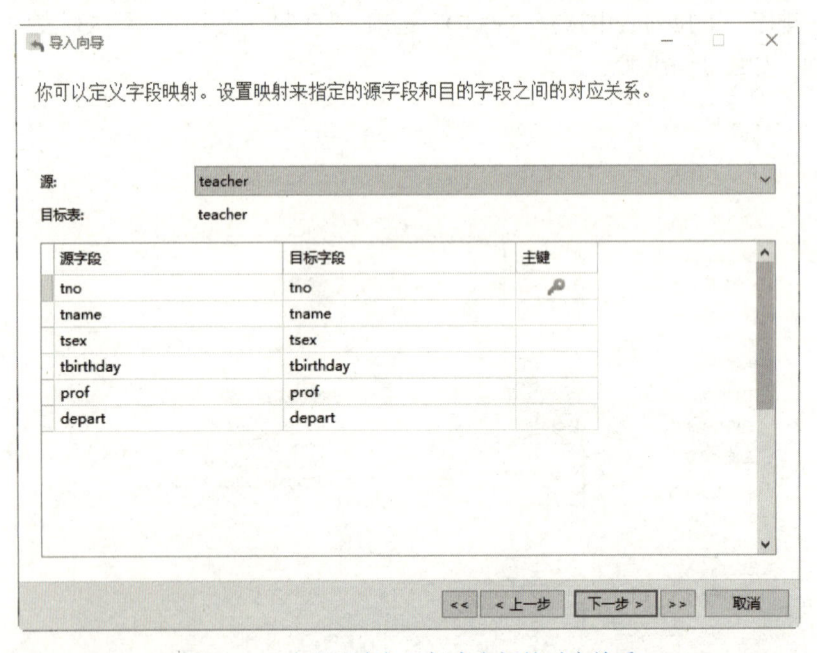

图 11-63　定义源表与目标表之间的对应关系

（7）单击"下一步"按钮，进入"请选择一个所需的导入模式。"界面，定义导入模式，选中"追加或更新：如果目标存在相同记录，更新它。否则，添加它"单选按钮，如图 11-64 所示。这里可以根据具体情况选中不同的单选按钮。

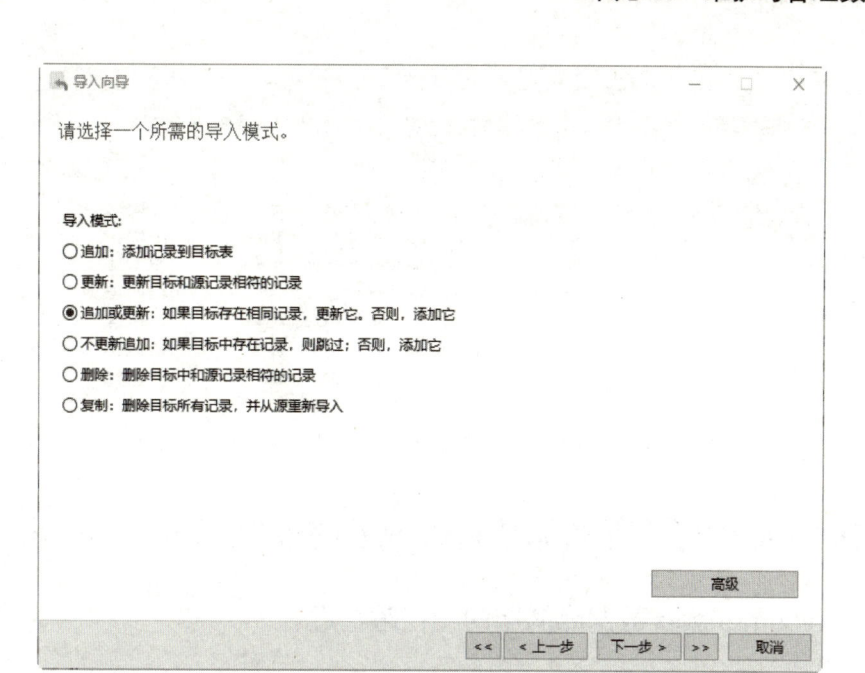

图 11-64　选择导入模式

（8）单击"下一步"按钮，进入"我们已收集向导导入数据时所需的所有信息。点击[开始]按钮进行导入。"界面，单击"开始"按钮，开始导入数据，导入完成后，如图 11-65 所示，单击"关闭"按钮，关闭"导入向导"对话框。

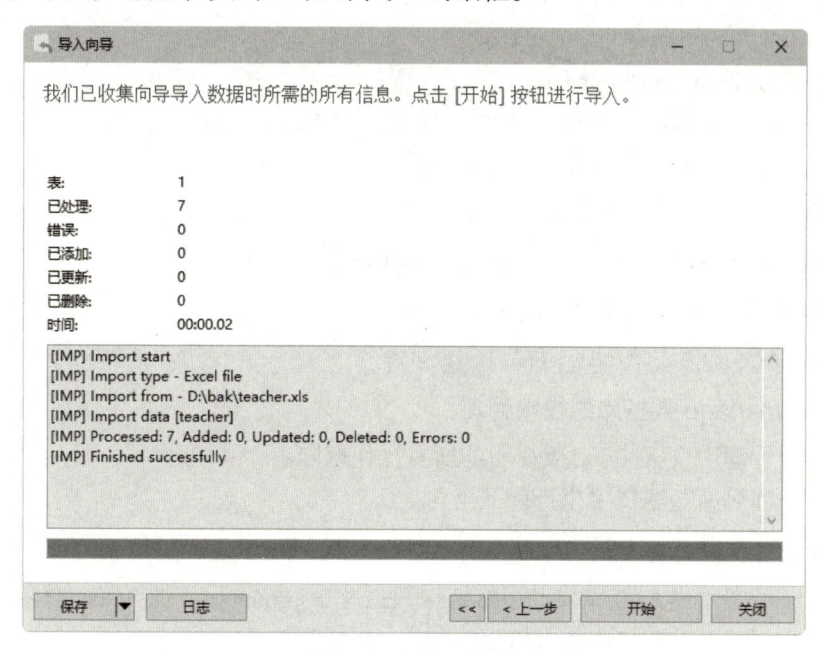

图 11-65　导入数据

（9）打开 school 数据库中的 teacher 表，查看导入 teacher 表中的数据，如图 11-66 所示。

图 11-66　查看导入 teacher 表中的数据

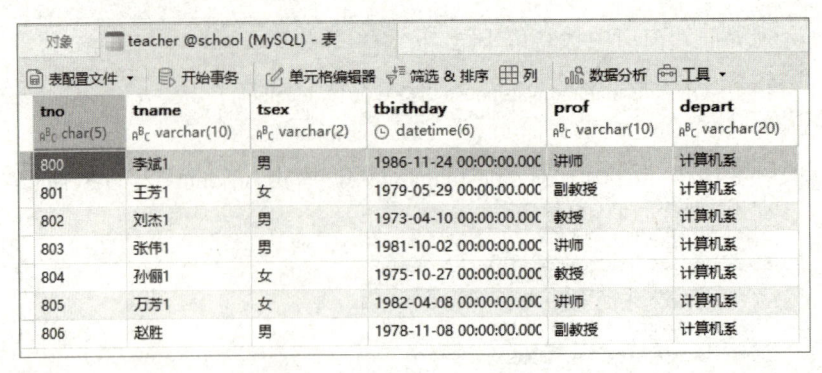

项目实训：维护与管理商品销售管理系统数据库 salesmanage

任务 1：salesmanage 数据库的用户和权限管理

1. salesmanage 数据库的用户管理

（1）创建 salesmanage 数据库管理用户 A001、仓库用户 W0001 和顾客用户 C001，设置密码均为"123456"。

在"命令列界面"窗口中执行以下语句。

```
CREATE USER
A001@localhost IDENTIFIED BY '123456',
W0001@localhost IDENTIFIED BY '123456',
C001@localhost IDENTIFIED BY '123456';
```

（2）将仓库用户的用户名修改为"W001"。

在"命令列界面"窗口中执行以下语句。

```
RENAME USER W001@localhost TO W0001@localhost;
```

（3）将管理用户的密码修改为"ad123456"。

```
SET PASSWORD FOR A001@localhost ='ad123456';
```

2. salesmanage 数据库的权限管理

（1）授予管理用户 A001 对数据库的所有操作权限。

在"命令列界面"窗口中执行以下语句。

```
GRANT ALL ON *.* TO A001@localhost;
```

（2）授予顾客用户 C001 对 salesmanage 数据库中 products 表的 Select 权限。

在"命令列界面"窗口中执行以下语句。

```
USE salesmanage;
GRANT SELECT ON products TO C001@localhost;
```

（3）授予仓库用户 W001 对 salesmanage 数据库中 warehouses 表的 Select 权限，并允许将该权限授予其他人。

在"命令列界面"窗口中执行以下语句。

```
GRANT SELECT ON salesmanage.warehouses TO W001@localhost
WITH GRANT OPTION;
```

(4) 回收顾客用户 "C001" 对 salesmanage 数据库中 products 表的 Select 权限。

在"命令列界面"窗口中执行以下语句。

```
REVOKE SELECT ON salesmanage.products TO C001@localhost;
```

任务 2：备份和还原 salesmanage 数据库

1. 备份数据库

将 salesmanage 数据库备份到 D 盘根目录下。

在"管理员：命令提示符"窗口中执行以下语句。

```
mysqldump -u root -p school>D:salesmanage.sql
```

2. 还原数据库

新建 new_salesmanage 数据库，将备份的 salesmanage 数据库还原到 new_salesmanage 数据库。

(1) 连接 MySQL 服务器，创建 new_salesmanage 数据库。

在"管理员：命令提示符"窗口中执行以下语句。

```
CREATE DATABASE IF NOT EXISTS new_salesmanage;
```

(2) 退出 MySQL 服务器，打开"管理员：命令提示符"窗口，将备份的 salesmanage 数据库还原到 new_salesmanage 数据库。

在"管理员：命令提示符"窗口中执行以下语句。

```
mysql -u root -p new_school<D:salesmanage.sql
```

任务 3：导出和导入 salesmanage 数据库中的表数据

1. 导出数据

导出 salesmanage 数据库的 customers 表中的记录，要求字段之间用","分隔，如果字段值是字符，就用"""标注，并且每条记录都占一行。

在"管理员：命令提示符"窗口中执行以下语句。

```
USE salesmanage;
SELECT * FROM course INTO OUTFILE'D:/bak/customers.txt'
FIELDS TERMINATED BY '\,' OPTIONALLY ENCLOSED BY '"'
LINES TERMINATED BY '\r\n';
```

2. 导入数据

新建 bk_customers 表，将备份数据文件 customers.txt 导入 bk_customers 表中。

导入 bk_customers 表中的记录要求字段之间用","分隔，如果字段值是字符，就用"""标注，并且每条记录都占一行。

在"管理员:命令提示符"窗口中执行以下语句。

```
USE salesmanage;
CREATE TABLE bk_customers LIKE customers;
LOAD DATA INFILE 'D:/bak/customers.txt' INTO TABLE bk_customers
FIELDS TERMINATED BY '\,' OPTIONALLY ENCLOSED BY '"'
LINES TERMINATED BY '\r\n';
```

任务 4:使用图形化管理工具维护与管理 salesmanage 数据库

1. 创建用户

创建 manager 用户,设置密码为"654321",授予其对 salesmanage 数据库的 Select 权限和 Update 权限。

(1)单击工具栏中的"用户"按钮,打开用户"对象"窗口。

(2)单击"新建用户"按钮,打开"用户"窗口,在"常规"选项卡中输入用户名为"manager"、主机为"localhost"、密码和确认密码均为"654321",在"密码过期策略"下拉列表中选择"NEVER"选项,如图 11-67 所示。

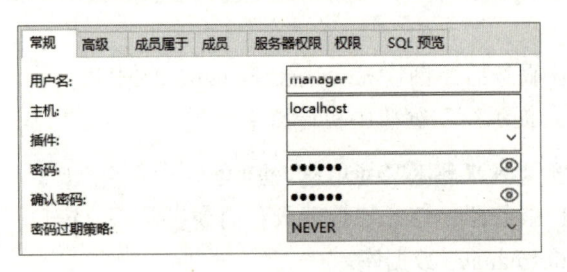

图 11-67 输入用户信息

(3)切换到"权限"选项卡,单击"添加权限"按钮,打开"添加权限"对话框,先勾选"salesmanage"复选框,再勾选"Select"复选框和"Update"复选框,如图 11-68 所示,单击"确定"按钮,添加权限。

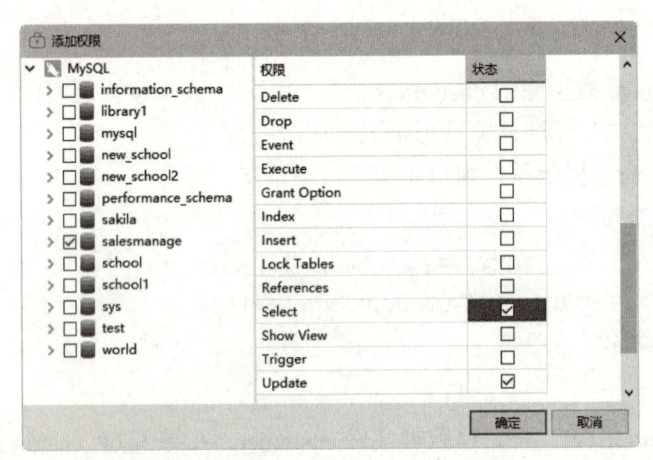

图 11-68 设置"添加权限"对话框

(4)单击"保存"按钮,系统根据设置内容创建 manager 用户。

2. 还原数据库

首先通过保存 ".sql" 文件来备份 salesmanage 数据库，然后新建 bk_salesmanage 数据库，将备份数据库还原到 bk_salesmanage 数据库。

（1）选择 salesmanage 数据库并右击，在弹出的快捷菜单中选择"转储 SQL 文件"→"结构和数据"命令。

（2）打开"另存为"对话框，设置保存路径，输入文件名为"salesmanage.sql"，单击"保存"按钮，打开"转储 SQL 文件"对话框，如图 11-69 所示，单击"关闭"按钮，关闭该对话框。

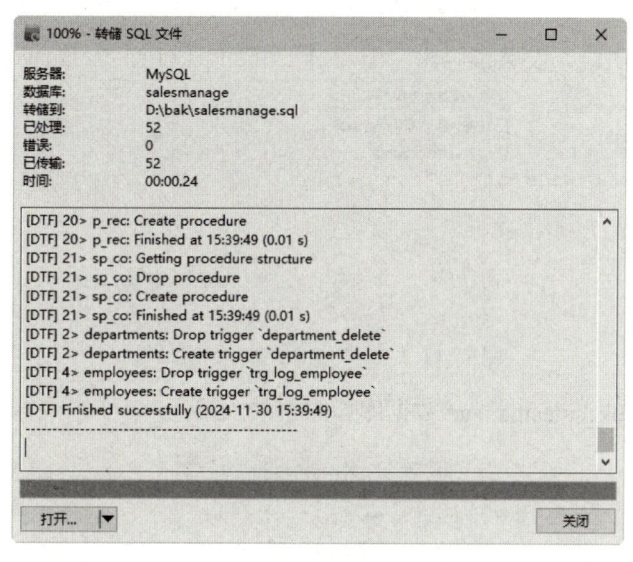

图 11-69 "转储 SQL 文件"对话框

（3）在任意数据库上右击，在弹出的快捷菜单中选择"新建数据库"命令，打开"新建数据库"对话框，输入数据库名称为"bk_salesmanage"，选择字符集为"utf8mb4"，排序规则为"utf8mb4_0900_ai_ci"，如图 11-70 所示，单击"确定"按钮，创建 bk_salesmanage 数据库。

图 11-70 设置"新建数据库"对话框

（4）双击新建的 bk_salesmanage 数据库，将其打开。在该数据库上右击，在弹出的快捷菜单中选择"运行 SQL 文件"命令，打开"运行 SQL 文件"对话框，单击"文件"文本框右侧的 按钮，打开"打开"对话框，选择已经创建的 salesmanage.sql 文件，单击"打开"按钮，返回"运行 SQL 文件"对话框，如图 11-71 所示，单击"开始"按钮，开始还原数据库。

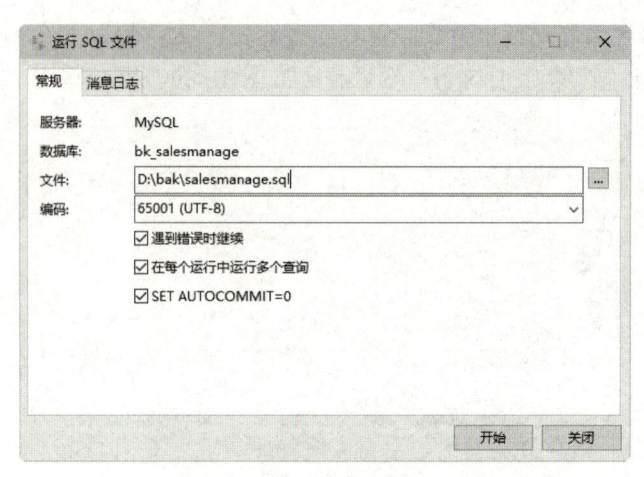

图 11-71　"运行 SQL 文件"对话框

（5）还原后的 bk_salesmanage 数据库如图 11-72 所示。

图 11-72　还原后的 bk_salesmanage 数据库

3. 将数据导入原表中

首先将 employees 表所有数据导出为"*.txt"格式，然后将 employees 表中的数据修改后，将其导入原表中。

（1）选择 employees 表并右击，在弹出的快捷菜单中选择"导出向导"命令，打开"导出向导"对话框，在"向导可以让你指定导出数据的细节。你要使用哪一种导出格式？"界面中选中"文本文件（*.txt）"单选按钮。

（2）单击"下一步"按钮，进入"你可以选择导出文件并定义一些附加选项。"界面，单击 employees 表对应导出栏中的…按钮,打开"另存为"对话框,指定导出文件的放置位置,单击"保存"按钮,返回"导出向导"对话框,如图 11-73 所示。

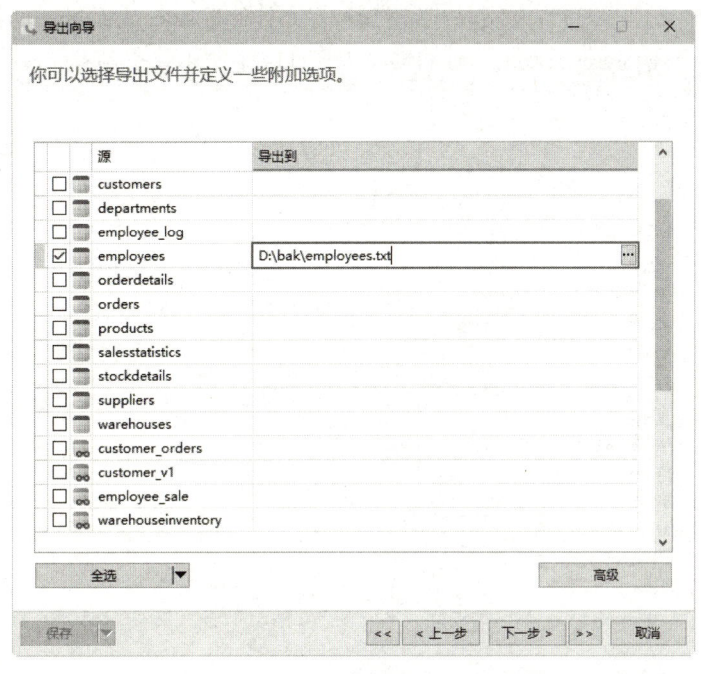

图 11-73　设置导出位置

(3)单击"下一步"按钮,进入"你可以选择导出哪些列。"界面,勾选"所有字段"复选框,如图 11-74 所示。

图 11-74　选择要导出的列

（4）单击"下一步"按钮，进入"你可以定义一些附加的选项。"界面，勾选"遇到错误时继续"复选框和"包含列的标题"复选框，设置字段分隔符为"逗号"、文本识别符号为"'"、日期排序为"YMD"、日期分隔符为"-"，其他采用默认设置，如图11-75所示。

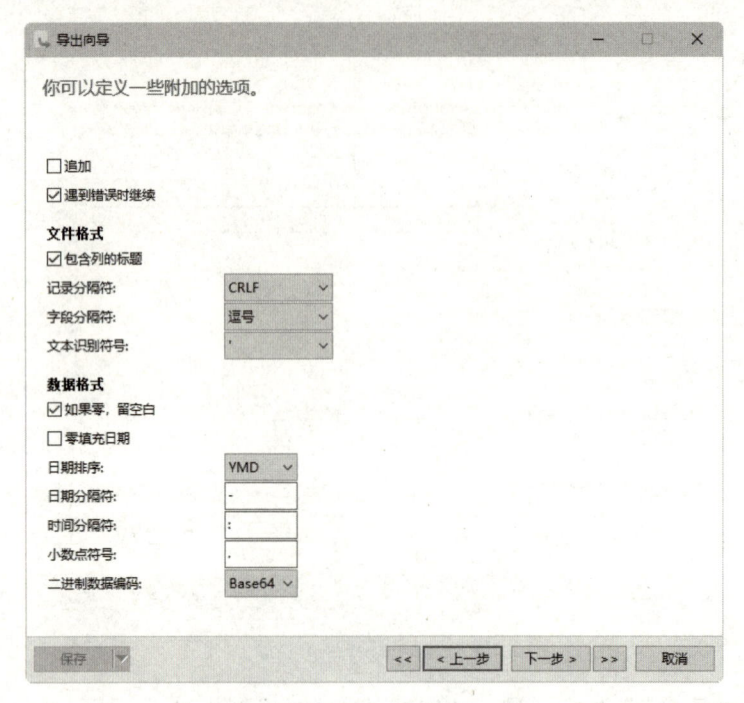

图 11-75　设置文件格式

（5）单击"下一步"按钮，进入"我们已收集向导导出数据时所需的所有信息。点击[开始]按钮开始导出。"界面，单击"开始"按钮，开始导出数据，导出完成后，单击"关闭"按钮，关闭"导出向导"对话框。

（6）打开导出的 employees 表数据，查看导出的数据是否正确，如图 11-76 所示。

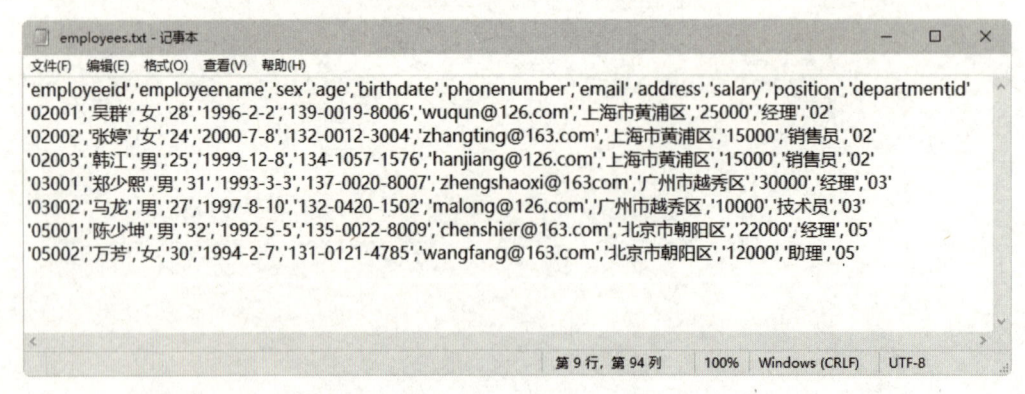

图 11-76　查看导出的 employees 表数据是否正确

（7）对导出的 employees 表中的数据进行添加和修改，结果如图 11-77 所示，单击"文件"→"保存"命令，保存修改后的文件。

```
'employeeid','employeename','sex','age','birthdate','phonenumber','email','address','salary','position','departmentid'
'02001','吴群','女','28','1996-2-2','139-0019-8006','wuqun@126.com','上海市黄浦区','25000','经理','02'
'02002','张婷','女','24','2000-7-8','132-0012-3004','zhangting@163.com','上海市黄浦区','20000','销售员','02'
'02003','韩江','男','25','1999-12-8','134-1057-1576','hanjiang@126.com','上海市黄浦区','18000','销售员','02'
'03001','郑少熙','男','31','1993-3-3','137-0020-8007','zhengshaoxi@163com','广州市越秀区','30000','经理','03'
'03002','马龙','男','27','1997-8-10','132-0420-1502','malong@126.com','广州市越秀区','10000','技术员','03'
'05001','陈少坤','男','32','1992-5-5','135-0022-8009','chenshier@163.com','北京市朝阳区','22000','经理','05'
'05002','万芳','女','30','1994-2-7','131-0121-4785','wangfang@163.com','北京市朝阳区','12000','助理','05'
'01001','刘恒','男','32','1992-11-8','130-0414-5555','liuheng@126.com','北京市朝阳区','20000','经理','01'
```

图 11-77 修改后的 employees 表

（8）选择 employees 表并右击，在弹出的快捷菜单中选择"导入向导"命令，打开"导入向导"对话框，在"这个向导允许你指定如何导入数据。你要选择哪种数据导入格式？"界面选中"文本文件（*.txt）"单选按钮。

（9）单击"下一步"按钮，进入"你必须选择一个文件作为数据源。"界面，单击"添加文件"按钮，打开"打开"对话框，选择 employees.txt 文件，单击"打开"按钮，添加数据源文件，返回"导入向导"对话框，如图 11-78 所示。

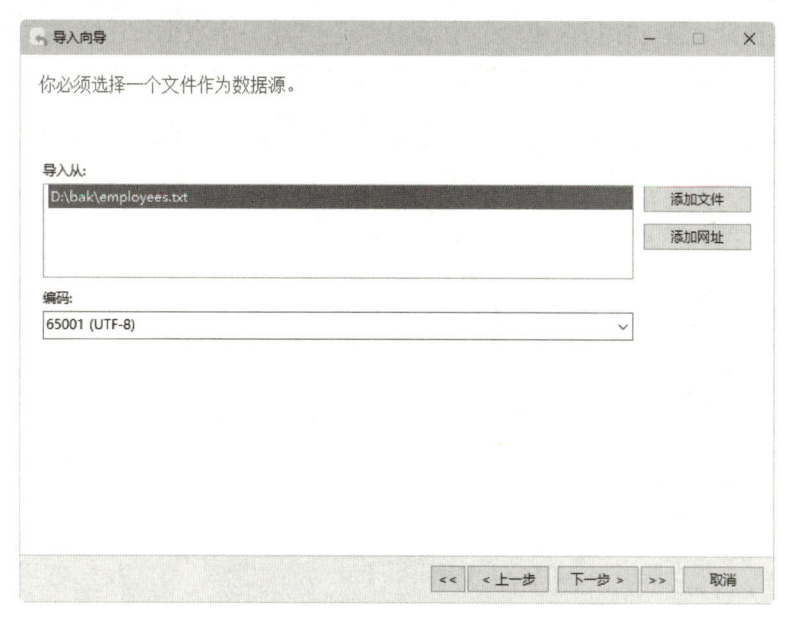

图 11-78 设置数据源

（10）单击"下一步"按钮，进入"你的字段要用什么分隔符来分隔？请选择合适的分隔符。"界面，设置字段分隔符为"逗号"、文本识别符号为"'"，其他采用默认设置，如图 11-79 所示。

提示：

导入时设置的分隔符和文本识别符号要与导出时设置的分隔符和文本识别符一致。

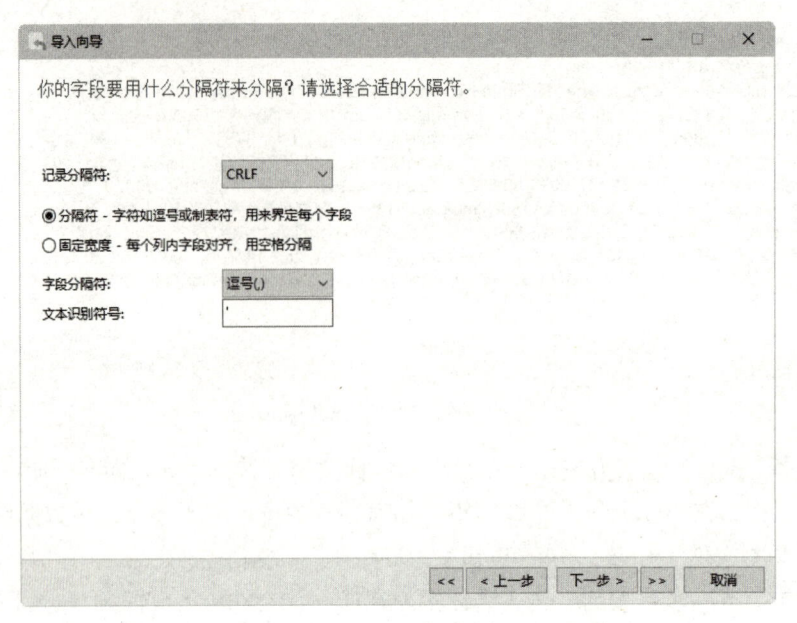

图 11-79　设置分隔符

（11）单击"下一步"按钮，进入"你可以为源定义一些附加的选项。"界面，勾选"字段名称行"复选框，在"字段名称行"中输入"1"、"第一个数据行"文本框中输入"2"，设置日期排序为"YMD"、日期分隔符为"-"，其他采用默认设置，如图 11-80 所示。

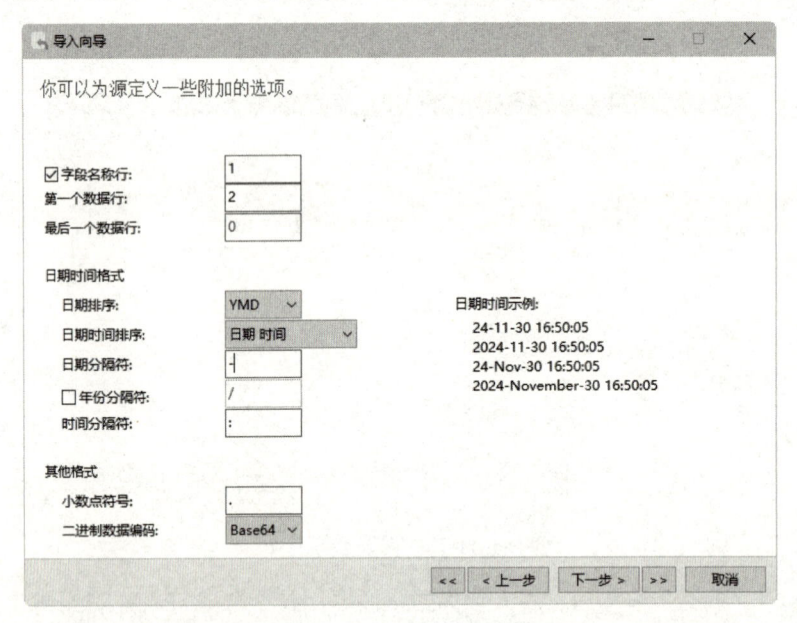

图 11-80　设置附加选项

（12）单击"下一步"按钮，进入"选择目标表。你可选择现有的表，或输入新的表名称。"界面，选择目标表为"employees"，如图 11-81 所示。

（13）单击"下一步"按钮，进入"你可以定义字段映射。设置映射来指定的源字段和目的字段之间的对应关系。"界面，定义源表与目标表之间的对应关系，如图 11-82 所示。

图 11-81　选择目标表

图 11-82　定义字段映射

（14）单击"下一步"按钮，进入"请选择一个所需的导入模式。"界面，选中"追加或更新：如果目标存在相同记录，更新它。否则，添加它"单选按钮，如图 11-83 所示。

（15）单击"下一步"按钮，进入"我们已收集向导导入数据时所需的所有信息。点击[开始]按钮进入导入。"界面，单击"开始"按钮，开始导入数据，导入完成后，结果如图 11-84 所示，单击"关闭"按钮，关闭"导入向导"对话框。

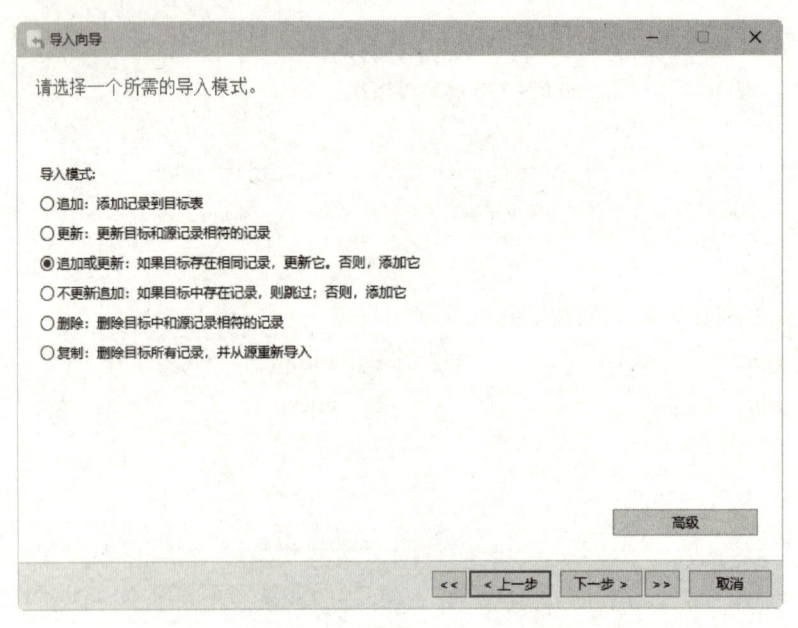

图 11-83 选择导入模式

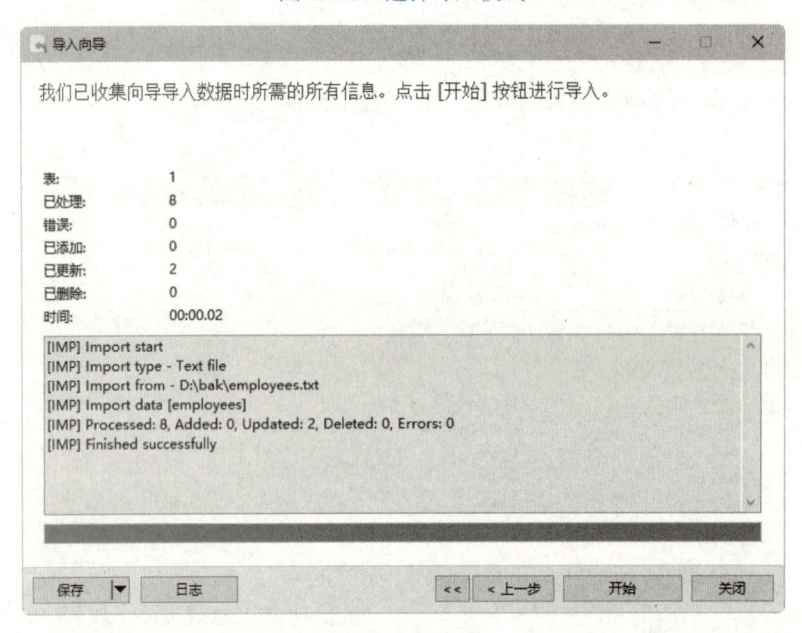

图 11-84 导入数据

单元小结

本单元详细地介绍了数据库的维护与管理，包括用户和权限管理、数据库备份和还原、数据导出和导入的操作。首先，介绍了用户权限管理的重要性，包括创建用户、查看权限、修改用户和权限、删除用户和授予权限等操作，以确保数据安全和合理分配用户权限。然后，介绍了使用 mysqldump 命令和直接复制数据库目录进行数据备份，以及使用 mysql 命令和图形化管理工具进行数据还原。最后，介绍了数据导出和导入的语法与图形化管理工具的使用。

理论练习

一、选择题

1. MySQL 数据库默认创建的超级权限用户是（　　）。
   A．user
   B．admin
   C．root
   D．guest
2. 用户权限管理中包含用户的全局权限信息的数据表是（　　）。
   A．user 表
   B．db 表
   C．tables_priv 表
   D．columns_priv 表
3. 创建用户的基本语法中，用于指定用户的密码的语句是（　　）。
   A．CREATE USER
   B．IDENTIFIEDBY
   C．user_name@host
   D．GRANT ALL PRIVILEGES
4. 查看用户权限的语句是（　　）。
   A．SHOW USER
   B．SHOW GRANTS FOR
   C．SHOW PRIVILEGES
   D．SHOW PERMISSIONS
5. 修改用户密码的语句是（　　）。
   A．CHANGE PASSWORD
   B．UPDATE PASSWORD
   C．SET PASSWORD
   D．ALTER USER
6. 删除用户的语句是（　　）。
   A．REMOVE USER
   B．DROP USER
   C．DELETE USER
   D．ERASE USER
7. 授予用户权限的语句是（　　）。
   A．GRANT
   B．AWARD

C. GIVE

D. ALLOCATE

8. 回收用户权限的语句是（　　）。

A. TAKE AWAY　　　　　　　B. REVOKE

C. WITHDRAW　　　　　　　D. REMOVE

9. 数据库备份的类型不包括（　　）。

A. 物理备份　　　　　　　　B. 逻辑备份

C. 热备份　　　　　　　　　D. 冷备份

10. 数据库还原的类型不包括（　　）。

A. 完全恢复

B. 基于时间点的不完全恢复

C. 部分恢复

D. 基于日志的恢复

二、问答题

1. 什么是用户权限管理？
2. MySQL 中的系统权限表有哪些，它们各自存储了哪些信息？
3. 如何查看用户权限？
4. 如何授予用户权限？
5. 如何备份和还原 MySQL 数据库？

三、应用题

随着数字经济的蓬勃发展，数据已成为重要生产要素。2021 年 9 月 1 日，《中华人民共和国数据安全法》正式施行，为规范数据处理、保障数据安全、促进数据开发利用、保护个人和组织的合法权益提供了法律保障。某区级政务服务平台负责管理辖区内居民的各类政务数据，现使用 MySQL 数据库系统对数据进行存储和管理。小王是该平台的管理员，他需要完成以下工作。

- 为 3 个业务部门配置数据库访问账号，确保各部门只能访问其职责范围内的数据。
- 每周对数据库进行备份，确保数据可恢复性。

1. 作为数据管理员，小王如何使用 MySQL 的用户管理功能来保障数据安全？请写出具体的 SQL 语句。要求：创建用户 account_dept（财务部）、service_dept（服务部）、admin_dept（行政部）并设置密码。
2. MySQL 数据库备份与恢复的相关操作有哪些？

企业案例：维护与管理资产管理系统数据库 assertmanage

1. 创建 assertmanage 数据库管理用户 A001 和顾客用户 C001，设置密码均为"123456"。
2. 将管理用户的密码修改为"user123456"。

3. 使用图形化管理工具授予顾客用户 C001 对 assertmanage 数据库中 assets 表的 Select 权限。

4. 创建 manager 用户，设置密码为"654321"，授予其对 assertmanage 数据库的 Select 权限和 Update 权限。

5. 将 assertmanage 数据库备份到 D 盘根目录下。

6. 首先新建 new_sassertmanage 数据库，然后将备份的 assertmanage 数据库还原到 new_assertmanage 数据库中。

7. 导出 assertmanage 数据库的 assets 表中的记录，要求字段之间用 ","分隔。如果字段值是字符，就用 """标注，并且每条记录都占一行。

8. 新建 new_assets 表，将备份数据文件 assets.txt 导入 new_assets 表中。

9. 首先使用图形化管理工具通过保存 ".sql"文件来备份 assertmanage 数据库，然后新建 bk_assertmanage 数据库，将备份数据库还原到 bk_assertmanage 数据库中。

10. 首先使用图形化管理工具将 users 表中的所有数据导出为 "*.xls"格式，然后将该表中的数据修改后，将其导入原表中。

反侵权盗版声明

  电子工业出版社依法对本作品享有专有出版权。任何未经权利人书面许可，复制、销售或通过信息网络传播本作品的行为；歪曲、篡改、剽窃本作品的行为，均违反《中华人民共和国著作权法》，其行为人应承担相应的民事责任和行政责任，构成犯罪的，将被依法追究刑事责任。

  为了维护市场秩序，保护权利人的合法权益，我社将依法查处和打击侵权盗版的单位和个人。欢迎社会各界人士积极举报侵权盗版行为，本社将奖励举报有功人员，并保证举报人的信息不被泄露。

举报电话：（010）88254396；（010）88258888
传　　真：（010）88254397
E-mail：dbqq@phei.com.cn
通信地址：北京市万寿路173信箱
　　　　　电子工业出版社总编办公室
邮　　编：100036